本书大型交互式、专业级、同步教学演示多媒体DVD说明

1.将光盘放入电脑的DVD光驱中，双击光驱盘符，双击Autorun.exe文件，即进入主播放界面。（注意：CD光驱或者家用DVD机不能播放此光盘）

主界面

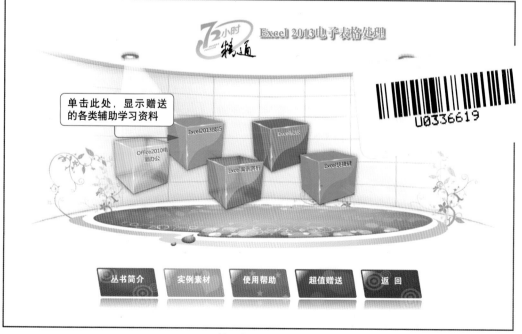

辅助学习资料界面

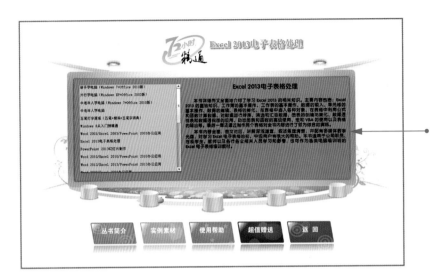

"丛书简介"显示了本丛书各个品种的相关介绍，左侧是丛书每个种类的名称，共计26种；右侧则是对应的内容简介。

"使用帮助"是本多媒体光盘的帮助文档，详细介绍了光盘的内容和各个按钮的用途。

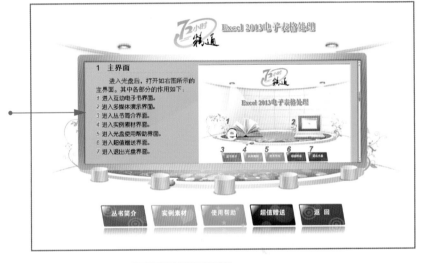

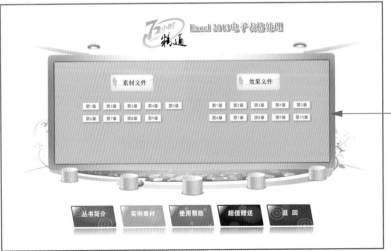

"实例素材"界面图中是各章节实例的素材、源文件或者效果图。读者在阅读过程中可按相应的操作打开，并根据书中的实例步骤进行操作。

2.单击"阅读互动电子书"按钮进入互动电子书界面。

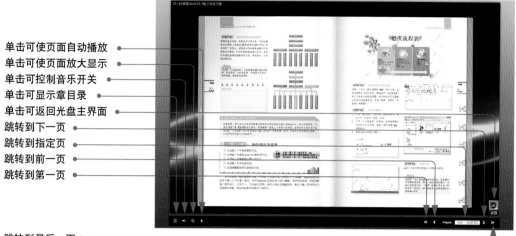

单击可使页面自动播放
单击可使页面放大显示
单击可控制音乐开关
单击可显示章目录
单击可返回光盘主界面
跳转到下一页
跳转到指定页
跳转到前一页
跳转到第一页

跳转到最后一页

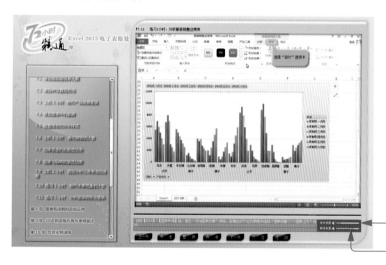

调节背景音乐音量大小。

调节解说音量大小。

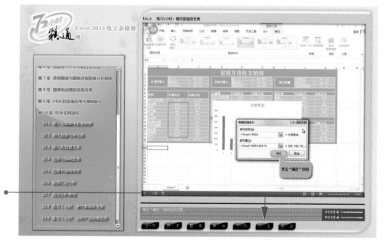

单击"交互"按钮后，进入模拟操
作，读者须按光标指示亲自操作，
才能继续向下进行。

Metro界面

多窗口操作

个性化工作界面

根据模板新建的工作表

工作界面

超市库存统计表

产品销售记录表

部门费用表

办公用品采购表

公司产品信息表

服装销量表

类别	单价（元）	数量（件）	总价（元）	备注
牛仔裤	￥ 268.00	20	￥ 5,360.00	
T恤	￥ 188.00	23	￥ 4,324.00	
衬衣	￥ 168.00	25	￥ 4,200.00	
外套	￥ 398.00	10	￥ 3,980.00	
鞋子	￥ 218.00	20	￥ 4,360.00	
休闲裤	￥ 258.00	15	￥ 3,870.00	
销售总价统计：	￥		26,094.00	
平均销售量				

维尼亚品牌服装销量表

面试成绩表

姓名 科目	理论	上机	印象分	综合素质	总成绩
张军华	65	50	5	60	180
王牌牌	78	64	6	57	205
李晴	60	86	7	81	234
张健	50	55	9	62	176
汪秋月	60	70	4	55	189
陈强	55	75	6	46	182
王小树	87	62	9	63	221
欧阳	63	60	8	40	171
总成绩平均分			194.75		

面试成绩表

72小时精通
Excel 2013电子表格处理
本书部分实例

生产记录表

原材料入库表

职位搜索记录表

SmartArt图形

车辆使用记录表

婚庆流程表

联想手机报价表

课程列表

网点分布表

请购单

产品订单表

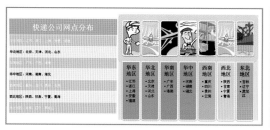

绩效考核表

饮料信息表1

饮料信息表2

税后工资表

项目提成表

加班计费表

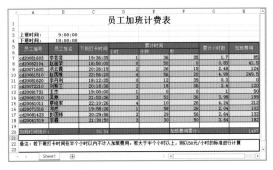

节假日一览表

鞋子销量统计表

销售额统计表

成绩表

一班成绩表

姓名	语文	数学	英语	理综	总分	平均分
李鑫	96	82	84	250	515	128.75
向江	95	82	61	165	403	100.75
徐冬梅	95	83	56	212	446	111.5
赵慧雅	92.5	92	91	209	484.5	121.125
罗艳	92	85	83	215	475	118.75
屈怀	92	85	82	280	539	134.75
吴惠	91	56	91	188	426	106.5
杨东	89.5	63	95	200	447.5	111.875
秦峰	88	62	92	226	468	117
刘涛	86	88	76	265	515	128.75
赵丹	85	67	94	238	484	121
程浩	85	35	85	214	419	104.75
江水	85	75	71	190	421	105.25
冷霜	82	90	68	208	448	112
赵颖	79	65	64	199	407	101.75

玩具产品销售表

圣安堂玩具有限责任公司全年销售统计

产品	第一季度	第二季度	第三季度	第四季度	全年
长嘴雅	￥12,560	￥18,408	￥6,379	￥29,303	￥66,651
情侣猫	￥6,134	￥32,815	￥8,000	￥18,408	￥65,357
泰迪熊	￥7,629	￥7,693	￥25,439	￥32,815	￥73,576
机器猫	￥24,461	￥9,348	￥29,865	￥7,693	￥71,367
维尼熊	￥32,158	￥7,501	￥7,841	￥16,664	￥64,164
史努比	￥7,539	￥15,918	￥9,527	￥7,501	￥40,486
九州鸟	￥16,330	￥9,249	￥7,645	￥18,938	￥52,162
黄金虎	￥7,351	￥9,615	￥16,224	￥9,249	￥42,439

第一季度	第二季度	第三季度	第四季度
>5000	>5000	>5000	>5000

楼盘销售信息表

楼盘销售信息表

薪酬表

9月份员工薪酬表

姓名	职位	底薪	岗位补贴	提成	考勤	社保	实发工资	提成排名
李珏	部门主管	￥2,500	￥500	￥1,000	￥-200	￥-208	￥3,592	7
苟林庆	程序员	￥1,600	￥300	￥1,600	￥-50	￥-208	￥3,242	3
徐慧圆	程序员	￥1,600	￥300	￥1,800	￥-100	￥-208	￥3,392	2
谢东	程序员	￥1,600	￥300	￥1,000	￥-30	￥-208	￥2,862	6
王平	销售专员	￥1,600	￥300	￥1,300	￥-30	￥-208	￥2,962	5
周大林	销售专员	￥1,000	￥500	￥1,500	￥-100	￥-208	￥2,892	1
张华强	销售专员	￥1,000	￥300	￥1,000	￥-30	￥-208	￥2,442	4
彭娟	销售专员	￥1,000	￥300	￥600	￥50	￥-208	￥1,942	9
高丽江	客服专员	￥1,000	￥300	￥500	￥50	￥-208	￥1,842	8
涂波	客服专员	￥1,200	￥300	￥500	￥100	￥-208	￥1,792	10

员工档案表

员工档案表

编号	姓名	身份证号码	性别	出生年月	年龄	进入公司时间	工龄	职位	基本工资	所属部门	验证
HA20090001	陈然	51352198812201 8645	女	1988/12/20	26	2007/8/1	7	技术员	2500	技术部	√
HA20090002	李婚	51394119890201 4864	女	1989/2/14	25	2008/8/1	6	销售经理	1800	销售部	√
HA20090003	周杰	51203219871118 1434	女	1987/11/18	26	2010/11/1	3	后勤	2500	行政部	√
HA20090004	曹彬	51359419860716 3223	男	1986/7/16	27	2009/11/1	4	技术员	2500	技术部	√
HA20090005	张冰	52104519860725 2631	男	1986/7/25	27	2008/12/1	5	技术员	2500	技术部	√
HA20090006	付晴	15154519871211 8678	男	1987/12/11	26	2012/5/1	2	行政主管	2500	行政部	√
HA20090007	刘丹丹	54966219821014 5523	女	1982/10/14	31	2003/3/1	11	财务主管	3000	财务部	√
HA20090008	佘洁	51394119800315 4864	女	1980/3/15	33	2010/1/2	4	业务员	2500	销售部	×
HA20090009	周磊	51353219900126 51814	男	1990/1/26	24	2011/12/1	2	研究员	2500	研究部	×
HA20090010	杨晓燕	51353219850612 8604	女	1985/6/12	28	2007/4/1	6	前台接待	2500	行政部	×
HA20090011	董浩	51394119880118 4834	男	1988/1/18	26	2009/8/1	4	研究员	2500	研究部	√
HA20090012	陈家明	51353219800410 4824	男	1980/4/10	33	2007/10/1	6	设计师	2500	技术部	√
HA20090013	刘睿	51359419880715 3293	男	1988/7/15	25	2011/10/1	2	业务员	1800	销售部	√
HA20090014	肖云	51394119831106 4834	男	1983/11/6	30	2012/3/1	2	业务员	1800	销售部	√
HA20090015	向萍	51353219820714 4804	女	1982/7/14	31	2010/3/2	4	业务员	1800	销售部	√

设备折旧值

设备折旧值

设备价值	￥2,680,000.00	使用年限	7
设备残值	￥857,600.00	折旧系数	1.72

年限	折旧值计算		
	固定余额递减	双倍余额递减	折旧系数余额递减
1	￥167,500.00	￥765,714.29	￥658,514.29
2	￥376,875.00	￥546,938.78	￥1,155,222.20
3	￥320,343.75	￥390,670.55	￥1,529,881.89
4	￥272,292.19	￥119,076.38	￥1,812,482.34
5	￥231,448.36	￥0.00	￥1,822,400.00
6	￥196,731.11	￥0.00	￥1,822,400.00
7	￥167,221.44	￥0.00	￥1,822,400.00
8	￥82,913.96		

销售报告表

销售报告表

产品名称	类别	1月份	2月份	3月份	合计
糖果	副食品	￥200.00	￥154.00	￥108.00	￥462.00
罐头	副食品	￥185.00	￥100.00	￥160.00	￥445.00
茶叶	副食品	￥560.00	￥630.00	￥700.00	￥1,890.00
调味品	副食品	￥230.00	￥145.00	￥60.00	￥435.00
乳制品	副食品	￥180.00	￥230.00	￥280.00	￥690.00
豆制品	副食品	￥320.00	￥360.00	￥400.00	￥1,080.00
大米	主食	￥690.00	￥860.00	￥500.00	￥2,050.00
小麦	主食	￥600.00	￥510.00	￥420.00	￥1,530.00
玉米	主食	￥580.00	￥400.00	￥220.00	￥1,200.00
荞面	主食	￥300.00	￥600.00	￥900.00	￥1,800.00

业务员销售业绩统计表

业务员销售业绩统计

姓名:					
客户名称	合作意向	是否签单	合同金额	预付款	联系方式	备注

销量统计表

珍奥集团销量统计表

地区	第一季度（万元）	第二季度（万元）	第三季度（万元）	第四季度（万元）	总计（万元）
上海	35.60	80.30	60.30	34.00	￥210.70
北京	56.30	75.60	45.30	90.60	￥267.80
天津	35.60	32.60	100.40	71.70	￥240.70
沈阳	35.60	32.60	96.40	55.00	￥219.60
大连	45.30	75.60	25.40	64.70	￥215.40
苏州	20.30	73.50	65.30	30.10	￥189.10
杭州	36.90	76.50	70.00	28.00	￥211.80
青岛	42.50	63.40	85.80	40.30	￥231.50
深圳	56.80	90.60	28.00	65.30	￥240.70

销售报告表

销售报告表

产品名称	类别	1月份	2月份	3月份	合计
糖果	副食品	200	154	108	462
罐头	副食品	185	100	160	445
茶叶	副食品	560	630	700	1890
调味品	副食品	230	145	60	435
乳制品	副食品	180	230	280	690
豆制品	副食品	320	360	400	1080
大米	主食	690	860	500	2050
小麦	主食	600	510	420	1530
玉米	主食	580	400	220	1200
荞面	主食	300	600	900	1800

学生成绩表

	语文	数学	英语	化学	历史	总成绩	等级
	82	73	75	72	82	384	B
	93	69	78	78	72	390	B
	82	88	70	82	87	409	B
	65	86	95	69	81	396	B
	58	74	69	80	82	363	B
	70	83	68	80	80	381	B
	89	72	82	86	79	408	B
	78	82	70	72	69	371	B

员工当月信息表

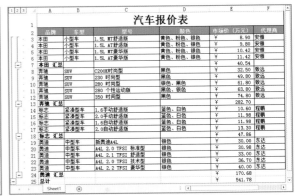

产品信息表

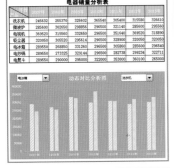

汽车报价表

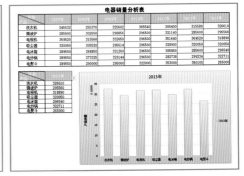

动态对比图

动态图表

72 小时精通

Excel 2013 电子表格处理

九州书源／编著

清华大学出版社

北 京

内容简介

　　《Excel 2013电子表格处理》一书详细而全面地介绍了Excel 2013的相关知识，主要内容包括：Excel 2013的基础知识，工作簿和工作表的基本操作，数据的输入与编辑，表格的美化，在表格中插入各种对象，在表格中利用公式和函数计算数据，对数据进行排序、筛选和汇总，图表的创建与美化，数据透视表和数据透视图的应用，动态图表和函数的高级使用，宏和VBA的使用及表格的输出等。最后一章通过两个表格的制作对全书内容进行综合的演练。

　　本书内容全面，图文对应，讲解深浅适宜，叙述条理清楚，并配有多媒体教学光盘，对Excel电子表格的初、中级用户有很大的帮助。本书适用于公司职员、在校学生、教师及各行各业相关人员进行学习和参考，也可作为各类电脑培训班的Excel电子表格培训教材。

　　本书和光盘有以下显著特点：

　　103节交互式视频讲解，可模拟操作和上机练习，边学边练更快捷！

　　实例素材及效果文件，实例及练习操作，直接调用更方便！

　　全彩印刷，炫彩效果，像电视一样，摒弃"黑白"，进入"全彩"新时代！

　　316页数字图书，在电脑上轻松翻页阅读，不一样的感受！

图书在版编目（CIP）数据

　Excel 2013电子表格处理/九州书源编著 . —北京：清华大学出版社，2015
　（72小时精通）
　ISBN 978-7-302-37963-8

　I. ①E…　II. ①九…　III. ①表处理软件　IV. ①TP391.13

　中国版本图书馆CIP数据核字（2014）第207778号

责任编辑：赵洛育
封面设计：李志伟
版式设计：文森时代
责任校对：张国申
责任印制：沈　露

出版发行：清华大学出版社
　　　　网　　　址：http://www.tup.com.cn，http://www.wqbook.com
　　　　地　　　址：北京清华大学学研大厦A座　　　　邮　　编：100084
　　　　社 总 机：010-62770175　　　　　　　　　　邮　　购：010-62786544
　　　　投稿与读者服务：010-62776969，c-service@tup.tsinghua.edu.cn
　　　　质 量 反 馈：010-62772015，zhiliang@tup.tsinghua.edu.cn
印 装 者：三河市中晟雅豪印务有限公司
经　　销：全国新华书店
开　　本：185mm×260mm　印　张：20.5　插　页：4　字　数：524千字
　　　　　（附DVD光盘1张）
版　　次：2015年10月第1版　　　　　　　　　　印　　次：2015年10月第1次印刷
印　　数：1～4000
定　　价：69.80元

产品编号：052263-01

PREFACE 前言

Excel 是 Microsoft 办公软件中最常用的组件之一，具有强大的电子表格处理功能，被广泛应用于各行各业，成为人们生活和办公中不可或缺的工具。尽管其功能强大，但还是有很多用户并不了解 Excel 的强大之处，仅仅将其作为制作表格的工具，忽略了其更为实用、强大的功能。本书针对这些情况，以目前最新的 Excel 2013 版本为例，为广大 Excel 初学者、Excel 爱好者讲解各种电子表格的制作方法、数据的处理与分析、公式与函数的使用方法，以及与 Microsoft 其他服务结合使用的方法。从全面性和实用性出发，让用户在最短的时间内从 Excel 初学者变为 Excel 使用高手。

■ 本书的特点

本书以 Excel 2013 为例进行电子表格制作的讲解。当您在茫茫书海中看到本书时，不妨翻开它看看，关注一下它的特点，相信它一定会带给您惊喜。

26 小时学知识，46 小时上机：本书以实用功能讲解为核心，每章分为学习和上机两个部分。学习部分以操作为主，讲解每个知识点的操作和用法，操作步骤详细、目标明确；上机部分相当于一个学习任务或案例制作。同时，在每章最后提供有视频上机任务，书中给出操作要求和关键步骤，具体操作过程放在光盘演示中。

知识丰富，简单易学：书中讲解由浅入深，操作步骤目标明确，分小步讲解，与图中的操作提示相对应，并穿插"提个醒"、"问题小贴士"和"经验一箩筐"等小栏目。其中，"提个醒"主要是对操作步骤中的一些方法进行补充或说明；"问题小贴士"是对用户在学习知识过程中产生疑惑的解答；"经验一箩筐"则是对知识的总结和技巧，以提高读者对软件的掌握程度。

技巧总结与提高：本书通过"秘技连连看"栏目列出学习 Excel 的技巧，并以索引目录的形式指出其具体的位置，使读者能更方便地对知识进行查找。最后，还在"72 小时后该如何提升"栏目中列出学习本书过程中应该注意的地方，以帮助读者取得良好的学习效果。

书与光盘演示相结合：本书的操作部分均在光盘中提供了视频演示，并在书中指出相对应的路径和视频文

※如果您还在为制作一张通讯录而发愁，

※如果您还在为大量的数据分析而苦恼，

※如果您还在为如何计算学生的成绩排名而手忙脚乱，

※如果您还在为如何统计数据而一筹莫展，

※请翻开《Excel 2013 电子表格处理》，

※这些问题都能在其中找到并得到解决的办法，

※它将带您在 Excel 的知识海洋中畅游，

※成为您学习电子表格处理的指明灯。

件名称，读者可以打开视频文件对某一个知识点进行学习。

排版美观，全彩印刷：本书采用双栏图解排版，一步一图，图文对应，并在图中添加操作提示标注，以便于读者快速学习。

配超值多媒体教学光盘：本书配有一张多媒体教学光盘，提供有书中操作所需素材、效果和视频演示文件，同时光盘还赠送大量相关的教学教程。

赠图书电子版：本书制作有实用、精美的电子版放置在光盘中，在光盘主界面中单击"电子书"按钮可阅读电子图书，单击"返回"按钮可返回光盘主界面，单击"观看多媒体演示"按钮可打开光盘中对应的视频演示，也可一边阅读一边进行其他上机操作。

■ 本书的内容

本书共分为 5 部分，读者在学习的过程中可循序渐进，也可根据自身的需求，选择需要的部分进行学习。各部分的主要内容介绍如下。

Excel 基础操作（第 1 章）：主要介绍 Excel 2013 的基础知识，包括认识 Excel 2013 的工作界面、启动与退出该工作界面以及工作簿和工作表的各种基本操作等内容。

工作表的相关操作（第 2~3 章）：主要介绍表格的相关操作知识，包括在表格中输入数据、对表格进行各种编辑操作，以及在表格中插入图片、文本框等对象以丰富表格内容。

数据的处理与分析（第 4~7 章）：主要介绍计算和管理表格数据以及使用图表分析数据的知识，包括公式和函数的使用，单元格的引用，数据的排序、筛选、分类汇总及图表的创建美化等内容。

Excel 的高级应用（第 8~9 章）：主要介绍 Excel 的高级应用，包括动态图表的制作、函数在办公中的高级应用、图表和函数的使用技巧、宏的使用方法、VBA 的使用方法、表格数据的页面设置和打印等内容。

Excel 实例制作（第 10 章）：综合运用本书的数据输入、编辑、计算、分析和图表等知识，练习制作员工考勤表和产品销量分析表。

■ 联系我们

本书由九州书源组织编写，参加本书编写、排版和校对的工作人员有廖宵、曾福全、陈晓颖、向萍、李星、贺丽娟、彭小霞、何晓琴、蔡雪梅、刘霞、包金凤、杨怡、李冰、张丽丽、张鑫、张良军、简超、朱非、付琦、何周、董莉莉、张娟。

如果读者在学习的过程中遇到了困难或疑惑，可以联系我们，我们会尽快解答，联系方式如下。

QQ 群：122144955、120241301（注：选择一个 QQ 群加入，不需重复加入多个群）。

网址：http://www.jzbooks.com。

由于作者水平有限，书中疏漏和不足之处在所难免，欢迎读者不吝赐教。

九州书源

CONTENTS录

表格

72 HOURS

初次体验 Excel 2013

第 1 章

学习 3 小时

Excel 是办公自动化软件 Office 中的一个组件，主要用于电子表格的制作，以及数据的计算、处理与分析，是大多数工作人员日常办公必不可少的一个辅助软件。Excel 2013 作为目前最新的一个版本，在以前的基础上进行了优化与改进，其功能更加强大，为办公人员提供了更为高效的办公方法。

- 初学 Excel 2013
- 工作簿与工作表的基本操作
- 单元格的基本操作

上机 5 小时

1.1　初学 Excel 2013

随着电子信息自动化的发展，办公自动化越来越成为职场人士所追求的高效办公手段。Microsoft 公司开发的 Excel 软件自从问世以来一直受到广大用户的青睐，成为电子表格处理中的佼佼者，而 Excel 2013 则是其最新研发的一款电子表格处理软件，通过它能够处理日常工作和生活中的各项事务，是进行数据处理与分析的首选软件。下面主要对 Excel 2013 进行基本的介绍，包括 Excel 2013 的新功能、Excel 在电子表格处理中的应用、启动与退出 Excel 2013 的方法以及认识 Excel 的工作界面。

学习1小时

🔍 了解 Excel 2013 的新功能。　　　　🔍 熟悉 Excel 在电子表格处理中的应用。

🔍 掌握启动与退出 Excel 2013 的方法。　🔍 熟悉并学会自定义工作界面的方法。

1.1.1　Excel 2013 的新功能

作为 Microsoft 公司的一款电子表格处理软件，Excel 2013 在很多方面都进行了优化，使用户能最大限度地使用并共享资源，以便更好地进行日常办公。Excel 2013 的新功能有以下 6 个方面。

🔑 **全新的 Metro 界面：** Metro 是 Microsoft 公司开发的名为基于排版设计语言（typography-based design language）的一种界面设计语言。Metro 界面的风格优雅、色彩协调，为用户提供了一个美观、快捷、流畅的 Metro 风格界面和大量可供使用的新应用程序。它同时支持鼠标和键盘操作，被广泛应用于平板设备，如下图所示为在 Excel 2013 中的新 Metro 界面效果，通过单击图中的 ⊙ 按钮可以查看下一个模板。

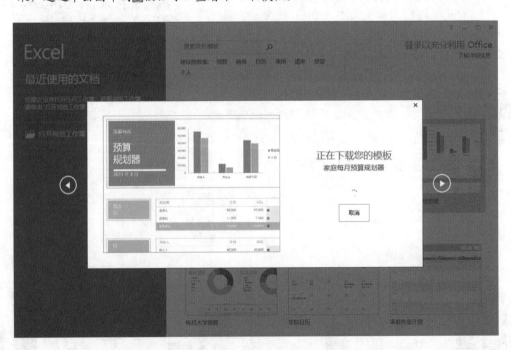

🔑 **多窗口的工作界面**：使用过 Excel 2010 的用户都有一个问题，那就是不能同时使用 Excel 2010 打开两个或两个以上的文档，只能通过同屏显示进行查看，这种操作对于数据量大且运算复杂的工作相当不便。针对这一问题，Excel 2013 进行了更加人性化的处理，每个工作簿都拥有一个独立的窗口，从而可以轻松地同时操作多个工作簿。

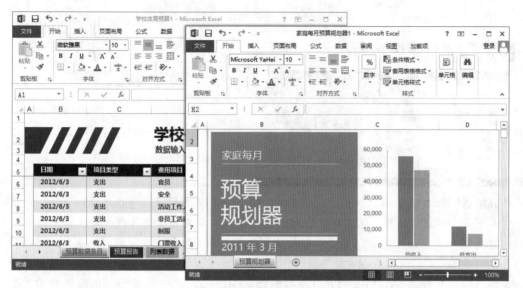

🔑 **即时数据分析**：以往在 Excel 中要进行数据分析，需要执行多步操作，而 Excel 2013 则可以在选择数据后，通过"快速分析"工具📊快速创建不同类型的图表（包括散点图、饼图、簇状条形图、折线图等），创建数据透视表或迷你图等用于分析数据现状，也可通过条件格式分析数据。

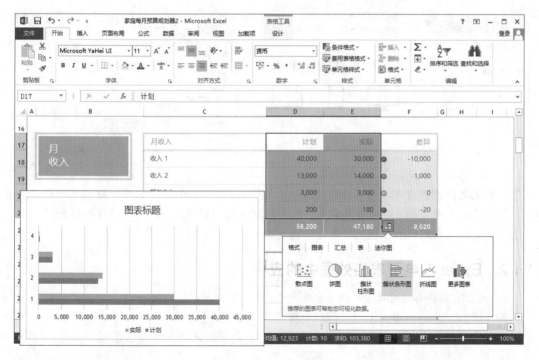

🔑 **推荐的图表**：是指根据选择的数据，系统自动进行判断并推荐相应匹配类型的图表进行数据分析的一种方法。选择该方法插入图表后，用户可查看到系统推荐的不同图表中的数据

003

72⊠
Hours

62
Hours

52
Hours

42
Hours

32
Hours

22
Hours

12
Hours

　　显示方式，然后用户再根据具体需要进行选择即可。

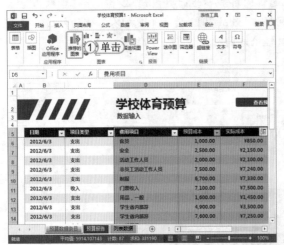
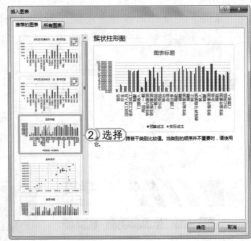

🔑 **联机保存和共享文件**：在 Excel 2013 中，除了可以将工作簿保存在本地磁盘外，还能保存到用户的联机位置，这需要登录 Microsoft 账号，从而将工作簿保存至 SkyDrive 中。同时通过 SkyDrive 空间，还能更加轻松地与他人共享工作簿，在保证网络连接正常的情况下，不管使用何种设备或身处何处，都可使用最新版本的 Excel 2013 实现实时协作办公。如下图所示即为 SkyDrive 的另存界面和登录 Microsoft 账号后在 SkyDrive 中查看并打开工作簿的效果。

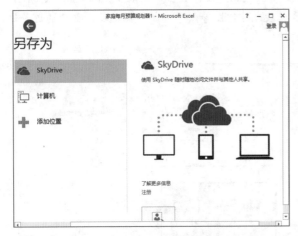

🔑 **推荐的数据透视表**：与推荐的数据透视图功能类似，Excel 2013 为用户推荐了一些方法来汇总数据，并可预览字段布局效果。采用该方法创建数据透视表后，还可以在此基础上再进行字段列表的添加，以及完善表格的创建与数据分析。

1.1.2　Excel 在电子表格处理中的应用

　　Excel 2013 是 Microsoft 公司推出的新一代办公软件，广泛应用于财务、生产、销售、统计及贸易等领域。通过 Excel 不仅可以制作各种复杂的电子表格，而且还可以对表格中繁琐的数据进行计算、分析和预测，同时还可利用软件自带的图表将枯燥的数据形象化。下面对 Excel 在电子表格处理中的应用进行介绍。

1. 记录表格文本和数据

Excel 最基本的功能就是记录文本和数据，它不仅可以记录日常生活中的数据，还可以将繁琐、复杂的工作业务数据进行简单、明了的记录，以表格的形式将数据集合在一起，使数据更为规范、便于查看。如下图所示即为某超市的销售记录表和员工基本信息表。

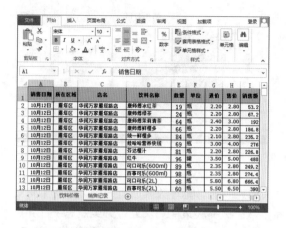

2. 数据计算

Excel 提供了强大的数据计算功能，通常能够对日常生活的开支数据进行计算，也可以对工作中的生产、销售、利润等数据进行计算，简化用户的工作，提高实际的工作效率。Excel 拥有计算速度快、结果准确度高，并且能够进行复杂运算的优点，远比使用计算器或手工记账方便得多，如简单的数学运算就可以直接通过输入公式来进行计算，而较为复杂的计算（如计算最大值、排序、统计人数等）则可通过函数来进行计算。同时，Excel 还支持函数的嵌套，通过不同函数的结合使用，能够完成更多更复杂的运算，如下图所示即为计算员工的工龄以及对数据进行排序的结果。

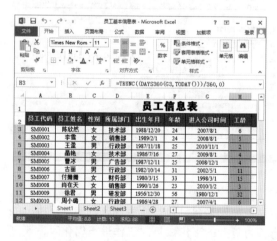

3. 数据图示化

当数据量较多，不便于对数据进行查看时，可在 Excel 中创建图表进行数据的查看。图表以直观、形象的方式展示在用户面前，帮助用户清晰地查看数据的规律与变化。Excel 中的图表类型众多，如柱形图、条形图、饼图、面积图和股价图等，适合各行各业数据的图示化展示。同时用户还可根据不同的数据规律选择不同的图表，以清楚表达数据间的关系。如下图所示即为公司的销售数据通过图表展示的效果。

62
Hours

52
Hours

42
Hours

32
Hours

22
Hours

12
Hours

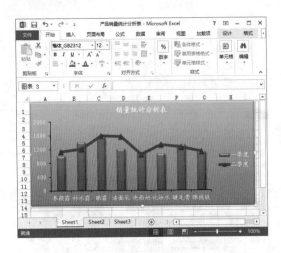
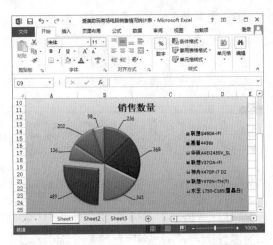

4. 数据统计与分析

　　除了通过数据运算处理数据外，Excel 还提供了其他的功能对数据进行分析，帮助用户更全面地解析数据，对工作中的实际问题进行判断，从而提高决策能力。通过分类汇总统计并汇总数据、通过数据透视表和数据透视图分类统计数据、通过回归分析法进行成本和销售预测等。如下图所示即为统计与预测数据的效果。

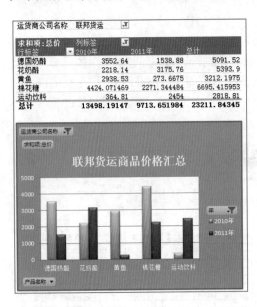
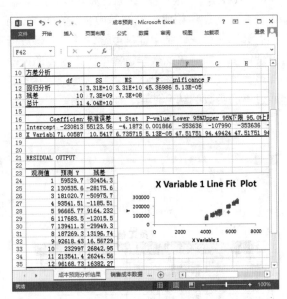

5. 二次开发

　　需要一次性处理大量重复的工作时，可以通过录制宏来自动执行相关任务，使频繁执行的动作自动化，提高工作效率和准确率。需要进行较为复杂的工作，且对工作进行简化时，还可通过 VBA 编程来实现，只要在 Excel 的 VBA 编辑器中输入简单的代码就可以将某一过程集中，从而快速得到需要的结果，如自定义 Excel 中的函数、创建可视化的窗口视图等，使工作更加自动化、智能化。宏和 VBA 是 Excel 中的高级功能，需要具有一定 Excel 基础和编程基础才能融会贯通并使用，如下图所示即为使用自定义的函数根据单元颜色进行计数的效果。

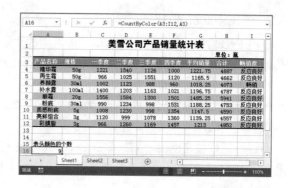

1.1.3　启动与退出 Excel 2013

利用 Excel 2013 制作各种漂亮的电子表格时首先应该启动该软件，完成表格制作后，则需要执行退出 Excel 2013 的操作，保证电脑中所占用的系统资源减到最少，以达到提高电脑运行速度的目的。

1. 启动 Excel 2013

常用启动 Excel 2013 的方法有 4 种：通过"开始"菜单启动、通过桌面快捷图标启动、通过双击 Excel 2013 文件启动和通过常用软件区启动。下面分别介绍。

🔑 通过"开始"菜单启动：单击桌面左下角的 按钮，在弹出的菜单中选择【所有程序】/【Microsoft Office 2013】/【Excel 2013】命令，即可启动 Excel 2013。

🔑 通过桌面快捷图标启动：选择【开始】/【所有程序】/【Microsoft Office 2013】命令，在弹出菜单的"Excel 2013"命令上单击鼠标右键，在弹出的快捷菜单中选择【发送到】/【桌面快捷方式】命令，创建桌面快捷图标。以后每次启动 Excel 2013 时直接双击桌面上的 Excel 2013 快捷图标即可。

🔑 通过双击 Excel 2013 文件启动：在电脑桌面上或"计算机"窗口中找到任意一个 Excel 2013 文件图标，然后双击该图标即可在启动 Excel 2013 的同时打开该文件。

🔑 通过常用软件启动：常用软件区位于"开始"菜单的左侧列表，该区域自动保存用户经常使用过的软件。如启动 Excel 2013 软件，只需单击该软件图标即可。

62
Hours

52
Hours

42
Hours

32
Hours

22
Hours

12
Hours

2. 退出 Excel 2013

退出 Excel 2013 的方法比较简单,最常用的方法有以下 4 种。

🔑 **通过"文件"选项卡退出:** 在需退出的 Excel 2013 程序上选择"文件"选项卡,在弹出的菜单中选择"退出"命令。

🔑 **通过标题栏图标退出:** 在 Excel 2013 标题栏左上角的📧图标上单击鼠标右键,在弹出的快捷菜单中选择"关闭"命令。

🔑 **通过标题栏按钮退出:** 直接单击 Excel 2013 标题栏右上角的"关闭"按钮❎即可。

🔑 **通过鼠标右键退出:** 在任务栏上的 Excel 2013 程序上单击鼠标右键,在弹出的快捷菜单中选择"关闭"命令即可。

1.1.4 认识 Excel 2013 的工作界面

启动 Excel 2013 后便进入其工作界面,该界面主要由标题栏、功能区、"登录"选项、编辑区、工作区以及状态栏等组成。下面介绍各主要组成部分的作用。

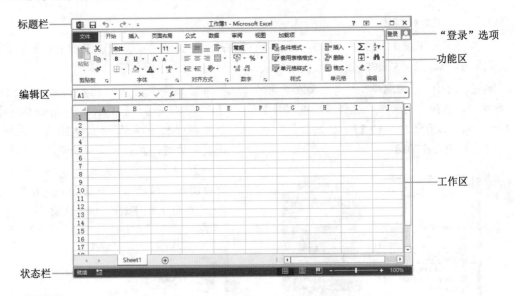

1. 标题栏

标题栏位于工作界面的顶部,主要由程序控制图标📧、快速访问工具栏、工作簿名称及窗口控制按钮 ＿ □ × 组成。其中,快速访问工具栏显示了 Excel 中常用的几个命令按钮,如"保存"按钮🖫、"撤销"按钮↩ 和"恢复"按钮↪ 等,而程序控制图标和控制按钮的功能则是控制当前界面的大小和退出 Excel 2013 程序。

2. 功能区

功能区的最大特点就是将常用功能或命令以按钮、图标或下拉列表框的形式分门别类地显示出来。除此之外,Excel 2013 还有一个新特色,就是将文件的保存、打开、关闭、新建及打印等功能全部整合在"文件"选项卡中,并且在功能区的右下角还有"隐藏或显示"功能区的

按钮 ，如下图所示即为不同选项卡下的功能区界面。

3. "登录"选项

"登录"选项是 Excel 2013 的新增功能，通过它能够登录 Microsoft 账号，以便共享 Microsoft 中的资源，如存储或打开 SkyDrive 中的文件。登录 Microsoft 账号后，该选项会显示用户的登录名，且在以后启动 Excel 时，默认以 Microsoft 账号的形式进行登录。

4. 编辑区

编辑区由名称框和编辑栏两部分组成，主要用于显示和编辑当前活动单元格中的数据或公式。将鼠标指针定位到编辑栏中或双击某个活动单元格时，名称框右侧将会自动激活"取消"按钮 和"输入"按钮 。单击"取消"按钮 表示取消输入内容；单击"输入"按钮 表示确认输入内容；单击"插入函数"按钮 表示在当前单元格中插入函数 。

名称框 ——  —— 编辑栏

5. 工作区

工作区是 Excel 工作界面中最大的一个区域，构成整个工作区的主要元素包括：列标、行号、单元格、水平滚动条、垂直滚动条、工作表标签以及快速切换工作表标签的按钮组。单元格的命名方式则是用"列标＋行号"来表示的，如工作表中最左上角的单元格地址为 A1，即表示该单元格位于 A 列第一行。工作表标签则用来显示工作表的名称，拖动水平／垂直滚动条则可查看窗口中超过屏幕显示范围而未显示出来的内容。

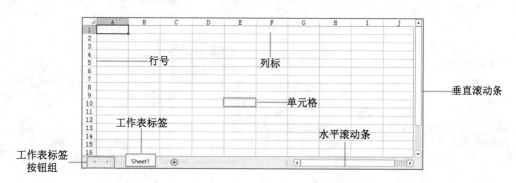

6. 状态栏

状态栏位于工作界面最底端，其中最左侧显示的是与当前操作相关的模式，分为就绪、输入和编辑 3 种模式，并且随操作的不同而自动显示相应的模式信息。状态栏右侧显示了工作簿的视图模式和缩放比例，单击"普通"按钮 则切换到普通视图；单击"页面布局"按钮 则切换到页面布局视图；单击"分页预览"按钮 则切换到分页预览视图。系统默认显示普通视图。

操作模式　　　　　　　　　　　视图模式　　比例缩放

1.1.5　自定义 Excel 功能区

　　Excel 2013 功能区中包含了进行数据处理与分析的大多数命令，但对于不同的工作领域，用户需要使用的功能不同。为了给用户提供更好的界面体验，Excel 2013 提供了自定义功能区的功能，使用户能根据自身的需要，将常用的选项卡、命令添加到其中，将不使用的删除或隐藏显示。

　　下面在功能区中显示"开发工具"选项卡，并新建一个"常用工具"组，将"打开"、"保存"和"格式刷"3 个按钮添加到其中，以掌握自定义功能区的方法，其具体操作如下：

光盘文件　实例演示 \ 第 1 章 \ 自定义 Excel 功能区

STEP 01：　新建工作簿

在"开始"菜单中选择【所有程序】/【Microsoft Office 2013】/【Excel 2013】命令，启动 Excel 2013，在打开的界面中选择"空白工作簿"选项，新建一个空白工作簿。

> **提个醒**
> 　　要对 Excel 的功能区进行自定义操作，需要打开一个工作簿，这里直接新建一个空白工作簿，其更多方法在后面进行介绍。

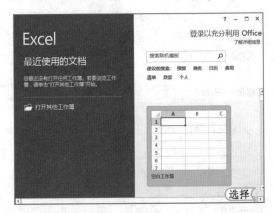

STEP 02：　添加"开发工具"选项卡

1. 选择【文件】/【选项】命令，打开"Excel 选项"对话框，在左侧的列表框中选择"自定义功能区"选项卡。
2. 在右侧的"主选项卡"列表框中选中 ☑ 开发工具 复选框。

> **提个醒**
> 　　"开发工具"选项卡中主要包含宏、VBA 和插件等功能。

读书笔记

STEP 03： 新建主选项卡

1. 在"主选项卡"列表框中选择新建选项卡的位置，这里选择"开始"选项卡。
2. 单击 新建选项卡(W) 按钮，即可在"开始"选项卡下方自动创建一个新建选项卡。

提个醒
　　新建选项卡的位置位于之前选择的选项卡的后面。用户可根据需要自行选择。

STEP 04： 重命名新建选项卡

1. 在"主选项卡"列表框中选择"新建选项卡（自定义）"选项。
2. 单击 重命名(M)... 按钮。
3. 打开"重命名"对话框，在"显示名称"文本框中输入"常用工具"。
4. 单击 确定 按钮。

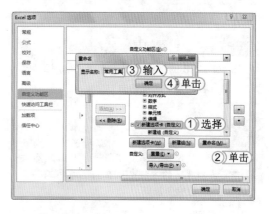

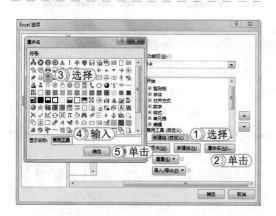

STEP 05： 重命名新建组

1. 在"主选项卡"列表框中选择"新建组（自定义）"选项。
2. 单击 重命名(M)... 按钮，打开"重命名"对话框。
3. 在"符号"列表框中选择所需图标，这里选择 图标。
4. 在"显示名称"文本框中输入"常用工具"。
5. 单击 确定 按钮。

STEP 06： 在新建组中添加命令

1. 选择"常用工具（自定义）"选项，在"从下列位置选择命令"下拉列表框中选择"常用命令"选项。
2. 在"常用命令"列表框中选择"保存"选项。
3. 单击对话框中间的 添加(A) >> 按钮即可将"保存"命令添加到"常用工具"组中。

提个醒
　　选择选项卡，单击 新建组(N) 按钮可再新建组。

STEP 07： 添加其他命令

1. 在"常用命令"列表框中选择"打开"选项。单击对话框中间的 添加(A) 按钮。然后使用相同的方法将"格式刷"命令添加到"常用工具"组中。
2. 单击 确定 按钮。

> **提个醒** 将命令添加到组中后，添加(A) 按钮将变为灰色，若要取消则选择组中的选项后单击 删除(R) 按钮。

STEP 08： 查看效果

返回 Excel 2013 的工作界面，选择"常用工具"选项卡即可看到其中添加的命令。

> **提个醒** 在"Excel 选项"对话框的左侧列表框中选择"快速访问工具栏"选项卡，然后按照自定义功能区的方法也可在快速访问工具栏中添加常用的命令按钮。

经验一箩筐——改变 Excel 2013 工作界面的配色方案

Excel 2013 默认的配色方案为白色，用户也可对其进行更改，使其与表格更符合。改变 Excel 2013 工作界面配色方案的方法主要有以下两种。

- 在"Excel 选项"对话框中修改：打开"Excel 选项"对话框，选择"常规"选项卡，在"对 Microsoft Office 进行个性化设置"栏中的"Office 主题"下拉列表框中可选择"浅灰色"或"深灰色"选项。
- 在"账户"界面中修改：选择【文件】/【账户】命令，在打开界面的"Office 主题"下拉列表框中选择相应的颜色选项。

上机1小时 定义个性化的工作界面

- 掌握启动与退出 Excel 2013 的方法。
- 巩固自定义功能区的方法。
- 掌握自定义快速访问工具栏的方法。
- 学会改变 Excel 2013 的界面颜色。

光盘文件 实例演示\第1章\定义个性化的工作界面

本例将启动 Excel 2013，对 Excel 2013 中的功能区和快速访问工具栏进行自定义设置，并改变工作界面的颜色，其最终效果如下图所示。

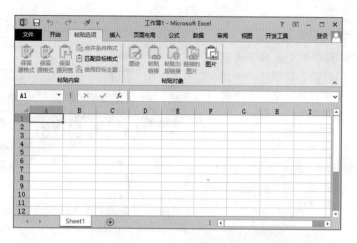

STEP 01: 打开 "Excel 选项" 对话框

1. 在 "开始" 菜单中选择【 所有程序 】/【 Microsoft Office 2013 】/【 Excel 2013 】命令启动 Excel 2013，在打开的界面中选择 "空白工作簿" 选项，新建一个空白工作簿。
2. 选择【 文件 】/【 选项 】命令，打开 "Excel 选项" 对话框。

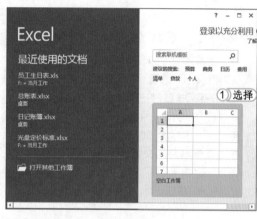

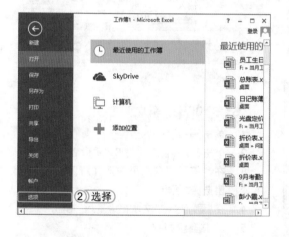

读书笔记

STEP 02: 自定义快速访问工具栏

1. 在左侧列表框中选择 "快速访问工具栏" 选项卡。
2. 在 "从下列位置选择命令" 下拉列表框中选择 "常用命令" 选项。
3. 在下方的列表框中选择 "格式刷" 选项。
4. 单击 添加(A) >> 按钮将其添加到右侧的列表框中。

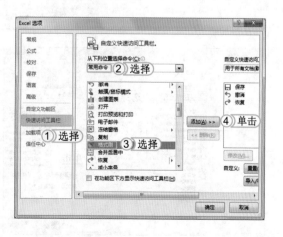

提个醒
　　如果 "常用命令" 列表框中没有需要添加的命令按钮，可在 "从下列位置选择命令" 下拉列表框中选择 "所有命令" 选项。

62 Hours

52 Hours

42 Hours

32 Hours

22 Hours

12 Hours

STEP 03: 新建并重命名选项卡

1. 在"主选项卡"列表框中选择新建选项卡的位置为"开始"选项卡,单击 新建选项卡(W) 按钮,在"开始"选项卡下方自动创建一个新建选项卡。
2. 在"主选项卡"列表框中选择"新建选项卡(自定义)"选项。
3. 单击 重命名(M)... 按钮。
4. 打开"重命名"对话框,在"显示名称"文本框中输入"粘贴选项"。
5. 单击 确定 按钮。

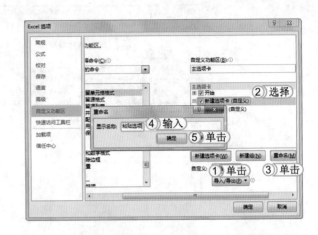

STEP 04: 重命名新建组

1. 在"主选项卡"列表框中选择"新建组(自定义)"选项。
2. 单击 重命名(M)... 按钮,打开"重命名"对话框。
3. 在"符号"列表框中选择所需图标,这里选择 ▮ 图标。
4. 在"显示名称"文本框中输入"粘贴内容"。
5. 单击 确定 按钮。

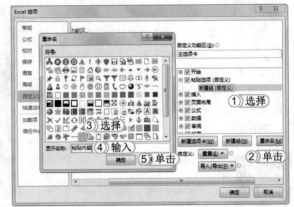

STEP 05: 再次新建组

1. 单击 新建组(N) 按钮新建一个组。
2. 单击 重命名(M)... 按钮,打开"重命名"对话框。
3. 在"符号"列表框中选择所需图标,这里选择 ▯ 图标。
4. 在"显示名称"文本框中输入"粘贴对象"。
5. 单击 确定 按钮。

STEP 06: 在组中添加命令

1. 在"主选项卡"列表框中选择"粘贴内容(自定义)"选项。
2. 在"从下列位置选择命令"下拉列表框中选择"不在功能区中的命令"选项。
3. 在下方的列表框中选择需要添加的命令选项。
4. 单击对话框中间的 添加(A) >> 按钮,将其添加到"粘贴内容"组中。

STEP 07： 添加命令到第 2 个组

1. 在"主选项卡"列表框中选择"粘贴对象（自定义）"选项。
2. 在"不在功能区中的命令"列表框中选择需要添加的命令选项。
3. 单击对话框中间的 添加(A) >> 按钮将其添加到"粘贴对象"组中。

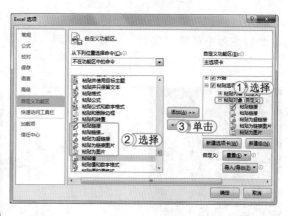

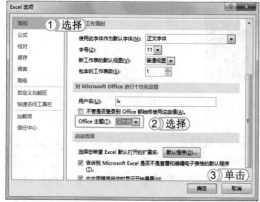

STEP 08： 改变工作界面的颜色

1. 选择"常规"选项卡。
2. 在"对 Microsoft Office 进行个性化设置"栏中的"Office 主题"下拉列表框中选择"深灰色"选项。
3. 单击 确定 按钮完成设置，返回工作簿中查看效果。单击 × 按钮，退出工作簿。

1.2 工作簿与工作表的基本操作

　　工作簿是包含多个工作表的一个整体，要在 Excel 中创建表格，需要先创建工作表。下面先介绍工作簿和工作表的基本操作，包括新建、保存、打开、关闭、移动和删除工作簿等，为后面的电子表格处理打下基础。

 学习1小时

　　🔍 掌握新建和保存工作簿的方法。　　🔍 掌握打开和关闭工作簿的方法。
　　🔍 学会保护工作簿的方法。　　　　　🔍 掌握选择和切换工作表的方法。
　　🔍 学会插入和删除工作表的方法。　　🔍 掌握移动或复制工作表的方法。
　　🔍 了解隐藏与显示工作表的方法。

1.2.1 新建工作簿

　　新建工作簿的方法有多种，最常用的是新建空白工作簿、根据模板创建工作簿两种。下面分别进行介绍。

1. 新建空白工作簿

　　新建空白工作簿是最简单、最常用的操作之一，其新建方法主要有以下两种。

🔑 **启动时新建**：启动 Excel 2013 后，直接在打开的界面中选择"空白工作簿"选项，新建一个空白工作簿。

🔑 **在已有的工作簿上新建**：在工作簿中选择【文件】/【新建】命令，在打开的"新建"界面中选择"空白工作簿"选项即可。

2. 根据模板新建工作簿

Excel 2013 中自带有许多模板，这些模板的内容和格式都是已经设计好的，用户通过自带的模板可以快速新建各种既美观又专业的工作簿，以最大限度地提高工作效率。只要在"新建"界面中选择系统预设的一种模板即可，同时用户也可根据需要联机搜索适合的模板进行新建。

下面将在 Excel 2013 中以"产品"为关键字进行搜索，再选择需要的模板来新建工作簿。其具体操作如下：

光盘文件 实例演示 \ 第 1 章 \ 根据模板新建工作簿

STEP 01： 输入搜索的关键字

1. 启动 Excel 2013，在工作界面中选择【文件】/【新建】命令，打开"新建"界面。
2. 在右侧的搜索框中输入关键字为"产品"，按 Enter 键进行搜索。

提个醒 在搜索框下方的"建议的搜索"栏中提供了 Excel 推荐的几种类型的模板，直接单击模板选项，即可在打开的界面中查看并新建对应的工作簿。

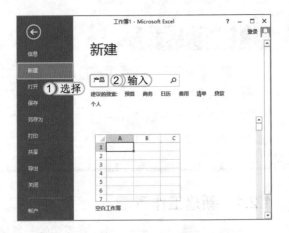

读书笔记

STEP 02: 选择需要新建的模板

1. 在"类别"下拉列表框中选择工作簿的类别为"销售"。
2. 在左侧将显示出该类别下搜索到的所有模板，然后选择"产品价目单"选项。

提个醒　搜索模板时，还可单击搜索框右侧的"搜索"按钮进行搜索。

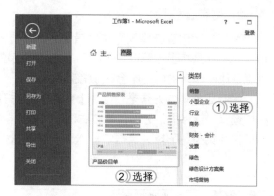

STEP 03: 下载模板

Excel 2013 自动连接到网络，并打开下载页面，在其中单击"创建"按钮，下载模板。

提个醒　直接在需要新建的模板上双击，可直接下载模板。

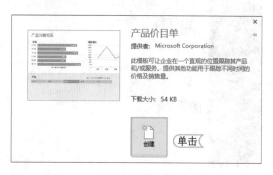

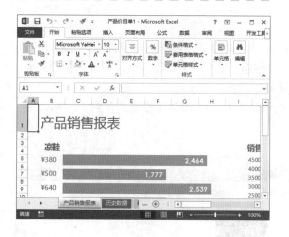

STEP 04: 查看新建的工作簿

下载完成后，直接打开下载的工作簿，并将其名称以"XXXX1"样式进行命名。

提个醒　基于模板新建工作簿的好处在于，工作簿中已经预先设置表格样式，包括文字、单元格和基本的内容等，用户只需在上面稍作修改后即可为己所用。

1.2.2 保存工作簿

完成对新工作簿的编辑后，若要将工作簿中的数据保存到电脑中，可为新建的工作簿重命名并为其指定保存路径。保存工作簿主要有直接保存、另存到计算机、存储到 SkyDrive 和自动保存 4 种，下面分别进行介绍。

1. 直接保存工作簿

直接保存工作簿是指在已经保存过的工作簿中进行保存操作，它将直接覆盖已有的相同名称的工作簿，其方法是：单击快速访问工具栏中的"保存"按钮或按 Ctrl+S 组合键。当工作簿没有被保存过时，将打开"另存为"界面，需在其中进行保存设置，其方法与另存工作簿的方法相同。下面进行详细介绍。

017

72 ☑
Hours

62
Hours

52
Hours

42
Hours

32
Hours

22
Hours

12
Hours

2. 另存工作簿

为了避免因直接修改原文件错误而导致重要数据丢失，可以对重要的工作簿进行"备份"操作，也就是将工作簿以"另存为"方式保存在其他磁盘上，同时也可对其进行重命名，这样可保证原工作簿的内容不会被覆盖。

另存工作簿的方法是：选择【文件】/【另存为】命令，打开"另存为"界面，在"另存为"栏中选择"计算机"选项，单击右侧的"浏览"按钮 ，打开"另存为"对话框，在"文件名"和"保存类型"下拉列表框中输入工作簿的名称及保存类型，单击 保存(S) 按钮即可。

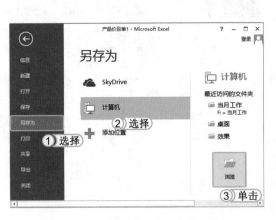

3. 存储工作簿到 SkyDrive

SkyDrive 是 Microsoft 公司推出的一项云存储服务，通过它可以进行资源共享。在 Excel 中，用户可以使用 Windows Live 账户进行登录，将制作的电子表格上传到 SkyDrive 中，需要使用时，不管用户在何时何地都能通过登录账号获取已存储的内容。

下面将在 Excel 2013 中将上一例中新建的"产品价目单 1.xlsx"工作簿另存到 SkyDrive 中，其具体操作如下。

光盘
文件　实例演示\第1章\存储工作簿到 SkyDrive

STEP 01： 选择存储的位置

1. 在"产品价目单 1.xlsx"工作簿中选择【文件】/【另存为】命令。
2. 打开"另存为"界面，在"另存为"栏中选择"SkyDrive"选项。
3. 单击右侧的"登录"按钮 。

提个醒
SkyDrive 的登录账号即为 Windows Live 账号，需要先进行注册。如果用户没有该账号，可在"另存为"界面中单击"注册"超级链接，在打开的网页中填写账户信息进行注册，完成后再返回 Excel 中进行登录。

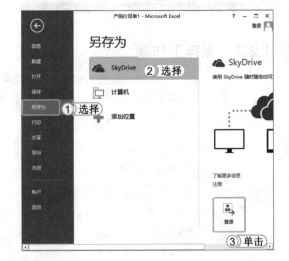

STEP 02： 登录账号

1. 打开"登录"界面，在其中的文本框中输入账号的电子邮件地址。
2. 单击 下一步 按钮进行查找。
3. 再次打开"登录"界面，在"Microsoft 账户"和"密码"文本框中输入对应的信息。
4. 完成后单击 登录 按钮。

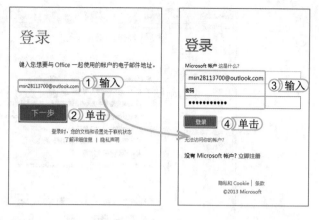

STEP 03： 选择存储的位置

1. 登录成功后，将自动返回 Excel 中，此时在工作界面的"登录"选项中可看到用户的账号名称。在"另存为"栏中选择登录后的 SkyDrive 地址。
2. 单击"浏览"按钮 ，打开与 Microsoft 账号相关联的云服务。

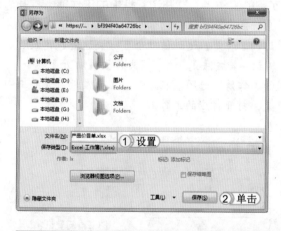

STEP 04： 保存工作簿

1. 在对话框中的"文件名"文本框中输入文件存储的名称为"产品价目单 .xlsx"，在"保存类型"下拉列表框中设置存储的类型，这里保持默认不变。
2. 单击 保存(S) 按钮，完成保存操作。

提个醒   在 SkyDrive 的存储界面中，用户还可根据需要新建文件夹，将电子表格分类进行存储，其方法与新建文件夹的方法相同。

▌ 经验一箩筐——存储为模板

在"另存为"对话框的"保存类型"下拉列表框中选择"Excel 模板（*.xltx）"选项，可将当前工作簿存储为模板。需要使用时，可在该模板的基础上进行新建。

4. 自动保存文件

    Excel 2013 与以往的版本一样也提供了自动保存工作簿的功能，在对工作簿进行编辑时，为了防止数据丢失，可以对正在编辑的工作簿设置每隔一段时间进行自动保存操作。其方法是：选择【文件】/【选项】命令，在打开的"Excel 选项"对话框中选择"保存"选项卡。在"保存工作簿"栏的"保存自动恢复信息时间间隔"右侧的数值框中输入自动保存的时间，单击 确定 按钮即可。

1.2.3 打开和关闭工作簿

打开和关闭工作簿是 Excel 最基本的操作，用户要对某个表格进行操作，需要先打开该工作簿，完成操作后需要关闭工作簿。

1. 打开工作簿

打开工作簿的方法有多种，包括打开最近使用的工作簿、打开计算机中的工作簿、打开 SkyDrive 中的工作簿和打开受损的工作簿等，下面分别介绍如下。

🔑 **打开最近使用的工作簿**：是指用户最近编辑过的工作簿，通过该命令可以快速地找到最近使用过的工作簿，单击打开该工作簿可进行编辑。其方法是：选择【文件】/【打开】命令，打开"打开"界面，在其中选择"最近使用的工作簿"选项，在右侧将显示最近打开的工作簿，直接在需要打开的工作簿上单击，可直接打开对应的工作簿。

🔑 **打开计算机中的工作簿**：是指打开本地计算机中的 Excel 文件，其方法是选择【文件】/【打开】命令，打开"打开"界面，在左侧选择"计算机"选项，单击右侧的"浏览"按钮📁，打开"打开"对话框，在"查找范围"下拉列表框中选择保存工作簿的位置，在中间的列表框中选择需要打开的文件，单击 打开(O) ▾ 按钮即可。

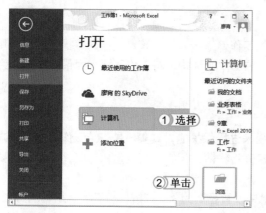

🔑 **打开SkyDrive中的工作簿**：是指打开保存在SkyDrive中的共享Excel文件，但需要登录Microsoft账号后才能打开。其方法是：打开"打开"界面，在其中选择登录后的SkyDrive选项，在右侧单击"浏览"按钮，打开SkyDrive存储空间，在其中选择需要打开的文件后，单击 打开(O) 按钮即可。

021

72☒
Hours

62
Hours

52
Hours

42
Hours

32
Hours

22
Hours

12
Hours

🔑 **打开受损的工作簿**：有时打开Excel工作簿会出现"不能访问"的提示信息，原因是该文件可能是只读或者文件所在的服务器没有响应等，此时可利用直接修复法来尝试打开受损文件。其方法是：在"打开"对话框中选择需修复的文件，然后单击 打开(O) 按钮右侧的按钮，在弹出的下拉列表框中选择"打开并修复"选项即可。

经验一箩筐——其他打开方法

在该下拉列表框中还可选择"以只读方式打开"、"以副本方式打开"、"在受保护的视图中打开"等方式打开Excel文件，使文件在不同的状态下进行查看和编辑。

2. 关闭工作簿

对工作表编辑完并保存后，可以将工作簿关闭，以释放其占用的内存空间，从而提高电脑运行速度。常用关闭工作簿的方法有如下两种。

🔑 **通过"文件"选项卡关闭**：在Excel 2013的工作界面中选择【文件】/【关闭】命令，可关闭工作簿而不退出Excel程序。

🔑 **通过"关闭"按钮关闭**：通过功能区中控制窗口大小的按钮组，也可以关闭当前工作簿而不用退出Excel程序，其操作方法为直接单击"关闭"按钮 ✕ 即可。

1.2.4　保护工作簿

若要防止他人随意对一些存放有重要数据的工作簿进行篡改、移动或删除等操作，可利用 Excel 2013 提供的保护功能保护工作簿，包括保护工作簿结构、将工作簿标记为最终状态、为工作簿加密等。下面分别进行讲解。

1. 保护工作簿结构

保护工作簿结构是通过对工作簿的结构加密来进行保护的，其实质是冻结工作簿中部分功能区的命令，使用户不能进行操作。用户可以打开工作簿，但在进行其他操作时，会提示需要密码。

下面将以在"员工销售业绩表.xlsx"工作簿中设置密码为例，讲解保护工作簿结构的方法，其具体操作如下：

> **光盘文件**
> 素材 \ 第1章 \ 员工销售业绩表 .xlsx
> 实例演示 \ 第1章 \ 保护工作簿

STEP 01： 设置保护的密码

1. 打开"员工销售业绩表.xlsx"工作簿，在【审阅】/【更改】组中单击 保护工作簿按钮。
2. 在打开的"保护结构和窗口"对话框中的"密码（可选）"文本框中输入密码。
3. 单击 确定 按钮。

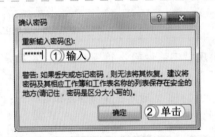

STEP 02： 确认输入的密码

1. 打开"确认密码"对话框，在"重新输入密码"文本框中输入相同的密码。
2. 单击 确定 按钮。

STEP 03： 查看保护后的效果

按 **Ctrl+S** 组合键保存工作簿，然后单击"关闭"按钮 × 关闭工作簿，再次打开"员工销售业绩表.xlsx"工作簿，此时 保护工作簿按钮将变为 保护工作簿 状态。

2. 将工作簿标记为最终状态

是指将工作簿标记为最终版本，并设置为"只读"，其他用户不能进行编辑，只能查看。其方法是：打开需要设置的工作簿，选择【文件】/【信息】命令，单击右侧窗格中的"保护工作簿"按钮，在弹出的下拉列表中选择"标记为最终状态"选项，在打开的提示对话框中单击 确定 按钮，再在打开的提示对话框中单击 确定 按钮，完成设置。此时将不能在文档中进行输入、编辑和校对标记等操作。

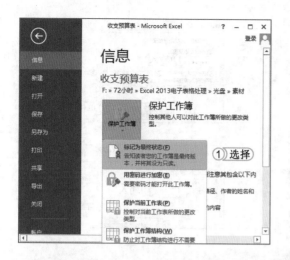

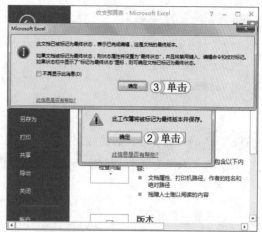

┃ 经验一箩筐——取消最终状态的标记

如果用户还需对工作簿中的内容进行编辑,可再次选择【文件】/【信息】命令,单击界面右侧窗格中的"保护工作簿"按钮🔒,在弹出的下拉列表框中选择"标记为最终状态"选项取消该状态,即恢复到正常的编辑状态。

3. 为工作簿加密

为工作簿加密后,在打开工作簿的同时将要求输入密码,否则不能打开工作簿。下面以为"员工工资表.xlsx"工作簿加密为例讲解其操作方法,其具体操作如下:

光盘文件	素材 \ 第1章 \ 员工工资表.xlsx
	实例演示 \ 第1章 \ 为工作簿加密

STEP 01: 执行加密命令

打开"员工工资表.xlsx"工作簿,选择【文件】/【信息】命令,单击界面右侧窗格中的"保护工作簿"按钮🔒,在弹出的下拉列表框中选择"用密码进行加密"选项。

❈ 提个醒
在"保护工作簿"下拉列表中选择"保护工作簿结构"选项,也可打开"保护工作簿"对话框,在其中设置保护工作簿结构的密码。

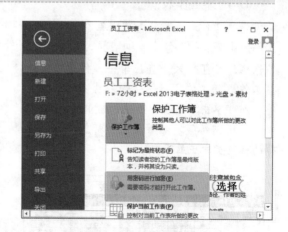

STEP 02: 设置密码

1. 打开"加密文档"对话框,在"密码"文本框中输入需要设置的密码。
2. 单击 确定 按钮进行确认。

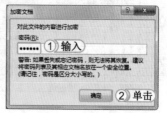

62
Hours

52
Hours

42
Hours

32
Hours

22
Hours

12
Hours

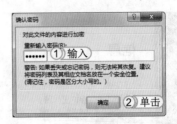

STEP 03： 确认密码

1. 打开"确认密码"对话框，在"重新输入密码"文本框中输入与之前设置的相同密码。
2. 单击 **确定** 按钮进行确认。

STEP 04： 查看设置后的效果

完成后保存并关闭工作簿，再次打开该工作簿，打开"密码"对话框，提示工作簿有密码保护，在"密码"文本框中输入设置的密码，单击 **确定** 按钮即可打开工作簿。

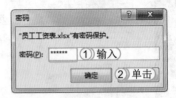

▎经验一箩筐——取消工作簿加密

加密后，如果认为每次打开工作簿时都需要输入密码很麻烦，可取消工作簿加密，采用其他方式进行保护。取消工作簿加密的方法是：打开"信息"界面，单击"保护工作簿"按钮🔒，在弹出的下拉列表框中选择"用密码进行加密"选项，打开"加密文档"对话框，在其中可看到原来设置的密码显示状态，删除"密码"文本框中的密码，单击 **确定** 按钮即可。

1.2.5 选择和切换工作表

在一个工作簿中同时对几个工作表进行输入或编辑数据时，需要在不同的工作表之间进行选择或切换，在 Excel 中利用工作表标签或工作表标签按钮组均可完成此项操作。下面分别介绍选择和切换工作表的常用方法。

1. 选择工作表

选择工作表通常分为选择单个工作表、选择连续的工作表、选择不连续的工作表以及选择工作簿中所有的工作表 4 种情况。下面分别介绍各种选择情况的操作方法。

🗝 **选择单个工作表**：直接单击工作簿中需选择工作表的工作表标签。如果看不到所需标签，则可单击工作表标签按钮组中的 … 按钮以显示所需标签，然后单击该标签即可，选择的标签呈白底显示。

🗝 **选择连续的工作表**：首先单击第一张工作表标签，然后按住 Shift 键的同时单击要选择的最后一张工作表的标签，即可同时选择这两张工作表以及这两张工作表标签之间的所有工作表。

🔑 **选择不连续的工作表**：首先选择第一张工作表标签，然后按住 Ctrl 键不放再依次单击其他的工作表标签，即可同时选择工作簿中不连续的工作表。

🔑 **选择工作簿中所有的工作表**：在工作簿中任意一个工作表标签上单击鼠标右键，在弹出的快捷菜单中选择"选定全部工作表"命令，即可选择所有工作表。

2. 切换工作表

若经常编辑几个工作表，就需要在不同的工作表之间切换，以完成各个工作表中数据的编辑与处理工作。切换工作表的方法有以下 3 种。

🔑 **单击鼠标**：在工作簿中直接单击需要编辑的工作表标签，即可切换到指定的工作表中。

🔑 **利用工作表标签按钮组**：单击工作表标签按钮组，可在不同的工作表之间进行切换。单击 按钮可切换到前一张工作表，单击 按钮可切换到下一张工作表。

🔑 **利用组合键**：按 Ctrl+PageUp 组合键可切换到前一张工作表；按 Ctrl+PageDown 组合键可切换到下一张工作表。

1.2.6 插入和删除工作表

若工作簿中的表格不够使用，可新建工作表；若不需要某个工作表，可直接删除。下面分别介绍插入和删除工作表的方法。

1. 插入工作表

在 Excel 2013 中默认只显示一张工作表，但在实际工作中常常需要更多的工作表，此时可以通过以下两种方法来添加多张工作表，以完成数据的编辑工作。

🔑 **通过"插入"按钮插入**：在 Excel 2013 工作界面中，根据实际需要选择一张工作表，然后单击【开始】/【单元格】组中的 插入 按钮，在弹出的下拉列表中选择"插入工作表"选项，即可在选择的工作表之前插入一张新的工作表。

🔑 **通过工作表标签插入**：在工作簿中选择一张工作表，并单击鼠标右键，在弹出的快捷菜单中选择"插入"命令。打开"插入"对话框，选择"常用"选项卡，在其中选择一种表格样式后单击 确定 按钮，即可插入一张新工作表。

025

72☒
Hours

62
Hours

52
Hours

42
Hours

32
Hours

22
Hours

12
Hours

2. 删除工作表

如果工作簿中有无用的工作表，可将其删除，这样既能减少工作表数量，又能提高电脑运行速度。其操作方法有以下两种：

🔑 在工作簿中选择需删除的工作表标签，然后在【开始】/【单元格】组中单击 删除 按钮，在弹出的下拉列表中选择"删除工作表"选项。

🔑 在需要删除的工作表标签上单击鼠标右键，在弹出的快捷菜单中选择"删除工作表"命令。

> **经验一箩筐——设置工作表标签颜色**
>
> Excel 中默认的工作表标签颜色都是相同的，为了区别工作簿中的各个工作表，除了可以对工作表进行重命名外，还可以为工作表的标签设置不同的颜色。其方法是：选择需要设置颜色的工作表标签，然后在【开始】/【单元格】组中单击 格式 按钮，在弹出的下拉列表中选择"工作表标签颜色"选项，或直接在工作表的标签上单击鼠标右键，在弹出的快捷菜单中选择"设置工作表标签颜色"命令，再在弹出的子菜单中任意选择一种颜色即可更改当前工作表标签的颜色。

1.2.7 重命名工作表

工作表标签默认的名称为 Sheet1、Sheet2、Sheet3 等，为了方便操作和便于记忆，可将默认的工作表标签进行重命名设置。为工作表重命名的方法有以下 3 种。

🔑 **通过"格式"按钮**：在 Excel 2013 工作界面中选择需进行重命名的工作表标签，然后单击【开始】/【单元格】组中的"格式"按钮，在弹出的下拉列表中选择"重命名工作表"选项，此时工作表标签呈灰底可编辑状态，在其中输入工作表名称，并按 Enter 键确认即可。

🔑 **通过工作表标签**：在工作簿中选择需进行重命名的工作表标签，并单击鼠标右键，在弹出的快捷菜单中选择"重命名"命令，此时工作表标签呈可编辑状态，将新名称输入后按 Enter 键或单击其他工作表标签即可确认输入。

🔑 **双击鼠标修改**：在选择的工作表标签上双击鼠标，当其呈可编辑状态时重新输入名称即可。

1.2.8 移动或复制工作表

Excel 中工作表的位置是可以根据实际需要进行移动或复制的，这样有助于提高工作效率。移动或复制工作表的方法是：在打开的工作簿中选择需移动或复制的工作表，然后单击【开始】/【单元格】组中的"格式"按钮，在弹出的下拉列表中选择"移动或复制工作表"选项；或在工作表标签上单击鼠标右键，在弹出的快捷菜单中选择"移动或复制工作表"命令，打开"移动或复制工作表"对话框，在"下列选定工作表之前"列表框中选择需要移动或复制的位置，单击 确定 按钮即可进行移动操作。若同时选中 ☑建立副本(C) 复选框，可对工作表进行复制操作，此时复制后的工作表名称将自动以在原工作表名称后添加 (2) 的样式进行表示，如对"营业部销售业绩表"工作表进行复制操作，复制后的工作表名称就变为了"营业部销售业绩表 (2)"。

> **提个醒** 用户也可直接在工作表标签上使用鼠标将需要移动的工作表拖动到目标位置，拖动时按住 Ctrl 键即可复制工作表。

1.2.9 保护工作表

为了防止他人对工作表进行插入、重命名、移动或复制等操作，可为工作表设置密码，它是保护工作表中数据安全的最好方法。

下面将在"员工销售业绩表.xlsx"工作簿中保护工作表，使其他用户不能对表格进行编辑，其具体操作如下：

光盘文件
素材\第1章\员工销售业绩表.xlsx
实例演示\第1章\保护工作表

STEP 01： 设置保护的密码

1. 打开"员工销售业绩表.xlsx"工作簿，在【审阅】/【更改】组中单击 保护工作表 按钮。
2. 在打开的"保护工作表"对话框中的"允许此工作表的所有用户进行"列表框中选中需要进行保护的选项前的复选框。
3. 在"取消工作表保护时使用的密码"文本框中输入密码。
4. 单击 确定 按钮。

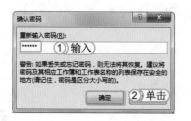

STEP 02： 确认输入的密码

1. 打开"确认密码"对话框，在"重新输入密码"文本框中输入相同的密码。
2. 单击 确定 按钮。

STEP 03： 查看保护后的效果

按 Ctrl+S 组合键保存工作簿，然后单击"关闭"按钮 × 关闭工作簿，再次打开"员工销售业绩表.xlsx"工作簿，在其中输入内容，打开如左图所示的提示对话框。

问题小贴士

问：如何撤销工作簿和工作表的保护？

答：再次对工作簿或工作表进行操作，需撤销工作簿和工作表的保护，其方法分别介绍如下。

🔑 撤销工作簿保护：在已设置保护的工作簿中选择【审阅】/【更改】组，然后单击 保护工作簿 按钮，在打开的"撤消工作簿保护"对话框中输入设置保护时的密码，最后单击 确定 按钮即可。

🔑 撤销工作表保护：在已设置保护的工作表中选择【审阅】/【更改】组，然后单击 撤消工作表保护 按钮，在打开的"撤消工作表保护"对话框中输入设置保护时的密码，最后单击 确定 按钮即可。

027
72図 Hours
62 Hours
52 Hours
42 Hours
32 Hours
22 Hours
12 Hours

1.2.10　隐藏与显示工作表

为了防止重要的数据信息外泄，可以将含有重要数据的工作表隐藏起来，待需要使用时再将其显示出来。隐藏和显示工作表的方法分别介绍如下。

1. 隐藏工作表

隐藏工作表的方法主要包括通过单击"格式"按钮和鼠标右键两种，分别介绍如下。

🔑 **通过"格式"按钮：** 选择需隐藏的工作表，然后在【开始】/【单元格】组中单击 格式 ▾按钮，在弹出的下拉列表中选择"隐藏和取消隐藏"/"隐藏工作表"命令。

🔑 **通过鼠标右键：** 在需要隐藏的工作表标签上单击鼠标右键，在弹出的快捷菜单中选择"隐藏"命令即可。

2. 显示工作表

显示工作表的效果与隐藏工作表正好相反，其操作方法与其类似，主要有以下两种。

🔑 **通过"格式"按钮：** 单击 格式 ▾按钮，在弹出的下拉列表中选择"隐藏和取消隐藏"/"取消隐藏工作表"命令，打开"取消隐藏"对话框，在"取消隐藏工作表"列表框中选择隐藏的工作表，最后单击 确定 按钮即可。

🔑 **通过鼠标右键：** 在工作表标签上单击鼠标右键，在弹出的快捷菜单中选择"取消隐藏"命令，在打开的对话框中选择需要显示的工作表，单击 确定 按钮即可。

上机 1 小时 ▶ 创建季度销售业绩表

🔍 巩固工作簿和工作表的创建方法。

🔍 巩固工作簿的保存方法。

🔍 巩固重命名工作表名称的方法。

🔍 掌握设置工作表标签颜色的方法。

本例将创建"季度销售业绩表.xlsx"工作簿，先创建一个空白工作簿，对工作表进行重命名操作，在此基础上再进行插入、移动或复制等操作，最后再为每个工作表标签设置不同的颜色，以区分每个季度的工作表，使其更加醒目。完成后的最终效果如下图所示。

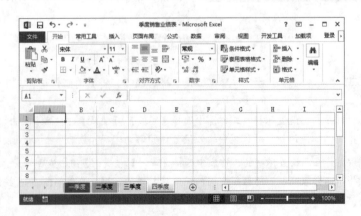

光盘文件

效果\第1章\季度销售业绩表.xlsx

实例演示\第1章\创建季度销售业绩表

STEP 01： 重命名工作表

启动 Excel 2013，在打开的界面中选择"空白工作簿"选项，新建一个空白工作簿。此时工作簿中自动新建一个名为 Sheet1 的工作表。在工作表名称上双击鼠标，使工作表名称呈可编辑状态，直接输入需要修改的名称为"一季度"，完成后按 Enter 键确认修改。

STEP 02： 打开"插入"对话框

在"一季度"工作表标签上单击鼠标右键，在弹出的快捷菜单中选择"插入"命令，打开"插入"对话框。

提个醒 除了采用命令的方式插入工作表外，直接单击工作表标签后的⊕按钮可快速插入一张空白的工作表。

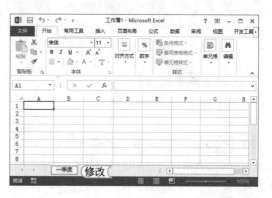

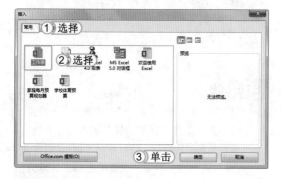

STEP 03： 插入工作表

1. 在其中选择"常用"选项卡。
2. 在列表框中选择"工作表"选项。
3. 单击 确定 按钮完成插入操作。

提个醒 "工作表"表示插入的为空白工作表，其他的工作表选项则是包含格式或内容的模板。

STEP 04： 移动并重命名工作表

返回工作簿中可看到工作表位于"一季度"的前面，且自动命名为 Sheet 2。将鼠标指针放在 Sheet 2 工作表标签上，直接拖动到"一季度"工作表标签的后面，移动其位置，然后再双击 Sheet 2 工作表名称，将其修改为"二季度"。完成后按 Enter 键确认修改。

029

72图 Hours

62 Hours

52 Hours

42 Hours

32 Hours

22 Hours

12 Hours

STEP 05： 复制工作表

1. 在"二季度"工作表标签上单击鼠标右键，在弹出的快捷菜单中选择"复制或移动"命令，打开"移动或复制工作表"对话框，在"工作簿"下拉列表框中选择"工作簿1"选项。
2. 在"下列选定工作表之前"列表框中选择"（移至最后）"选项。
3. 选中☑️ 建立副本(C) 复选框。
4. 单击 确定 按钮完成复制操作。

STEP 06： 复制其他工作表

复制后的工作表自动位于最后，且名称变为"二季度（2）"，将其修改为"三季度"。使用相同的方法复制一个工作表，将其重命名为"四季度"。

STEP 07： 设置工作表标签颜色

在"一季度"工作表标签上单击鼠标右键，在弹出的快捷菜单中选择"设置工作表标签颜色"命令，在弹出的子菜单中选择"红色"命令。

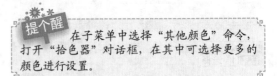

> **提个醒** 在子菜单中选择"其他颜色"命令，打开"拾色器"对话框，在其中可选择更多的颜色进行设置。

STEP 08： 保存工作簿

1. 使用相同的方法，依次将"二季度"、"三季度"、"四季度"工作表标签的颜色设置为"橙色"、"黄色"和"浅绿"，完成后按 **Ctrl+S** 组合键，打开"另存为"界面，在其中选择"计算机"选项，单击"浏览"按钮，打开"另存为"对话框，在其中设置保存的名称为"季度销售业绩表"。
2. 完成后单击 保存(S) 按钮。

1.3 单元格的基本操作

单元格是工作表的组成元素，要在工作表中输入或编辑内容，需要先掌握单元格的基本操作方法，包括选择单元格或单元格区域、插入与删除单元格、合并与拆分单元格以及隐藏与显示单元格等。下面将对其进行具体讲解。

学习1小时

- 了解工作簿、工作表和单元格之间的关系。
- 掌握选择单元格或单元格区域的方法。
- 掌握插入与删除单元格的方法。
- 掌握合并、拆分、隐藏与锁定单元格的方法。

1.3.1 工作簿、工作表与单元格的关系

工作簿是用来存储并处理输入数据的文件，由工作表组成，每个工作表都有各自的名称并显示在工作表标签上。单元格是工作表中行与列的交叉部分，它是进行 Excel 操作的最小单位。通过对应的行号或列标可对单元格进行命名和引用等操作；多个单元格组成的区域或者是整行、整列则称为单元格区域。因此，工作簿、工作表、单元格三者之间是包含与被包含的关系，即工作簿最少包含一张工作表，而工作表则包含多个单元格，并且一张工作表由 1,048,576×16,384 个单元格组成。

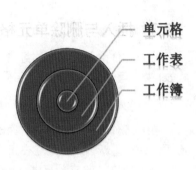

1.3.2 选择单元格或单元格区域

在利用 Excel 制作工作表的过程中，除了对工作簿和工作表进行操作外，对单元格的操作也是必不可少的，因为单元格是工作表中最重要的组成元素，而选择单元格或单元格区域又是操作单元格常用的操作之一。选择单元格或单元格区域有多种方法，用户可根据实际需要选择最合适、最有效的操作方法。

选择单个单元格： 将鼠标指针移到需选择的单元格上，当其变为➕形状时，单击鼠标或按 Enter 键选择该单元格。

选择不相邻的单元格及单元格区域： 按住 Ctrl 键不放的同时选择需要的单元格或单元格区域即可。

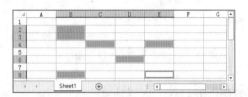

选择相邻的单元格区域： 首先需选择范围内左上角的一个单元格，然后按住鼠标左键不放并拖动至目标单元格，再释放鼠标即可选择拖动过程中框选的单元格，且所选单元格区域呈蓝色显示。

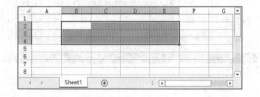

选择整行单元格： 将鼠标指针移至需选择行的行号上，当其变为➡形状时，单击鼠标即可选择该行的所有单元格。此时选择区域中除起始单元格呈白色显示外，其余单元格都呈蓝色显示。

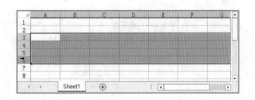

🔑 选择整列单元格：将鼠标指针移至需选择列的列标上，当其变为 ↓ 形状时，单击鼠标即可选择该列的所有单元格。

🔑 选择工作表中所有单元格：单击工作表中的"全选"按钮，即工作表中左上角行号与列标交叉处，或按 Ctrl+A 组合键，即可选择此工作表中的所有单元格。

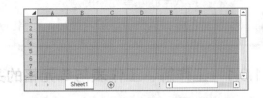

1.3.3 插入与删除单元格

插入与删除单元格操作经常用于添加或删除表格中的某些内容，其操作方法较为简单，是 Excel 中不可缺少的一部分。下面将分别对其进行介绍。

1. 插入单元格

在对工作表进行编辑时，有时需要在原有表格的基础上添加遗漏的数据，此时不必将原有数据删除再重新输入，只需在工作表中通过插入行、列或单元格进行输入即可。

下面以在"收支预算表 .xlsx"工作簿中插入单元格和行为例，讲解插入单元格的方法，其具体操作如下：

光盘文件
素材 \ 第1章 \ 收支预算表 .xlsx
效果 \ 第1章 \ 收支预算表 .xlsx
实例演示 \ 第1章 \ 插入单元格

STEP 01: 执行"插入单元格"命令

1. 打开"收支预算表 .xlsx"工作簿，在"收支表"工作表中选择需插入单元格附近的某个单元格，这里选择 D5 单元格。
2. 在【开始】/【单元格】组中单击"插入"按钮下方的下拉按钮。
3. 在弹出的下拉列表中选择插入单元格的方式，这里选择"插入单元格"选项。

STEP 02: 插入活动单元格

1. 在打开的"插入"对话框中列举了 4 种插入方式，选择其中任意一种方式均可，这里选中 活动单元格下移(D) 单选按钮。
2. 单击 确定 按钮，即可在 D5 单元格的上方插入一个空白单元格。

提个醒 选中 活动单元格右移(I) 单选按钮，在左侧插入一个空白单元格；选中 整行(R) 单选按钮，插入整行；选中 整列(C) 单选按钮，插入整列。

STEP 03： 插入整行

在第 8 行上单击鼠标右键，在弹出的快捷菜单中选择"插入"命令，Excel 自动在该行前插入 1 行。

提个醒　在列上单击鼠标右键，在弹出的快捷菜单中选择"插入"命令，可插入列。

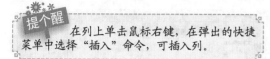

STEP 04： 查看结果

完成后返回 Excel 工作表中，此时即可查看插入单元格和行后的效果。

提个醒　在单元格上直接单击鼠标右键，在弹出的快捷菜单中选择"插入"命令，同样可以打开"插入"对话框，在其中可进行单元格的插入操作。

2. 删除单元格

在制作表格过程中，除了需插入单元格添加数据以外，有时还需要将工作表中无用的单元格删除。在工作表中删除行、列或单元格的操作与插入行、列或单元格的方法相似，主要有以下 3 种方法。

🔑 **通过单击按钮删除：** 在工作表中选择需删除的单元格或单元格区域，在【开始】/【单元格】组中单击"删除"按钮下方的下拉按钮，在弹出的下拉列表中选择"删除单元格"选项，打开"删除"对话框，其中列举了 4 种删除方式，选择其中任意一种方式后单击 **确定** 按钮即可。

🔑 **通过快捷菜单删除：** 在需要删除的单元格或单元格区域上单击鼠标右键，在弹出的快捷菜单中选择"删除"命令，打开"删除"对话框，然后按照相同的方法进行删除即可。

🔑 **快速删除行 / 列：** 直接在选择的行号或列标上单击鼠标右键，在弹出的快捷菜单中选择"删除"命令，可直接删除选择的行或列。

1.3.4　合并与拆分单元格

为了使制作的表格更加专业和美观，有时需要将表格中多个单元格合并为一个单元格，如果不需要已合并的单元格，又可对其进行拆分操作。

1. 合并单元格

利用"对齐方式"组中的按钮或"单元格格式"对话框均可完成单元格的合并操作，下面分别进行介绍。

62
Hours

52
Hours

42
Hours

32
Hours

22
Hours

12
Hours

🔑 **利用按钮合并**：选择需合并的单元格区域，在【开始】/【对齐方式】组中单击 合并后居中 按钮右侧的下拉按钮，在弹出的下拉列表中选择一种合并命令可合并单元格。

🔑 **利用对话框合并**：选择需合并的单元格区域，单击【开始】/【对齐方式】组中的 按钮，打开"设置单元格格式"对话框，选择"对齐"选项卡，选中 ☑ 合并单元格(M) 复选框，然后单击 确定 按钮。

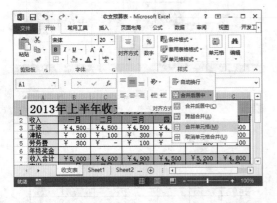
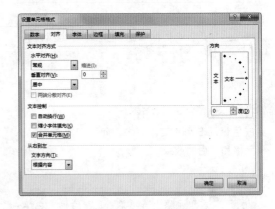

2. 拆分单元格

拆分单元格与合并单元格的操作相反，只要选择合并后的单元格，单击 合并后居中 按钮右侧的下拉按钮，在弹出的下拉列表中选择对应的取消合并命令即可，或是在"设置单元格格式"对话框的"对齐"选项卡中取消选中"文本控制"栏中的 合并单元格(M) 复选框，然后单击 确定 按钮。

1.3.5 调整单元格行高和列宽

当工作表中的行高或列宽过小，不能满足所输入的数据时，就会直接影响单元格中数据的显示，此时可以通过"行高"或"列宽"对话框、自动调整以及拖动鼠标3种方式来调整行高和列宽。

1. 通过对话框调整单元格行高和列宽

通过"行高"或"列宽"对话框可对单元格的行高和列宽进行手动调整。下面以调整"产品销售记录表.xlsx"工作簿中的行高和列宽为例，讲解通过对话框调整行高和列宽的方法，其具体操作如下：

光盘
文件
素材＼第1章＼产品销售记录表.xlsx
效果＼第1章＼产品销售记录表.xlsx
实例演示＼第1章＼通过对话框调整单元格行高和列宽

STEP 01: 执行"行高"命令

1. 打开"产品销售记录表.xlsx"工作簿,在"产品销售记录表"工作表中的第2行行号上单击鼠标,选择第2行。
2. 选择【开始】/【单元格】组,单击"格式"按钮下方的下拉按钮。
3. 在弹出的下拉列表中选择"行高"选项。

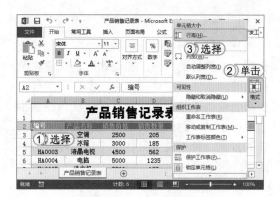

STEP 02: 设置合适的行高

1. 在打开的"行高"对话框的"行高"文本框中的输入行高值,这里输入20。
2. 单击 确定 按钮即可将当前单元格的行高增大。

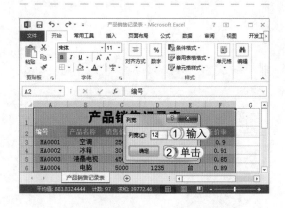

STEP 03: 设置合适的列宽

1. 在工作表中选择第A~F列单元格区域,在【开始】/【单元格】组中单击"格式"按钮下方的下拉按钮。在弹出的下拉列表中选择"列宽"命令,打开"列宽"对话框,在其中输入12。
2. 单击 确定 按钮即可将当前单元格的列宽增大。

STEP 04: 查看结果

完成后返回工作表中即可看到调整行高和列宽后的效果。

> **提个醒**　选择需要调整行高的多个行,执行调整行高的命令,也可同时调整所选行的行高。该操作的前提是这些行的行高都必须一致。

2. 自动调整单元格行高和列宽

　　通过对话框来调整单元格的行高或列宽时会出现一种弊端,即有时不知道应该将行高或列宽的数值设置为多少才合适。此时可利用 Excel 的自动调整行高或列宽功能来进行设置。其方法是:在工作表中选择需调整的单元格或单元格区域,单击【开始】/【单元格】组中的"格式"按钮下方的下拉按钮,在弹出的下拉列表中选择"自动调整行高"或"自动调整列宽"选项即可。

62
Hours

52
Hours

42
Hours

32
Hours

22
Hours

12
Hours

3. 拖动鼠标调整单元格行高和列宽

拖动鼠标调整单元格的行高和列宽是最直观、最快捷的方法。在设置时，只需将鼠标指针移至该行或该列标记上的分隔线处，当指针变为 ✚ 或 ✛ 形状时，按住鼠标左键不放进行拖动，此时指针上方或右侧会显示具体的数据，待拖动至目标距离后再释放鼠标即可。

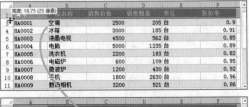

1.3.6 隐藏与锁定单元格

为防止他人擅自改动单元格中的数据，可将一些重要的单元格进行隐藏或锁定设置。其方法是：在需要进行隐藏与锁定的单元格区域上单击鼠标右键，在弹出的快捷菜单中选择"设置单元格格式"命令，打开"设置单元格格式"对话框，然后选择"保护"选项卡，再选中该选项卡中的所有复选框，单击 确定 按钮。

提个醒 隐藏与锁定单元格的操作只有在执行保护工作表操作后才能看到其效果。

上机1小时 ▶ 编辑采购表

🔍 巩固设置单元格行高与列宽的方法。

🔍 巩固合并单元格的方法。

🔍 巩固插入行/列的方法。

光盘文件
素材\第1章\采购表.xlsx
效果\第1章\采购表.xlsx
实例演示\第1章\编辑采购表

本例将对"采购表.xlsx"工作簿进行编辑，首先对表头进行合并操作，然后调整表格的行高、列宽，最后在表格中插入1列，以便于日后添加内容，完成后的最终效果如下图所示。

STEP 01： 使用记录单查看并删除数据

1. 打开"采购表.xlsx"工作簿，单击 A1 单元格，并拖动鼠标到 F1 单元格后释放鼠标，选择 A1:F1 单元格区域。
2. 选择【开始】/【对齐方式】组，单击 合并后居中按钮。

提个醒 直接单击合并后居中按钮，可快速将所选择的单元格区域进行合并和居中操作，比在下拉菜单中再次进行选择更方便。

STEP 02： 调整行高

1. 返回工作表中可看到合并后居中的效果，直接使用鼠标拖动第 1 行的分割线，调整第 1 行的行高。
2. 在第 2 行上单击鼠标，选择第 2 行，在【开始】/【单元格】组中单击"格式"按钮。
3. 在弹出的下拉列表中选择"行高"选项。

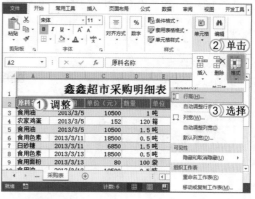

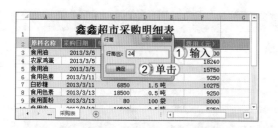

STEP 03： 设置行高值

1. 打开"行高"对话框，在"行高"数值框中输入行高值为 24。
2. 单击 确定 按钮完成设置。

STEP 04： 设置列宽

1. 选择第 A~F 列单元格区域，单击鼠标右键，在弹出的快捷菜单中选择"列宽"命令，打开"列宽"对话框，在"列宽"文本框中输入列宽值为 12。
2. 单击 确定 按钮完成设置。

STEP 05： 插入列

在第 2 列上单击鼠标，选择第 2 列，然后再单击鼠标右键，在弹出的快捷菜单中选择"插入"命令，插入 1 列，完成后保存工作簿完成操作。

提个醒 在【开始】/【单元格】组中单击"插入"按钮，在弹出的下拉列表中选择"插入工作表行"或"插入工作表列"选项也可插入行或列。

037

72图 Hours

62 Hours

52 Hours

42 Hours

32 Hours

22 Hours

12 Hours

1.4 练习 2 小时

本章主要介绍了 Excel 2013 的应用和功能，以及工作簿、工作表和单元格的基本操作方法。为了使读者能更全面地进行掌握，下面以创建每月预算表和编辑日常费用表为例进行讲解，以进一步巩固本章所学知识。

1. 练习 1 小时：创建每月预算表

本例将以"预算"为关键字，搜索 Microsoft 的联机模板，并在搜索结果中选择"简单预算"进行创建，然后再对创建的工作簿进行另存、修改工作簿名称等操作，其效果如右图所示。

光盘文件

效果 \ 第 1 章 \ 每月预算.xlsx

实例演示 \ 第 1 章 \ 创建每月预算表

2. 练习 1 小时：编辑日常费用表

本例将对"日常费用表.xlsx"工作簿进行编辑，通过设置单元格的合并、行高、列宽等操作美化表格，再通过保护工作表操作对表格进行保护，完成后的最终效果如右图所示。

编号	日期	摘要	姓名	部门	入额	出额	余额
				公司日常费用表			
1	8月10日	生活福利	白玉	生产部	3000	500	2500
2	8月11日	生活福利	赵成飞	生产部	2000	100	1900
3	8月12日	生活福利	徐杰	生产部	5000	2000	3000
4	8月13日	差旅费	李亮	销售部	5000	1500	3500
5	8月14日	款待客户	孙红	销售部	8000	200	7800
6	8月15日	款待客户	张珏	销售部	3000	500	2500
7	8月16日	款待客户	李吴	销售部	5000	500	4500
8	8月18日	款待客户	李华	销售部	1000	200	800
9	8月19日	宣传费	李丽	企划部	20000	25000	-5000
10	8月20日	办公费	钱月	行政部	1000	200	800
11	8月21日	办公费	曾杰	行政部	2000	300	1700
12	8月22日	办公费	李姝	行政部	2000	100	1900

光盘文件

素材 \ 第 1 章 \ 日常费用表.xlsx

效果 \ 第 1 章 \ 日常费用表.xlsx

实例演示 \ 第 1 章 \ 编辑日常费用表

表格
72 HOURS

数据的输入与编辑

第 **2** 章

学习 **3** 小时

- 输入数据的方法与技巧
- 编辑数据并设置数据样式
- 自定义数据的显示格式

　　掌握工作簿、工作表和单元格的基本操作后，用户即可根据需要新建表格，然后在表格中输入需要的内容。Excel 中的数据类型有多种，用户可以对数据进行设置，使其格式更加规范，数据表现更清晰。同时，也可以对数据的格式进行编辑，美化数据的样式并设置自定义的数据显示格式，以适合工作需要。

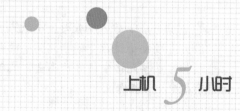

上机 **5** 小时

2.1 输入数据的方法与技巧

创建的工作簿或工作表中没有包含任何数据，此时就需要输入数据，以表达表格的内容。在 Excel 中输入数据的方法与在一般文档中输入数据的方法有所区别，它根据不同的数据类型或特殊字符，拥有其输入方法与技巧。下面就对在 Excel 中输入数据的方法和技巧进行讲解。

学习 1 小时

- 掌握输入普通数据和符号的方法。
- 学会填充数据的各种方法。
- 学会特殊数据的输入技巧。
- 掌握批量输入数据的方法。
- 学会使用记录单添加数据。

2.1.1 输入普通数据和符号

在 Excel 中的数据类型包括一般数字、负数、真分数、假分数、中文文本、特殊符号以及小数型数据等。下面分别介绍普通数据与特殊符号的输入方法。

1. 输入普通数据

用户既可以直接在单元格中输入数据，也可以在编辑栏中进行输入，常见的普通数据的输入方法分别介绍如下。

🗝 **输入一般数字**：单击需输入数字的单元格，输入所需数据后按 Enter 键即可。单元格中可显示的最大数字为 99999999999，超过该值时，Excel 会自动以科学记数方式显示。

🗝 **输入负数**：输入负数时必须在前面添加"-"号，或是将输入的数字用圆括号括起。如输入 -455 或（455）后，在单元格中都会显示为 -455。

🗝 **输入真分数**：输入真分数的规则为"0+空格+数字"，如输入 0 4/5 时即可得到 4/5，但在编辑栏中将会显示为 0.8。

🗝 **输入假分数**：输入假分数时则需在整数和分数两部分之间以空格隔开，其规则为"整数+空格+分数"，如输入 2 1/4 即可得到 2 1/4，但在编辑栏中显示为 2.25。

🗝 **输入小数**：输入小数时，小数点的输入方法为直接按小键盘中的 Del 键。输入的小数过长时在单元格中将显示不全，此时可在编辑栏中进行查看。

🗝 **输入中文文本**：在默认情况下，Excel 中输入的中文文本都将呈左对齐方式显示在单元格中。输入文本超过单元格宽度时，自动延伸到右侧单元格中显示。

2. 输入符号

在制作表格时，有时需要输入一些键盘上没有的字符，如版权符号、商标符号和段落标记等，此时就需要借助"符号"对话框来输入。

下面以在"产品信息表 .xlsx"工作簿中输入★符号为例，讲解输入符号的一般方法。其具体操作如下：

光盘文件
素材 \ 第 2 章 \ 产品信息表 . xlsx
效果 \ 第 2 章 \ 产品信息表 . xlsx
实例演示 \ 第 2 章 \ 输入符号

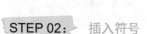

STEP 01: 单击"符号"按钮

1. 打开"产品信息表.xlsx"工作簿,在工作表中选择需要插入符号的单元格,这里选择 G3 单元格。
2. 在【插入】/【符号】组中单击"符号"按钮Ω。

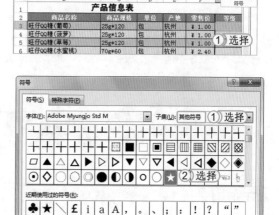

STEP 02: 插入符号

1. 打开"符号"对话框,选择"符号"选项卡,在"子集"下拉列表框中选择"其他符号"选项。
2. 在中间列表框中选择"实心星"符号。
3. 单击 插入(I) 按钮。

> **提个醒**
> 插入符号后,会在"近期使用过的符号"列表框中显示出之前插入的记录,可直接在其中选择需要的符号。

STEP 03: 插入其他符号

单击两次 插入(I) 按钮,插入两个★符号,完成后返回工作表查看效果,然后使用相同的方法依次在该列的其他单元格中插入★符号,效果如左图所示。

2.1.2 批量输入数据

如果需要在多个单元格中输入相同的数据,可通过按 Ctrl+Enter 组合键来进行,其方法为:选择需要输入数据的多个单元格或单元格区域,在第 1 个单元格或编辑栏中输入需要的值,按 Ctrl+Enter 组合键即可在这些单元格中输入相同的内容。如下图所示即为填充产品计量单位的效果。

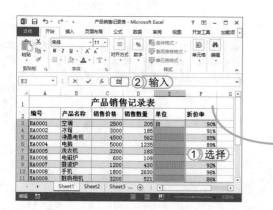

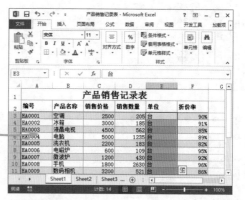

041

72
Hours

62
Hours

52
Hours

42
Hours

32
Hours

22
Hours

12
Hours

2.1.3 快速填充有规律的数据

在制作一些大型表格时，有时要求输入一些相同或是有规律的数据，如果还是按传统输入法，即采用手动输入这些数据，既费时又费力。Excel 提供的快速填充数据功能便能解决这类问题，从而提高工作效率。

1. 通过"序列"对话框填充数据

通过"序列"对话框只需在工作表中输入一个起始数据便可快速填充有规律的数据。下面以为"产品销售记录表 .xlsx"工作簿添加产品编号为例，讲解通过"序列"对话框填充数据的方法。其具体操作如下：

光盘文件	素材 \ 第 2 章 \ 产品销售记录表 .xlsx
	效果 \ 第 2 章 \ 产品销售记录表 .xlsx
	实例演示 \ 第 2 章 \ 通过"序列"对话框填充数据

STEP 01: 选择"序列"选项

1. 打开"产品销售记录表 .xlsx"工作簿，在 A1 单元格中输入初始值为 1。
2. 在【开始】/【编辑】组中单击填充·按钮，在弹出的下拉列表中选择"序列"选项。

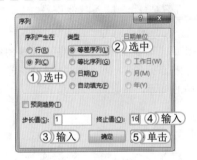

STEP 02: 设置填充序列和类型

1. 打开"序列"对话框，在"序列产生在"栏中选中 ⦿列(C) 单选按钮。
2. 在"类型"栏中选中 ⦿等差序列(L) 单选按钮。
3. 在"步长值"文本框中输入 1。
4. 在"终止值"文本框中输入 16。
5. 单击 确定 按钮。

STEP 03: 查看填充后的效果

返回工作表中，即可查看到填充后的效果。此时 A1:A16 单元格区域依次从 1~16 被填充。

> **提个醒** 输入初始值后，再选择需要填充的单元格区域，在"序列"对话框中不设置"终止值"数值框的值，也可达到相同效果。

在"序列"对话框中,除了可以自定义步长值和终止值外,系统还能以步长值为1进行自动填充。其方法为:选择需填充的起始单元格,并在其中输入相应的数据,打开"序列"对话框,选中 ☑预测趋势(T) 复选框,单击 确定 按钮,即可在指定的单元格中自动以步长为1进行等差或等比方式填充。

2. 利用"填充柄"填充数据

在工作表中,选择单元格或单元格区域后会出现一个绿色边框的选区,将鼠标指针移至选区右下角时将会变为+形状,然后通过拖动鼠标可将所选区域中的内容有规律地填充到同行或同列的其他单元格中。

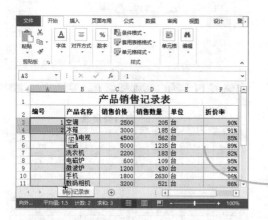

拖动填充柄后,单元格区域右下角会出现一个按钮,单击该按钮,将弹出填充数据的列表框,其中包含了复制单元格、填充序列、仅填充格式、不带格式填充和快速填充5种方法,选择不同的选项将得到不同的效果,分别介绍如下。

- ⊙ 复制单元格(C)
- ○ 填充序列(S)
- ○ 仅填充格式(F)
- ○ 不带格式填充(O)
- ○ 快速填充(F)

🔑 **复制单元格**:表示复制起始单元格中的数据,所填充的单元格的内容完全相同。

🔑 **仅带格式填充**:表示只填充起始单元格中的格式。

🔑 **快速填充**:指根据单元格周围的数据来判断当其需要填充的数据的关系,并进行填充。如果数据不符合或不能满足填充的判断条件,则填充失败。

🔑 **填充序列**:表示根据单元格中的数据自动判断填充的规律,进行序列填充。

🔑 **不带格式填充**:表示以填充序列的方式进行填充,且不复制起始单元格的格式。

填充时,若只输入第1个单元格中的值,再按住 Ctrl 键,通过控制柄,将自动进行等差序列填充。

2.1.4 使用下拉列表框填充数据

若需填充的数据一直保持在某个范围内不变,可通过设置下拉列表框的方法来选择数据进行填充。这样不仅可以提高输入数据的效率,还能保证数据的准确率。

下面以填充"部门费用表 .xlsx"工作簿中的部门名称为例,讲解其填充方法,其具体操作如下:

043

72⌐
Hours

62
Hours
▲

52
Hours
▲

42
Hours
▲

32
Hours
▲

22
Hours
▲

12
Hours
▲

光盘文件
素材＼第2章＼部门费用表.xlsx
效果＼第2章＼部门费用表.xlsx
实例演示＼第2章＼使用下拉列表框填充数据

STEP 01： 设置下拉列表框中的选项

1. 打开"部门费用表.xlsx"工作簿，选择需要设置下拉列表框的单元格区域，这里选择D3:D18单元格区域。
2. 选择【数据】/【验证】组，单击"数据验证"按钮。
3. 打开"数据验证"对话框，在"允许"下拉列表框中选择"序列"选项。
4. 在"来源"数值框中输入需要的数据，且以英文状态下的逗号隔开。
5. 完成后单击 确定 按钮。

STEP 02： 填充下拉列表框

返回工作表中，可查看选择的单元格区域后出现一个下拉按钮。单击该下拉按钮，在弹出的下拉列表中查看到添加的各选项，选择其中一个进行填充即可。

2.1.5 使用记录单添加数据

记录单是Excel提供的批量添加一行数据的工具，能根据表格中已设置好的数据类型来限制用户的输入，以防止用户输入错误的数据。只要表格中创建的内容包含字段名称，使用记录单进行操作时，Excel会自动获取各字段的名称。在默认情况下，Excel 2013工作界面的功能选项卡中并未包含记录单功能对应的工具按钮或命令，用户需要自行添加。

下面将在"超市库存统计表.xlsx"工作簿中添加记录单，并使用记录单在表格中添加数据，其具体操作如下：

光盘文件
素材＼第2章＼超市库存统计表.xlsx
效果＼第2章＼超市库存统计表.xlsx
实例演示＼第2章＼使用记录单添加数据

STEP 01： 添加记录单按钮

1. 打开"超市库存统计表.xlsx"工作簿，选择【文件】/【选项】命令，打开"Excel选项"对话框，选择"快速访问工具栏"选项卡。
2. 在"从下列位置选择命令"下拉列表框中选择"所有命令"选项。
3. 在下方的列表框中选择"记录单"选项。
4. 单击 添加(A) 按钮，将其添加到右侧列表框中。
5. 单击 确定 按钮。

STEP 02： 使用记录单添加数据

1. 返回工作簿中即可在快速访问工具栏中看到添加的"记录单"按钮 🔳，选择任何一个包含数据的单元格，这里选择 A2 单元格。
2. 单击"记录单"按钮 🔳。
3. 打开 Sheet1 对话框，在其中将默认显示该单元格所在行包含的所有字段名称，单击 新建(W) 按钮，Excel 自动清空该对话框中的数据。
4. 依次在对应的文本框中输入需要添加的数据。
5. 添加完成后单击 关闭(L) 按钮。

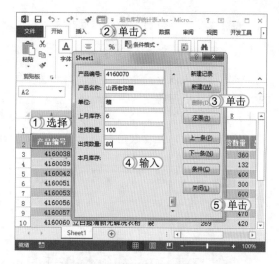

STEP 03： 查看添加的效果

返回工作表中，即可看到工作表的最后一行添加了输入的内容。

提个醒

选择表格的标题时，对话框中不显示任何数据，而只显示字段名称；选择表格区域外的单元格时，就会提示无法为所选单元格区域进行操作。

问题小贴士

问：为什么在记录单对话框中的"本月库存"字段不能输入数据？

答：这是因为"本月库存"字段的值是由公式进行计算的，不需要用户进行手动输入，因此，在执行记录单的相关操作时，该字段将不会显示输入数据的文本框。同时，在输入数据时，要保证每一字段中输入的数据与表格中定义的字段的类型一致，否则 Excel 提示输入的数据不符合要求。

2.1.6 特殊数据的输入技巧

除了以上介绍输入数据的方法外，在 Excel 中有时还会输入一些特殊的数据，如日期时间、以 0 开头的数据、长数据或以 0 结尾的小数。下面对常见的特殊数据的输入方法进行介绍。

1. 输入日期时间

日期时间是 Excel 中较为常用的一种数据类型，输入方法有多种，Excel 会根据用户输入的格式来自动判断日期的值，并将其显示在单元格中。Excel 2013 能识别的日期时间格式有 3 种表现形式，分别介绍如下。

🔑 **以短横线（-）分隔符进行输入**：指年月日之间以短横线（-）进行分隔，常见的表现形式为 2014-5-8。

🔑 **以斜线（/）分隔符进行输入**：指年月日之间以斜线（/）进行分隔，常见的表现形式为 2014/5/8。

72⊠
Hours

62
Hours

52
Hours

42
Hours

32
Hours

22
Hours

12
Hours

🔑 **通过中文"年月日"输入**：直接输入中文××××年××月××日即可，如2014年5月8日。

2. 输入以0开头的数据

当需要输入以0开头的数据，如产品编号、电话号码区号等，可通过简单的设置改变数据的类型，使其能正常显示在单元格中。常用的方法有以下两种：

🔑 在输入数据前，先输入一个英文输入法状态下的单引号（'），此时数值型的数据将自动转换为文本，且在数值前将出现一个绿色的倒三角形。

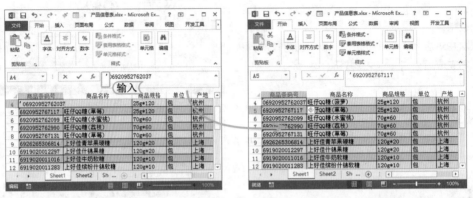

🔑 选择需要输入数据的单元格或单元格区域，在【开始】/【数字】组中的下拉列表框中选择"文本"选项，将数据类型设置为"文本"，然后再输入以0开头的数据，此时文本数据将默认向左对齐。

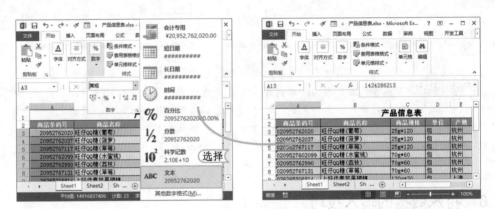

3. 输入长数据

长数据是指数据的位数超过Excel默认的最大数值99999999999，则Excel以科学记数的方式进行显示，而解决此问题的方法与输入以0开头的数据的方法相同：在其前面添加单引号或直接设置为文本型后，再输入长数据即可。

4. 输入以 0 结尾的小数

在 Excel 中若直接输入 12.30，将默认以 12.3 显示，此时可单击【开始】/【数字】组中的按钮，打开"设置单元格格式"对话框，选择"数字"选项卡，在"分类"列表框中选择"数值"选项，在右侧的"小数位数"数值框中设置小数点的保留位数，单击确定按钮，返回工作表中，此时输入的小数将按照设置的小数点的位数进行显示。如设置保留小数为 3，则输入 12.3，将自动显示为 12.300。

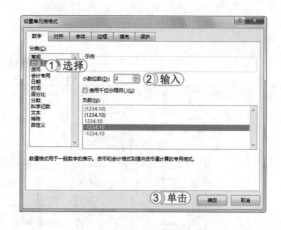

5. 强制换行

Excel 中的数据默认以 1 行显示，在表格内输入大量的文本内容时，数据将不能完整显示，此时可对表格内的内容进行强制换行，使数据以多行显示。强制换行数据需要先将鼠标指针定位到需要换行的位置，按 Alt+Enter 组合键为文本添加强制换行符，此时文本将自动切换到下一行进行显示。

6. 输入上标

在制作数学或工程类的表格时，经常需要输入一些带有上标或符号的单位，如 cm^3、m^2 等，此时可通过"设置单元格格式"对话框来进行设置，其方法为：先输入需要的数据，如 cm3，在编辑栏中选择 3，按 Ctrl+1 组合键打开"设置单元格格式"对话框，在"字体"选项卡中选中 ☑上标(E) 复选框即可。

上机 1 小时 ▶ 制作原材料入库表

🔍 巩固常规数据的输入方法。

🔍 巩固自动填充数据的方法，包括使用控制柄和"填充"对话框。

🔍 熟练掌握特殊数据的输入方法，如小数点的设置、以 0 开头的数据等。

047

72☒
Hours

62
Hours

52
Hours

42
Hours

32
Hours

22
Hours

12
Hours

本例将通过在"原材料入库表.xlsx"工作簿中输入常规数据、填充数据和输入特殊数据来完善原材料入库表的制作。其最终效果如下图所示。

原材料入库表

入库单编号	入库日期	原材料代码	原材料名称	规格	计量单位	数量	单价	金额	质量验收人
00001	2014/5/6	25001568974	木龙骨	30*40	米	800	1.50	1200.00	李晓奇
00002	2014/5/7	25011562256	石膏板	1200mm*3000mm	张	1000	23.00	23000.00	李晓奇
00003	2014/5/8	25001566750	细木工板	1220mm*2440mm	张	1600	120.00	192000.00	李晓奇
00004	2014/5/9	25021562210	pvc穿线管	1830mm*2440mm	张	1500	8.50	12750.00	李晓奇
00005	2014/5/10	25001565689	河沙		m³	2000	110.00	220000.00	吴启高
00006	2014/5/11	25001565678	玻璃胶		支	2000	15.00	30000.00	吴启高
00007	2014/5/12	25041566200	防火涂料	20kg	桶	100	200.00	20000.00	吴启高
00008	2014/5/13	25021568074	膨胀管		个	1000	0.60	600.00	吴启高
00009	2014/5/14	25031568120	大芯板	1220*2440*12	张	1500	85.00	127500.00	向芸
00010	2014/5/15	25001568974	白橡板	1200*2440	张	3000	83.00	249000.00	向芸
00011	2014/5/16	25011562256	白松	4000*300*0.6	m³	1500	1050.00	1575000.00	向芸
00012	2014/5/17	25031561500	椴木线	1.5半圆	米	1000	1.20	1200.00	向芸
00013	2014/5/18	25001568005	吊件	60	个	2000	0.60	1200.00	向芸
00014	2014/5/19	25001568126	吊杆	D8*1500	支	600	2.40	1440.00	向芸
00015	2014/5/20	25001568120	直钉	F15	盒	100	4.00	400.00	吴启高
00016	2014/5/21	25001568162	开孔器	35	个	200	18.00	3600.00	吴启高
00017	2014/5/22	25001565113	透明腻子	3.2KG	桶	600	88.00	52800.00	吴启高
00018	2014/5/23	25041561256	防火涂料	25KG	桶	50	300.00	15000.00	吴启高
00019	2014/5/24	25041562056	沥青油	25KG	桶	60	55.00	3300.00	吴启高

光盘文件

素材 \ 第2章 \ 原材料入库表.xlsx
效果 \ 第2章 \ 原材料入库表.xlsx
实例演示 \ 第2章 \ 制作原材料入库表

STEP 01: 输入入库单编号

打开"原材料入库表.xlsx"工作簿,在"入库单编号"字段下的第1个空白单元格中输入 '00001,按Enter键确认输入。将鼠标放在A3单元格右下角,当鼠标指针变为➕形状时,按住鼠标左键不放,向下进行拖动,直到填充到A21单元格为止。

提个醒 当数据类型变为文本后,再通过"序列"对话框将不能进行数据的填充,这是因为序列填充要求数据为数值型。

STEP 02: 输入入库日期

1. 在"入库日期"字段下的B3单元格中采用以"/"分隔符的方式输入原材料的入库日期,如2014/5/6,然后拖动控制柄进行填充。单击填充后出现的🖺按钮。

2. 在弹出的下拉列表中选择"以工作日填充"选项。此时填充的数据都将按照工作日进行排列,而排除周六、周日的日期。

提个醒 不同数据类型的数据通过填充柄填充的方式有所不同,如右图所示即为通过填充柄填充日期类型的数据所显示的填充方式。除了上文讲解过的几种方式外,还可选择以天数、工作日、月、年等单位进行填充。

STEP 03： 设置原材料代码的格式

1. 选择"原材料代码"字段下的 C3:C21 单元格区域，单击【开始】/【数字】组中"常规"下拉列表框右侧的下拉按钮 。

2. 在弹出的下拉列表中选择"文本"选项，设置原材料代码为长数据输入。

> **提个醒** 设置为文本数据类型后，数值的对齐方式将自动变为文本的对齐方式。

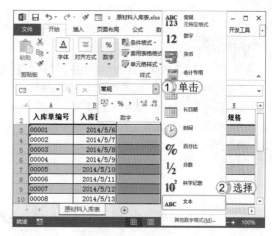

STEP 04： 输入文本

1. 在"原材料代码"字段中输入原材料的代码，然后依次在"原材料名称"和"规格"字段中输入对应的内容。

2. 在"计量单位"字段下的 F3 单元格中输入"米"。

3. 选择 F4:F6 单元格区域，在编辑栏中输入"张"，按 Ctrl+Enter 组合键批量输入相同的内容。

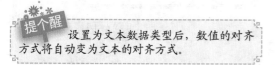

STEP 05： 输入计量单位

1. 在 F7 单元格中输入 m3，将鼠标指针定位在 m 后，选择文本 3。

2. 按 Ctrl+1 组合键打开"设置单元格格式"对话框，选中 ☑ 上标(E) 复选框。

3. 单击 确定 按钮完成上标设置。

> **提个醒** 在"字体"选项卡中还可选中 ☑ 下标(B) 复选框，为文本设置下标。

STEP 06： 输入其他数据

在"计量单位"、"数量"、"单价"、"金额"和"质量验收人"栏中输入对应的值。选择包含小数点的"单价"和"金额"字段所包含的单元格区域。

62
Hours

52
Hours

42
Hours

32
Hours

22
Hours

12
Hours

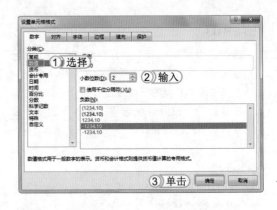

STEP 07： 设置小数点的结尾以 0 显示

1. 单击【开始】/【数字】组中的 按钮，打开"设置单元格格式"对话框，在"数字"选项卡的"分类"列表框中选择"数值"选项。
2. 在右侧的"小数位数"数值框中输入 2。
3. 单击 确定 按钮完成设置，返回工作表中，即可看到输入数据完成后的效果。

2.2 编辑数据并设置数据样式

输入数据的过程中难免会发生错误，此时可对数据进行修改，也可通过复制、移动等操作快速得到数据，还可以对表格中的数据进行美化设置，如设置字体格式、大小和颜色等，使表格中的数据更加符合需要。下面对常用的编辑并设置数据样式的方法进行介绍。

学习 1 小时

- 掌握一般修改数据和使用记录单批量修改数据的方法。
- 学会移动、复制、查找与替换和对齐数据的方法。
- 掌握美化单元格中数据的方法。

2.2.1 修改单元格中已有数据

在制作 Excel 表格时，不可避免会出现在单元格中输入错误数据的情况，此时就需要对其进行修改。在 Excel 中修改数据时可以通过编辑栏进行，也可以通过单元格进行。

🔑 **在编辑栏中修改：** 在编辑栏中修改数据的方法很简单，首先选择需修改数据的单元格，然后将鼠标指针定位到编辑栏中，拖动鼠标选择需修改或删除的数据，然后输入正确的数据，再按 Enter 键即可完成。

🔑 **在单元格中修改：** 通过单元格修改数据的方法更为直观，首先双击需要修改数据的单元格，然后将鼠标指针定位到单元格中，输入新数据后按 Enter 键即可完成。

2.2.2 使用记录单批量编辑数据

记录单除了用于添加数据外，还能对数据进行添加、删除、修改等操作。且在进行添加和删除操作时，将对整条数据记录进行编辑，而不会对单个的单元格进行操作。

下面以"超市库存统计表 1.xlsx"工作簿中查看、修改并删除数据为例，介绍使用记录单编辑数据的方法。其具体操作如下：

> **光盘文件**
> 素材 \ 第 2 章 \ 超市库存统计表 1.xlsx
> 效果 \ 第 2 章 \ 超市库存统计表 1.xlsx
> 实例演示 \ 第 2 章 \ 使用记录单批量编辑数据

STEP 01： 查看并修改数据

1. 打开"超市库存统计表 1.xlsx"工作簿，单击快速访问工具栏中的"记录单"按钮圖。
2. 在打开的对话框中单击 下一条(N) 按钮查看并定位数据。
3. 然后在需要修改的文本框中重新输入数据，这里将产品编号为 4160053 数据记录的"进货数量"修改为 500，按 Enter 键确认修改。

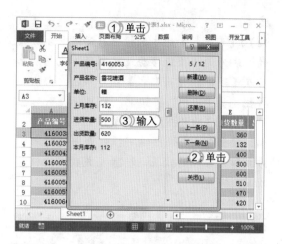

STEP 02： 删除记录

1. 单击 下一条(N) 按钮，定位到产品编号为 4160060 的记录。
2. 单击 删除(D) 按钮删除记录。
3. 在打开的提示对话框中单击 确定 按钮。
4. 返回 Sheet1 对话框，单击 关闭(L) 按钮完成删除操作。

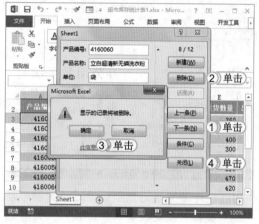

> **提个醒**
> 单击 上一条(P) 按钮，可向上查看表格中的数据记录。

产品编号	产品名称	单位	上月库存	进货数量
4160038	金龙鱼食用调和油	桶	60	360
4160039	福临门大豆油	桶	121	132
4160042	恒顺香醋	瓶	36	400
4160051	金陵啤酒	箱	20	300
4160053	雪花啤酒	箱	132	500
4160056	高露洁超强牙膏	盒	221	510
4160057	佳洁士草本水晶牙膏	盒	159	470
4160065	康师傅红烧牛肉面	盒	138	679

STEP 03： 查看结果

完成后返回 Excel 工作表中，此时即可查看添加、修改和删除后的数据记录。

▌经验一箩筐——使用记录单查询数据

使用记录单查询需要处理的数据记录，有助于用户在庞大的数据信息中筛选符合条件的记录，提高工作效率。其方法为：选择工作表中包含数据的任意单元格，单击快速访问工具栏中的"记录单"按钮圖，在打开的对话框中单击 条件(C) 按钮，再在需要设置筛选条件的文本框中输入筛选条件，完成后按 Enter 键即可查看找到的数据记录。

2.2.3　移动与复制数据

在制作数据量比较大且大部分数据相同的表格时，可利用 Excel 提供的移动或复制功能来减轻数据输入量，以提高工作效率。

051

72⊠
Hours

62
Hours
▲

52
Hours
▲

42
Hours
▲

32
Hours
▲

22
Hours
▲

12
Hours

🔑 **通过"剪贴板"组移动与复制**: 通过【开始】/【剪贴板】组中的按钮移动或复制数据的方法为: 选择需移动或复制的单元格, 然后在【开始】/【剪贴板】组中单击"剪切"按钮✂或"复制"按钮🖹, 将鼠标指针移至目标单元格后单击【开始】/【剪贴板】组的"粘贴"按钮📋, 在弹出的下拉列表中选择一种方式作为粘贴的效果, 即可完成数据的移动或复制操作。

🔑 **通过鼠标移动与复制**: 通过鼠标移动或复制数据的方法为: 选择需移动或复制的单元格, 然后将鼠标指针移至所选择单元格的边框上, 当鼠标指针由➕形状变为✥形状时, 拖动鼠标至目标单元格即可完成数据的移动; 当鼠标指针变为✥形状时按住 Ctrl 键不放, 此时鼠标指针将变为🐭形状, 拖动鼠标至目标单元格后再释放鼠标, 即可完成数据的复制。

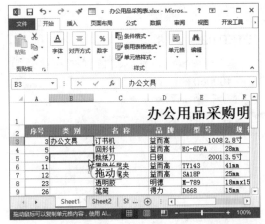

🔑 **通过快捷键移动与复制**: 通过快捷键移动或复制数据是最快捷有效的方法, 在需移动或复制数据的单元格上单击鼠标右键, 在弹出的快捷菜单中选择"剪切"命令或按 Ctrl+X 组合键可剪切单元格中的数据, 若选择"复制"命令或按 Ctrl+C 组合键则可复制单元格中的数据, 然后将鼠标指针移至目标单元格上, 再在快捷菜单中选择"粘贴"命令或直接按 Ctrl+V 组合键即可快速粘贴所需数据。

🔑 **通过鼠标右键移动与复制**: 在需要移动或复制的单元格上单击鼠标右键, 在弹出的快捷菜单中选择"复制"或"移动"命令, 在目标单元格上单击鼠标右键, 在弹出的快捷菜单中选择"剪切"或"粘贴选项"栏下的选项即可。

> ▌ **经验一箩筐——选择性粘贴**
>
> 执行粘贴操作时, "粘贴"下拉列表中有一个"选择性粘贴"选项, 选择该选项, 打开"选择性粘贴"对话框, 在其中可对粘贴的效果进行更详细的设置。

2.2.4 查找与替换数据

在编辑单元格中的数据时, 有时需要在大量的数据中进行查找和替换操作, 如果利用逐行逐列地方式进行查找和修改会比较麻烦, 此时可利用 Excel 的查找和替换功能快速定位到满足查找条件的单元格, 并能方便地将单元格中的数据替换为需要的数据。

下面将在"办公用品采购表 .xlsx"工作簿中查找"蓝黑墨水", 并将其替换为"红墨水", 然后再将单位为"盒"的记录替换为"袋"。其具体操作如下:

光盘文件
素材 \ 第 2 章 \ 办公用品采购表 .xlsx
效果 \ 第 2 章 \ 办公用品采购表 .xlsx
实例演示 \ 第 2 章 \ 查找与替换数据

STEP 01： 打开"查找和替换"对话框

1. 打开"办公用品采购表.xlsx"工作簿,选择【开始】/【编辑】组,单击"查找和选择"按钮下的下拉按钮。

2. 在弹出的下拉列表中选择"查找"选项,打开"查找和替换"对话框。

提个醒 在 Excel 中直接按 Ctrl+F 组合键,可快速打开"查找和替换"对话框。

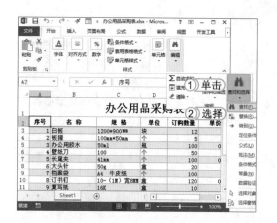

STEP 02： 查找数据

1. 在"查找"选项卡中的"查找内容"文本框中输入需查找的内容,这里输入文本"蓝黑墨水"。

2. 单击 查找下一个(F) 按钮进行查找。

3. 此时 Excel 将自动跳转到当前查找到的位置,并将其选中。

提个醒 单击 选项(T)<< 按钮,展开对话框,在其中可对大小写、全/半角进行区分。

72☐
Hours

STEP 03： 替换数据

1. 选择"替换"选项卡。

2. 在"替换为"文本框中输入需要替换的内容,这里输入文本"红墨水"。

3. 单击 替换(R) 按钮进行替换。

4. 此时工作表中对应的内容将被替换。

提个醒 单击 选项(T)<< 按钮后,还能对搜索的范围进行限制,如设置为当前工作表或工作簿。

STEP 04： 查找全部

1. 在"查找内容"文本框中再次输入需要查找的文本"盒"。

2. 单击 查找全部(I) 按钮查找工作表中所有包含该内容的记录。

3. 在"查找和替换"对话框中将显示出查找到的全部记录。

62 Hours
52 Hours
42 Hours
32 Hours
22 Hours
12 Hours

STEP 05： 替换全部内容

1. 在"替换为"文本框中输入需要替换的内容为"袋"。
2. 单击 全部替换(A) 按钮进行替换。
3. 此时将打开提示对话框提示全部完成替换，单击 确定 按钮确定操作。
4. 返回"查找和替换"对话框中单击 关闭 按钮。
5. 返回工作表中，即可看到查找和替换后的效果。

读书笔记

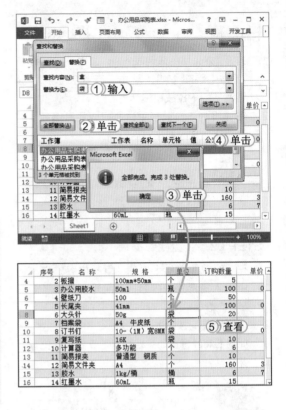

2.2.5 美化单元格中的数据

Excel 中默认的字体一般为宋体、11 号、黑色，但在实际制作表格的过程中其字体样式是可以随意更改的，以便达到美化表格的作用。更改单元格字体格式可以通过"字体"组和"设置单元格格式"对话框的"字体"选项卡两种方式来实现。

🔑 通过"字体"组：在"字体"组中有许多美化单元格中字体的下拉列表框或按钮，如"字体"下拉列表框 宋体 、"字号"下拉列表框 12 、"加粗"按钮 B 、"倾斜"按钮 I 、"下划线"按钮 U 及"字体颜色"按钮 A 等，利用它们可对字体进行美化。其方法为：选择需进行设置的单元格或单元格区域，然后单击相应的下拉列表框或按钮进行格式设置即可。

🔑 通过"字体"选项卡：利用对话框美化字体的操作与通过"字体"组美化的操作十分相似，其方法为：选择需设置字体格式的单元格或单元格区域，然后选择【开始】/【字体】组，单击其中的 按钮，打开"设置单元格格式"对话框，在"字体"选项卡中可根据需要对字体、字形、字号、颜色、下划线和特殊效果等进行设置，设置完成后单击 确定 按钮即可。

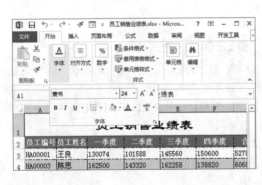

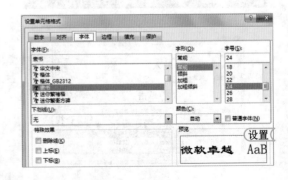

2.2.6　更改数据的对齐方式

为了使工作表看起来更加整齐和美观，应该对单元格或单元格区域中数据的对齐方式进行设置。与前面介绍的美化数据的方法类似，利用"对齐方式"组和"设置单元格格式"对话框中的"对齐"选项卡均可更改数据的对齐方式。

🔑 **通过"对齐方式"组更改**：在"对齐方式"组中通过6个按钮可更改数据的对齐方式，即"顶端对齐"按钮、"垂直居中"按钮、"底端对齐"按钮、"文本左对齐"按钮、"居中"按钮以及"文本右对齐"按钮。利用它们可更改数据的对齐方式。其方法为：选择需更改对齐方式的单元格或单元格区域，然后单击相应的按钮即可更改对齐方式。

🔑 **通过"对齐"选项卡更改**：通过选项卡更改数据对齐方式的方法为：选择需更改对齐方式的单元格或单元格区域，选择【开始】/【对齐方式】组，单击其中的按钮，打开"设置单元格格式"对话框，在"对齐"选项卡中不仅可以更改数据的水平和垂直方向的对齐方式，还可以在该选项卡的"方向"栏内设置对齐角度，完成后单击 确定 按钮即可。

▌ 经验一箩筐——改变文字的其他属性

在【开始】/【对齐方式】组和"设置单元格格式"对话框的"对齐"选项卡中，不仅能够对文字的对齐方式进行设置，还能对文字的旋转角度、文本缩进、自动换行、单元格合并与拆分等进行设置，只需单击对应的按钮或在对话框中对应的栏中进行设置即可。

▌ 上机1小时 ▶ 编辑职位搜索登记表

🔍 巩固数据的输入方法。

🔍 掌握记录单添加并编辑数据的方法。

🔍 巩固查找与替换数据的操作方法。

🔍 掌握美化表格数据与对齐数据的方法。

光盘文件
素材 \ 第2章 \ 职位搜索登记表.xlsx
效果 \ 第2章 \ 职位搜索登记表.xlsx
实例演示 \ 第2章 \ 编辑职位搜索登记表

本例将对"职位搜索登记表.xlsx"工作簿进行编辑，先对表头的字体、字号进行设置，然后合并表头单元格，再对表格字段的对齐方式进行设置，将表格中的"9月"文本替换为"10月"，最后对"专注度"字段内容的字体颜色进行设置，其最终效果如下图所示。

72图
Hours

62
Hours

52
Hours

42
Hours

32
Hours

22
Hours

12
Hours

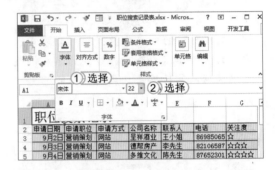

STEP 01： 设置表格标题的字体格式

1. 打开"职位搜索登记表 .xlsx"工作簿，选择 A1 单元格，在【开始】/【字体】组中的"字体"下拉列表框中设置字体为"宋体"。
2. 在"字号"下拉列表框中选择字体大小为 22。

STEP 02： 合并表头单元格

选择 A1:G1 单元格区域，在【开始】/【对齐方式】组中单击 合并后居中 按钮，合并表头单元格。

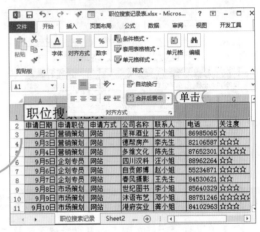

STEP 03： 设置表格字段的对齐方式

选择 A~G 列单元格区域，适当调整其行宽，然后选择 A2:G2 单元格区域，在【开始】/【对齐方式】组中单击"居中"按钮 ，使字段居中对齐。

读书笔记

STEP 04： 设置替换的内容

1. 在【开始】/【编辑】组中单击"查找和选择"按钮 🔍 下的下拉按钮，在弹出的下拉列表中选择"替换"选项，打开"查找和替换"对话框。在"查找内容"文本框中输入 2013/9。
2. 在"替换为"文本框中输入 2014/10。
3. 单击 查找全部 按钮进行查找。

提个醒 日期格式的显示与实际输入的值可能不同，这是因为 Excel 会自动判断输入的日期格式，并将其转换为 Excel 能识别的格式，因此，这里表格中显示的 9 月，实际上输入的是2013/9。

STEP 05： 替换所有查找到的内容

1. 单击 全部替换(A) 按钮进行替换。
2. 此时将打开提示对话框提示全部完成替换，单击 确定 按钮确定操作。
3. 返回"查找和替换"对话框，单击 关闭 按钮。返回工作表中即可看到查找和替换后的效果。

STEP 06： 设置字体颜色

1. 选择 G1:G11 单元格区域，单击【开始】/【字体】组中的 ▫ 按钮，打开"设置单元格格式"对话框，在"颜色"下拉列表框中选择"标准色"/"红色"选项。
2. 单击 确定 按钮完成设置。返回工作簿中，保存表格并进行查看即可。

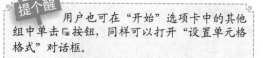

提个醒 用户也可在"开始"选项卡中的其他组中单击 ▫ 按钮，同样可以打开"设置单元格格式"对话框。

2.3 自定义数据的显示格式

　　从上一个实例可以发现，某些数据在表格中显示出来的效果与其实际输入的内容是不相同的，这是因为对表格中的数据显示格式进行了设置，使不同特性的数据显示效果不同，这在一定程度上使表格数据显示更加明确，但有时也会造成编辑过程中的混乱。为了解决这个问题，用户有必要对数据的自定义显示格式进行了解，并熟练掌握其设置的方法，以便灵活运用。

057

72 🕐
Hours

62
Hours

52
Hours

42
Hours

32
Hours

22
Hours

12
Hours

学习1小时

🔍 掌握快速应用 Excel 自带格式的方法。

🔍 熟悉自定义数据显示格式的规则。

🔍 掌握通过常见的数据自定义显示的方法。

2.3.1 快速应用 Excel 自带的格式

Excel 为用户提供了种类丰富的数据格式，以符合制作各种不同类型表格的需要。下面将分别对 Excel 的数据格式种类、应用格式的方法进行介绍。

1. 认识 Excel 自带的数据格式

Excel 为用户提供了多种预定义的数据格式，包括常规、数值、货币、会计专用、日期、时间、百分比、分数、科学记数、文本、特殊和自定义等。这几种数据格式分别介绍如下。

🔑 **常规**：指不对数据格式进行任何设置，采用 Excel 默认的格式进行显示，如输入文本1，显示为 1。如下图所示，为输入数据后，不对其格式进行任何设置，此时在"数字"组中将显示为"常规"。

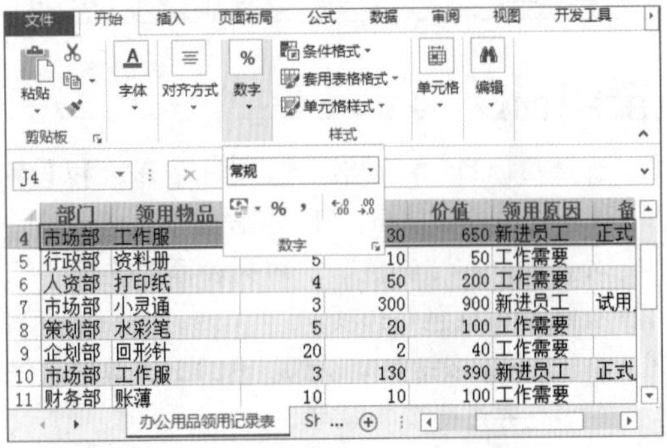

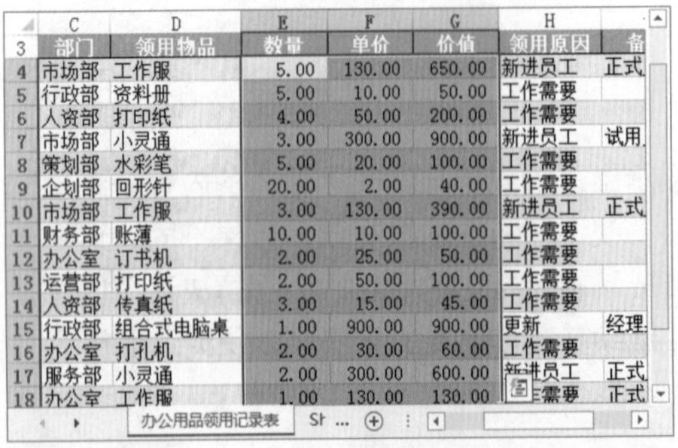

🔑 **货币**：指以金钱的计量单位来显示数据，自动对超过 1000 的数值以千位分隔符记数；可以对数据是否添加货币符号、小数点等进行设置。如下图所示即为设置货币符号为 ¥ 的货币格式。

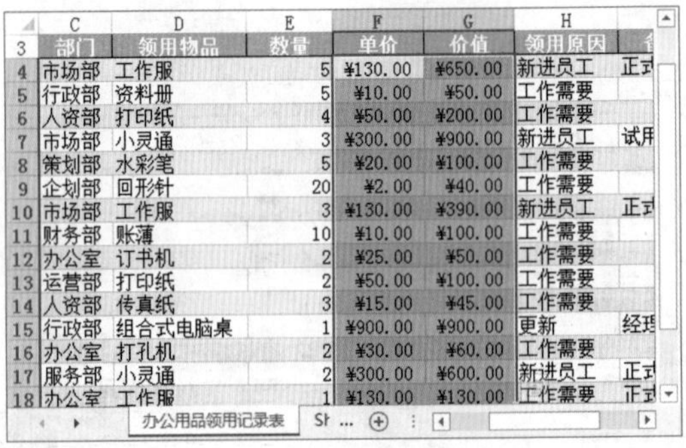

🔑 **数值**：指以数值的形式显示数据，可以对是否使用小数点、千位分隔符进行设置，也可以对小数点的位数进行设置。如下图所示即为设置为保留两位小数点后的数据格式。

🔑 **会计专用**：货币的一种表现形式，特指在会计中的计算单位。当其值为 0 时，会以 - 显示。

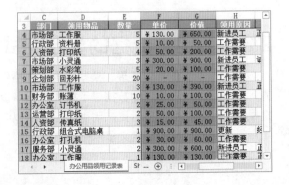

🔑 **日期**：日期的一种显示格式，可以设置的格式多种多样，包括"/"、"-"、"年"、"月"或英文等进行显示，也可以设置日期具体到某时某分某秒。如下图所示为设置日期为"××××年××月××日"显示的效果。

🔑 **科学记数**：通常对数据量较大的数值设置该格式，可对科学记数的小数位数进行设置，在默认情况下只有在单元格中的数值超过Excel默认的最大值时才自动以该数据格式显示。如下图所示即为应用后的效果。

	领用日期	部门	领用物品	数量	单价	价值
4	2014年9月1日	市场部	工作服	5	¥ 130.00	¥ 650.0
5	2014年9月5日	行政部	资料册	5	¥ 10.00	¥ 50.0
6	2014年9月10日	人资部	打印纸	4	¥ 50.00	¥ 200.0
7	2014年9月10日	市场部	小灵通	3	¥ 300.00	¥ 900.0
8	2014年9月12日	策划部	水彩笔	5	¥ 20.00	¥ 100.0
9	2014年9月16日	企划部	回形针	20	¥ -	¥ -
10	2014年9月18日	市场部	工作服	3	¥ 130.00	¥ 390.0
11	2014年9月22日	财务部	账簿	10	¥ 10.00	¥ 100.0
12	2014年9月23日	办公室	订书机	2	¥ 25.00	¥ 50.0
13	2014年9月23日	运营部	打印纸	2	¥ 50.00	¥ 100.0
14	2014年9月27日	人资部	传真纸	3	¥ 15.00	¥ 45.0
15	2014年9月28日	行政部	组合式电脑桌	1	¥ 900.00	¥ 900.0
16	2014年9月28日	办公室	打孔机	2	¥ 30.00	¥ 60.0
17	2014年9月30日	服务部	小灵通	2	¥ 300.00	¥ 600.0
18	2014年9月30日	办公室	工作服	1	¥ 130.00	¥ 130.0

办公用品领用记录表

	领用物品	数量	单价	价值	领用原因	领用频率
4	工作服	5	1.30E+02	6.50E+02	新进员工	1
5	资料册	5	1.00E+01	5.00E+01	工作需要	3
6	打印纸	4	5.00E+01	2.00E+02	工作需要	2
7	小灵通	3	3.00E+02	9.00E+02	新进员工	4
8	水彩笔	5	2.00E+01	1.00E+02	工作需要	2
9	回形针	20	2.00E+00	4.00E+01	工作需要	1
10	工作服	3	1.30E+02	3.90E+02	新进员工	2
11	账簿	10	1.00E+01	1.00E+02	工作需要	2
12	订书机	2	2.50E+01	5.00E+01	工作需要	3
13	打印纸	2	5.00E+01	1.00E+02	工作需要	2
14	传真纸	3	1.50E+01	4.50E+01	工作需要	2
15	组合式电脑桌	1	9.00E+02	9.00E+02	更新	1
16	打孔机	2	3.00E+01	6.00E+01	工作需要	2
17	小灵通	2	3.00E+02	6.00E+02	新进员工	4
18	工作服	1	1.30E+02	1.30E+02	工作需要	0

办公用品领用记录表

🔑 **百分比**：以百分比的形式显示数据，通常应用于小于1的数据，可以对百分比的小数位数进行设置。如下图所示即为设置小于1的小数以百分比显示，并设置其保留的小数点为两位的效果。

🔑 **文本**：设置数据类型为文本后，单元格显示的内容与输入的内容将完全一致。输入中文文字一般默认为文本类型，也可将其他数据设置为文本，如将数字设置为文本。但将日期设置为文本类型后将不能正常显示。

	数量	单价	价值	领用原因	领用频率	备注	
4	5	¥ 130.00	¥ 650.00	新进员工	50.00%	正式员工	李
5	5	¥ 10.00	¥ 50.00	工作需要	60.00%		黄
6	4	¥ 50.00	¥ 200.00	工作需要	70.00%		张
7	3	¥ 300.00	¥ 900.00	新进员工	80.00%	试用员工	赵
8	5	¥ 20.00	¥ 100.00	工作需要	90.00%		贺
9	20	¥ 2.00	¥ 40.00	工作需要	20.00%		董
10	3	¥ 130.00	¥ 390.00	新进员工	30.00%	正式员工	李
11	10	¥ 10.00	¥ 100.00	工作需要	80.00%		吴
12	2	¥ 25.00	¥ 50.00	工作需要	60.00%		邵
13	2	¥ 50.00	¥ 100.00	工作需要	40.00%		贾
14	3	¥ 15.00	¥ 45.00	工作需要	60.00%		王
15	1	¥ 900.00	¥ 900.00	更新	50.00%	经理桌	刘
16	2	¥ 30.00	¥ 60.00	工作需要	70.00%		李
17	2	¥ 300.00	¥ 600.00	新进员工	80.00%	正式员工	郭
18	1	¥ 130.00	¥ 130.00	工作需要	10.00%	正式员工	曾

办公用品领用记录表

	领用日期	部门	领用物品	数量	单价	价值
4	41883	市场部	工作服	5	¥ 130.00	¥ 650.00
5	41887	行政部	资料册	5	¥ 10.00	¥ 50.00
6	41892	人资部	打印纸	4	¥ 50.00	¥ 200.00
7	41892	市场部	小灵通	3	¥ 300.00	¥ 900.00
8	41894	策划部	水彩笔	5	¥ 20.00	¥ 100.00
9	41898	企划部	回形针	20	¥ 2.00	¥ 40.00
10	41900	市场部	工作服	3	¥ 130.00	¥ 390.00
11	41904	财务部	账簿	10	¥ 10.00	¥ 100.00
12	41905	办公室	订书机	2	¥ 25.00	¥ 50.00
13	41905	运营部	打印纸	2	¥ 50.00	¥ 100.00
14	41909	人资部	传真纸	3	¥ 15.00	¥ 45.00
15	41910	行政部	组合式电脑桌	1	¥ 900.00	¥ 900.00
16	41910	办公室	打孔机	2	¥ 30.00	¥ 60.00
17	41912	服务部	小灵通	2	¥ 300.00	¥ 600.00
18	41912	办公室	工作服	1	¥ 130.00	¥ 130.00

办公用品领用记录表

🔑 **分数**：用于设置分数的显示格式，可对分母为一位数、两位数、三位数或以2、4、8、16、10为分母与百分之几的数据格式进行设置。如下图所示为将小数以分数表示的效果。

🔑 **特殊**：用于设置邮政编码、中文小写数字、中文大写数字等特殊的数据类型，可以对国家/区域进行选择。

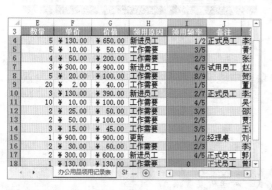

	数量	单价	价值	领用原因	领用频率	备注	
4	5	¥ 130.00	¥ 650.00	新进员工	1/2	正式员工	李
5	5	¥ 10.00	¥ 50.00	工作需要	3/5		黄
6	4	¥ 50.00	¥ 200.00	工作需要	2/3		张
7	3	¥ 300.00	¥ 900.00	新进员工	4/5	试用员工	赵
8	5	¥ 20.00	¥ 100.00	工作需要	8/9		董
9	20	¥ 2.00	¥ 40.00	工作需要	1/5		董
10	3	¥ 130.00	¥ 390.00	新进员工	2/7	正式员工	李
11	10	¥ 10.00	¥ 100.00	工作需要	4/5		吴
12	2	¥ 25.00	¥ 50.00	工作需要	3/5		邵
13	2	¥ 50.00	¥ 100.00	工作需要	2/5		贾
14	3	¥ 15.00	¥ 45.00	工作需要	3/5		王
15	1	¥ 900.00	¥ 900.00	更新	1/2	经理桌	刘
16	2	¥ 30.00	¥ 60.00	工作需要	2/3		李
17	2	¥ 300.00	¥ 600.00	新进员工	4/5	正式员工	郭
18	1	¥ 130.00	¥ 130.00	工作需要	0	正式员工	曾

办公用品领用记录表

G5 | fx | 45000

	政治面貌	籍贯	邮编	所在公寓
2	党员	山东省日照市莒县	276511	17#E103
3	党员	山东省滨州市无棣县	251901	19#N713
4	团员	山西省阳泉市	045000	17#E103
5	团员	河北省唐山市玉田县	064101	17#E103
6	团员	山东省济南市	250000	17#E103
7	党员	山东省威海市环翠区	264201	17#E103
8	团员	甘肃省天水市秦州区	741000	18#E605
9	团员	广东省东莞市	523000	18#E605
10	团员	吉林省长春市	130501	18#E605
11	团员	云南省大理市太邑乡	671001	18#E605
12	党员	山东省济宁市市中区	272000	19#N713
13	团员	山东省烟台市莱山区	264003	19#N713
14	团员	河北省廊坊市	065000	19#N713
15	党员	浙江省嘉兴市	314100	19#N713

Sheet1 | Sheet2 | Sh...

059

72 图
Hours

62 Hours ▲

52 Hours ▲

42 Hours ▲

32 Hours ▲

22 Hours ▲

12 Hours ▲

🔑 **自定义**："自定义"中也包括Excel预设的一些格式，用户可以在其中选择数据的显示格式，也可以自定义数据的显示规则。如下图所示即为自定义的学生编号格式，在单元格中显示为GE-2008-03001，在编辑栏中显示为1。

▌ 经验一箩筐——自定义的优势

自定义数据的显示格式是用户学习Excel所必须掌握的一项功能。它提供了一些预定义的规则，用户可以根据其规则进行数据格式的创建，以符合表格制作的需要。同时，用户也可以通过该功能设计出代表用户个性或具有企业特色标识的表格，防止表格数据泄漏。需要注意的是，设置数据的显示格式后，单元格中显示的内容往往与实际输入的内容不一致，如果要对数据进行编辑或修改，需基于原始的数据，而不能以看到的数据为准，以免造成数据计算错误。

2. 通过【开始】/【数字】组应用格式

　　【开始】/【数字】组中提供了一些简单的数据格式，包括常规、数字、货币、会计专用、短日期、长日期、时间、百分比、分数、科学记数和文本，用户可以直接在其中选择需要的格式，也可以对数值格式进行简单的设置，如单击"会计数字格式"按钮可以设置会计货币的单位；单击"百分比样式"按钮%可快速应用百分比格式；单击"千位分隔符"按钮，可应用该样式；单击"增加小数位数"按钮可增加小数点；单击"减少小数位数"按钮可减少小数点的显示。

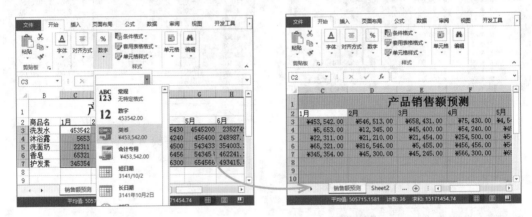

3. 通过"设置单元格格式"对话框设置格式

　　在"设置单元格格式"对话框的"数字"选项卡中能够对数据格式进行更为详细的设置，下面以在"产品销售记录表1.xlsx"工作簿中设置日期格式、会计专用格式等格式为例，讲解其设置方法。其具体操作如下：

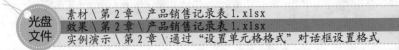

素材＼第2章＼产品销售记录表1.xlsx
效果＼第2章＼产品销售记录表1.xlsx
实例演示＼第2章＼通过"设置单元格格式"对话框设置格式

STEP 01： 设置文本格式

1. 打开"产品销售记录表 1.xlsx"工作簿，选择 A3:A16 单元格。
2. 在【开始】/【数字】组中的下拉列表框中选择 "文本"选项。此时数据将按左对齐进行显示。

STEP 02： 设置销售价格的格式

1. 选择 C3:C16 单元格区域，单击【开始】/【数字】组中的 按钮，打开"设置单元格格式"对话框，选择"货币"选项。
2. 在"小数位数"数值框中输入 1。
3. 在"货币符号（国家/地区）"下拉列表框中选择¥选项。
4. 单击 确定 按钮完成设置。

STEP 03： 设置百分比的格式

1. 选择 F3:F16 单元格区域，单击【开始】/【数字】组中的 按钮，打开"设置单元格格式"对话框，选择"百分比"选项。
2. 在"小数位数"数值框中输入 0。
3. 单击 确定 按钮完成设置。

STEP 04： 查看效果

返回工作簿中，查看应用设置数据显示格式后的效果，如左图所示。

2.3.2 自定义数据显示格式的规则

在使用自定义功能对数据显示格式进行设置前，需要先了解 Excel 中数据格式的显示规则，它针对不同的数据类型有不同的规则，用户可以根据习惯结合规则来进行定义，因此，应先掌握规格的格式。下面对其进行详细介绍。

1．自定义格式的组成规则

为学会自定义数据格式的方法，需要先了解并掌握格式的组成规则。在 Excel 中自定义格式代码的完整结构包括正数、负数、零值和文本，其表达结构如下：

正数；负数；零值；文本

这 4 个部分组成一个完整结构的自定义格式代码，以"；"分隔开的每一部分是一个区段，每个区段中的代码对不同类型的内容产生作用，如第 1 区段"正数"中的代码只在单元格中的数据为正值时产生作用，第 2 区段"负数"中的代码只在单元格中的数据为负值时产生作用，以此类推。

同时，用户也可根据需要为区段设置所需的特定条件，如下所示的格式代码也符合使用的规则：

大于条件值；小于条件值；等于条件值；文本

用户可以使用比较运算符来进行条件的判断，如＞、＜、＝、＞＝、＜＝和＜＞。如 [>1]0.0;[<1].00;#; 就表示：大于 1 的数值保留一位小数，小于 1 的保留两位小数，不符合 1、2 区段的值和文本常规显示。

在实际应用中，可根据需要只定义某一个区段，而不必对每一部分的格式都进行设置，如下表所示即为少于 4 个区段的代码结构含义。

少于4个区段的代码结构含义

区 段 数	区 位
1	格式代码作用于所有类型的数值
2	第 1 区段作用于正数和零值，第 2 区段作用于负数
3	第 1 区段作用于正数，第 2 区段作用于负数，第 3 区段作用于零值

对于包含条件格式的自定义代码而言，则可定义至少包含两个区段的代码，其区段与所代表的结构含义如下表所示。

包含条件格式少于4个区段的代码结构含义

区 段 数	区 位
2	第 1 区段作用于满足条件值 1，第 2 区段作用于其他情况
3	第 1 区段作用于条件值 1，第 2 区段作用于条件值 2，第 3 区段作用于其他情况

2．了解代码符号的含义和作用

了解了自定义格式的组成规则后，还需对组成规则的代码字符及其含义进行了解，以便于编写自定义的代码格式。如下表所示即为自定义格式规则的代码符号及其含义。

自定义格式规则的代码符号及其含义

代码符号	符号含义或作用	示 例
G/ 通用格式	不设置任何格式，以常规的数字显示，相当于"分类"列表中的"常规"选项	20 显示为 20，20.1 显示为 20.1
#	数字占位符，只显有意义的零而不显示无意义的零。小数点后数字如大于"#"的数量则按"#"的位数四舍五入	格式为 ###.##，则 22.1 显示为 22.10，22.2231 显示为：22.22
0	数字占位符。如果单元格中的内容大于占位符，则显示实际数字；如果小于占位符的数量，则用 0 补足	格式为 0000，285679 显示为 285679，285 显示为 0285 格式为 00.00，210.15 显示为 210.15，1.3 显示为 01.30

续表

代码符号	符号含义或作用	示 例
?	数字占位符，用于在小数点两边为无意义的零添加空格或用于显示分数	代码为 ????.????，- 234.121 显示为 -234.121
.	小数点	代码为 #.##，1 显示为 1.00
@	文本占位符，单个 @ 用于引用原始文本。若要在输入内容后自动添加文本，可定义格式为："文本内容"@；要在输入内容前自动添加文本，可定义格式为：@"文本内容"，若要重复文本，则可使用多个 @	代码为 @"部"，"行政"显示为"行政部"；"财务"显示为"财务部" 代码为 @@@，"行政"显示为"行政行政行政"
*	重复下一次字符，直到充满列宽	代码为 @*-，567 显示为 567-------------------
,	千位分隔符	代码为 #,###，45000 显示为 45,000
%	百分号	代码为 0.00%，0.5 显示为 50%
E	科学记数符号	代码为 0.00E+00，18800337 显示为 1.88E+07
!	强制显示下一个文本字符，可用于分号(;)、点号(.)、问号(?)等特殊符号的显示	代码为 #!"，62 显示为 62"
\	用于显示下一个字符，与""""用途相同，都是显示输入的文本，且输入后会自动转变为双引号表达	代码为 "人民币 "#,##0,," 百万 "，与代码为 "\ 人民币 #,##0,,\ 百万" 相同，输入 1234567890 显示为：人民币 1,235 百万
[条件]	用于对单元格内容进行判断后再设置格式。条件格式只限于 3 个条件，其中两个条件是明确的，另一个是"所有的其他"。每个条件需要放置在方括号（[]）中	代码为 [>0]" 正数 "；[=0]" 零 "；负数。表示单元格数值大于 0 显示正数，等于 0 显示 0，小于 0 显示负数
[颜色]	用指定的颜色显示字符，包括红色、黑色、黄色，绿色、白色、蓝色、青色和洋红 8 种颜色	代码为 [黑色];[红色];[洋红];[绿色]。表示正数为黑色，负数显示红色，零显示洋红，文本则显示为绿色
[颜色 N]	用于设置颜色，其颜色种类更多，用于调用调色板中的颜色，N 是 0~56 之间的整数	代码为 [颜色 5]，表示单元格显示的颜色为调色板上第 5 种颜色
[Dbnum1]	中文小写数字	代码为 256 显示为"二百五十六"
[Dbnum2]	中文大写数字	代码为 256 显示为"贰佰伍拾陆"
[Dbnum3]	全色的阿拉伯数字与小写中文单位的结合	代码为 256 显示为"2 百 5+6"

除了这些通用符号外，日期时间格式在 Excel 中的应用也十分广泛，而由于其格式又由年、月、日、时、分、秒等组成，因此，Excel 还专门针对日期格式设置了预定义的规则，用户可以根据该规则来进行日期时间格式的设置，如下表所示。

日期时间格式的代码符号及其含义

代码符号	符号含义或作用	示 例
m	使用没有前导零的数字来显示月份	1~12
mm	使用有前导零的数字来显示月份	01~12
mmm	使用英文缩写来显示月份	Jan ~ Dec

代码符号	符号含义或作用	示 例
mmmm	使用英文全称来显示月份	January ~ December
mmmmm	显示月份的英文首字母	J ~ D
d	使用没有前导零的数字来显示日期	1~31
dd	使用有前导零的数字来显示日期	01~31
ddd	使用英文缩写来显示日期	Sun ~ Sat
dddd	使用英文全称来显示星期几	Sunday ~ Saturday
aaaa	使用中文来显示星期几	星期一~ 星期日
aaa	使用中文显示星期几	一 ~ 日，不显示"星期"
yy	使用两位数显示年份	00 ~ 99
yyyy	使用 4 位数显示年份	1900 ~ 9999
h	使用没有前导零的数字来显示小时	0 ~ 23
hh	使用有前导零的数字来显示小时	00~23
m	使用没有前导零的数字来显示分钟	0~59
mm	使用有前导零的数字来显示分钟	00~59
s	使用没有前导零的数字来显示秒钟	0~59
ss	使用有前导零的数字来显示秒钟	00~59
AM/PM 上午 / 下午	使用 12 小时制显示时间	如 12:00 显示为 PM/ 下午

2.3.3 自定义编号格式

在实际使用 Excel 制作并编辑表格时，常常需要对编号格式进行自定义设置，如产品编号、学生学号、入库单编号等，这些编号都具有相同的某一部分，可以通过 Excel 的自定义格式功能对相同的部分进行设置，输入时只需输入不同的部分。

下面以自定义某企业的产品编号为例，讲解其定义的方法，其具体操作如下：

光盘文件
素材 \ 第 2 章 \ 公司产品信息 .xlsx
效果 \ 第 2 章 \ 公司产品信息 .xlsx
实例演示 \ 第 2 章 \ 自定义编号格式

STEP 01： 选择命令

1. 打开"公司产品信息 .xlsx"工作簿，选择"产品编号"字段所包含的单元格区域，这里选择 A3:A13 单元格区域。
2. 单击鼠标右键，在弹出的快捷菜单中选择"设置单元格格式"命令。

读书笔记

STEP 02： 自定义数字格式

1. 打开"设置单元格格式"对话框，选择"数字"选项卡。
2. 在"分类"列表框中选择"自定义"选项。
3. 在"类型"文本框中输入 "df2014-2"000。
4. 单击 确定 按钮完成设置。

> **提个醒** 编号的格式可根据用户的需要自行设置，这里定义的 "df2014-2"000 表示在输入的数值前自动添加 df2014-2，小于 3 位的数字则以 0 填充。

STEP 03： 输入编号查看效果

返回工作表中，在 A3:A13 单元格区域中输入需要的编号，其效果如右图所示。

2.3.4 自定义数据的显示单位

在 Excel 表格中，会经常接触大量的数据。当数据的数值较大时，Excel 会默认以科学记数方式进行显示，而为了显示方便，则可以自定义数据的显示单位，如个、十、百、千、万、十万、百万、千万和亿等单位，如设置以"万"为单位显示数值，可定义代码为如下几种。

🔑 0!.0,：表示以"万"为单位显示数值，保留一位小数。该代码通过利用自定义的"小数点"将原数值缩小 1 万倍显示（即小数点向左移动 4 位），代码中的"0,"表示缩小的 4 位数字，其中","表示千位分隔符，只显示千位所在的数字，其余部分按四舍五入进行显示。

🔑 0"万"0,：表示以"万"为单位，保留一位小数，显示为 x 万 x。该代码中主要利用"万"来代替小数点字符。

🔑 0!.0," 万 "：表示以"万"为单位，保留一位小数，添加后缀"万"。

🔑 0!.0000" 万元 "：表示以"万"为单位，保留 4 位小数，添加后缀"万元"。

如下图所示即为自定义数据显示单位为"万"的效果。

原始数据	自定义格式	显示效果	说明
12345678	0!.0,	1234.6	以万为单位显示数值，保留一位小数
5895	0!.0,	0.6	以万为单位显示数值，保留一位小数
115896	0!.0,	11.6	以万为单位显示数值，保留一位小数
12345678	0"万"0,	1234万6	以万为单位，保留一位小数，显示为x万x
12345678	0!.0," 万 "	1234.6万	以万为单位，保留一位小数，添加后缀"万"
12345678	0!.0000"万元 "	1234.5678万元	以万为单位，保留4位小数，添加后缀"万元"

使用相同的方法，可以定义其他单位的显示，如下图所示即为定义单位为"亿"的效果。

原始数据	自定义格式	显示效果	说明
12345678	0!.0,,	1.2	以亿为单位显示数值，保留一位小数
155555895	0!.0,,	15.6	以亿为单位显示数值，保留一位小数
1555558956	0!.0,,	155.6	以亿为单位显示数值，保留一位小数
112345678	0"亿"0000!.0,"万"	1亿1234.6	以亿为单位显示后以亿，在万位后显示万。显示为x亿x万
112345678	0!.0,,"亿"	1.2亿	以亿为单位，保留一位小数，添加后缀"亿"
12345678	0!.0000,,"亿元"	0.12346亿元	以亿为单位，保留5位小数，添加后缀"亿元"

62
Hours
▲

52
Hours
▲

42
Hours
▲

32
Hours
▲

22
Hours
▲

12
Hours

2.3.5 用数字代替特殊字符

在 Excel 中输入某些字符较为麻烦，如"√"、"×"、"®"、"©"、"★"、"☆"等特殊字符，此时即可以使用简单的数字来代替符号的显示，如使用 1 和 0 来代替的方法介绍如下：

[=1]"√";[=0]"×"　　　[=1]"®";[=0]"©"　　　[=1]"★";[=0]"☆"

该代码表示的含义为：输入数字 1，自动替换为"√"、"®"或"★"显示；输入 0，自动替换为"×"、"©"或"☆"显示。用户可根据需要自行修改数字和其代表的符号，如下图所示。

原始数据	自定义格式	显示效果	说明
1	[=1]"√";[=0]"×"	√	输入1，自动替换为"√"，输入0，自动替换为"×"
0	[=1]"√";[=0]"×"	×	同上
1	[=1]"®";[=0]"©"	®	输入1，自动替换为"®"，输入0，自动替换为"©"
0	[=1]"®";[=0]"©"	©	同上
1	[=1]"★";[=0]"☆"	★	输入1，自动替换为"★"，输入0，自动替换为"☆"
0	[=1]"★";[=0]"☆"	☆	同上

上机 1 小时 ▶ 制作产品验收表

🔍 巩固输入数据的各种方法。

🔍 掌握快速应用数据格式的方法。

🔍 掌握自定义数据格式的方法。

光盘文件　效果 \ 第 2 章 \ 产品验收表 .xlsx

实例演示 \ 第 2 章 \ 制作产品验收表

本例将制作产品验收表，在表格中输入数据，为日期、金额等设置自定义的格式，为编号、验收字段的格式进行自定义设置，为销售数量添加单位，完成后的效果如下图所示。

序号	日期	编码	名称	规格	数量	单价	金额	验收
1	2014年8月6日	0625_001	刹车灯开关	JK106	200	125元	¥25,000.0	√
2	2014年8月7日	0625_002	前刹车软管	4.8*12.5mm	280	163元	¥45,640.0	√
3	2014年8月8日	0625_003	冷焊型修补剂	AT-102	480	28元	¥13,440.0	√
4	2014年8月9日	0625_004	液压泵修包	套	540	28元	¥15,120.0	√
5	2014年8月10日	0625_005	变速器修理包	套	550	59元	¥32,450.0	√
6	2014年8月11日	0625_006	排挡修包	套	580	12元	¥6,960.0	√
7	2014年8月12日	0625_007	前半轴防尘套	套	100	72元	¥7,200.0	√
8	2014年8月13日	0625_008	离合器总泵修理包	套	260	65元	¥16,900.0	√
9	2014年8月14日	0625_009	离合器分泵包	套	148	51元	¥7,548.0	√
10	2014年8月15日	0625_010	化油器修理包	套	245	402元	¥98,490.0	×
11	2014年8月16日	0625_011	发动机大修包	套	360	823元	¥296,280.0	×

验收表

STEP 01: 创建表格框架

1. 新建"产品验收表 .xlsx"工作簿，将 Sheet1 工作表重命名为"验收表"。

2. 在单元格中输入表格的表头为"产品验收表"，表格字段为"序号、日期、编码、名称、规格、数量、单价、金额、验收"。然后设置表头字体格式，合并后居中显示表头内容，居中对齐表格字段。

STEP 02： 输入数据

在"序号"和"编码"字段所在的区域中输入
以1开始的等差序列；在"日期"字段内输入
日期；在"名称、规格、数量、单价和金额"
字段中输入对应的内容。根据内容调整行高和
列宽，使数据完整显示。

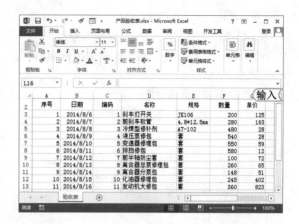

提个醒 在输入数据的过程中，可尽量采用
本章 2.1 节中所介绍的各种方法来输入数据，
以巩固所学知识。

STEP 03： 选择命令

1. 选择"日期"字段下的 B3:B13 单元格区域。
2. 单击鼠标右键，在弹出的快捷菜单中选择"设
   置单元格格式"命令。

读书笔记

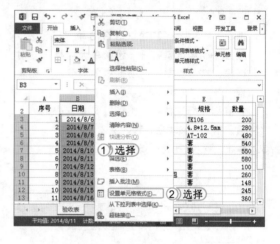

STEP 04： 设置日期格式

1. 打开"设置单元格格式"对话框，选择"数字"
   选项卡。
2. 在"分类"列表框中选择"日期"选项。
3. 在"类型"列表框中选择"2012 年 3 月 14 日"
   选项。
4. 单击 确定 按钮完成设置。

STEP 05： 打开对话框

1. 选择"编码"字段下的 C3:C13 单元格区域。
2. 单击【开始】/【数字】组中的 按钮，打开"设
   置单元格格式"对话框。

读书笔记

067
72图 Hours
62 Hours
52 Hours
42 Hours
32 Hours
22 Hours
12 Hours

STEP 06： 自定义编码格式

1. 在"分类"列表框中选择"自定义"选项。
2. 在"类型"文本框中输入自定义的代码为 "0625_"000。
3. 单击 确定 按钮完成设置。

提个醒 代码 "0625_"000 表示在编码前自动添加值 0625_，并在其后至少显示 3 位数字。

STEP 07： 为单价添加单位

1. 选择"单价"字段下的 G3:G13 单元格区域，按 Ctrl+1 组合键打开"设置单元格格式"对话框，在"数字"选项卡中的"分类"列表框中选择"自定义"选项。
2. 将鼠标光标定位在"类型"文本框中的"G/通用格式"文本后，输入文本""元""。
3. 单击 确定 按钮完成设置。

STEP 08： 设置金额的显示格式

1. 选择"金额"字段下的 H3:H13 单元格区域，按 Ctrl+1 组合键打开"设置单元格格式"对话框，在"数字"选项卡中的"分类"列表框中选择"货币"选项。
2. 在"小数位数"数值框中输入 1。
3. 在"负数"列表框中选择第 ¥1,234.0 选项，使负数呈红色正值显示。
4. 单击 确定 按钮完成设置。

STEP 09： 设置"验收"字段的格式

1. 选择"验收"字段下的 I3:I13 单元格区域，按 Ctrl+1 组合键打开"设置单元格格式"对话框，在"数字"选项卡中的"分类"列表框中选择"自定义"选项。
2. 在"类型"文本框中输入代码 [=1]"√";[=0]"×"。
3. 单击 确定 按钮完成设置。

STEP 10: 完善表格

返回表格中，设置"验收"字段的字体颜色为"红色"，然后选择 A2:I13 单元格区域，单击【开始】/【字体】组中的 图· 按钮，在弹出的下拉列表中选择"所有框线"选项，为表格添加边框，完成后保存表格。

提个醒

为表格添加边框是为了使数据显示更加清晰，其操作方法简单。在第 3 章对其操作方法进行详细的讲解。

2.4 练习 2 小时

本章主要介绍了数据的输入、编辑和格式设置方法，用户要想在日常工作中熟练使用它们，还需再进行巩固练习。下面以制作日常费用表和生产记录表为例进行讲解，以进一步巩固这些知识的使用方法。

1. 练习 1 小时：制作日常费用表

本例将在"日常费用表.xlsx"工作簿中对数据进行编辑，通过对数据的格式进行自定义和应用已有的样式，使数据显示更为清晰，其效果如下图所示。

光盘文件

素材 \ 第 2 章 \ 日常费用表.xlsx
效果 \ 第 2 章 \ 日常费用表.xlsx
实例演示 \ 第 2 章 \ 制作日常费用表

069

72图
Hours

62
Hours

52
Hours

42
Hours

32
Hours

22
Hours

12
Hours

② 练习 1 小时：制作生产记录表

本例将制作生产记录表，先在表格中输入表头和表格字段内容，对其字体格式和对齐方式进行设置，然后输入表格对应的内容，对表格字段所对应的单元格区域的显示格式进行设置，完成后的效果如下图所示。

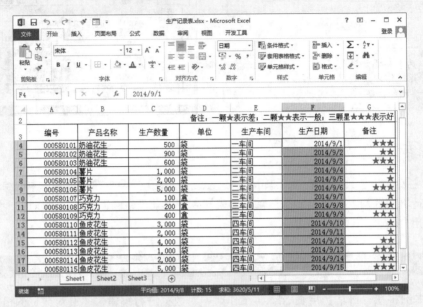

光盘文件

素材 \ 第 2 章 \ 生产记录表.xlsx
效果 \ 第 2 章 \ 生产记录表.xlsx
实例演示 \ 第 2 章 \ 制作生产记录表

读书笔记

表格

72 HOURS

美化并丰富表格内容

第 3 章

学习 2 小时

- 设置表格样式
- 添加并设置表格对象

用户不仅可以对表格中的数据格式进行设置，还可以对表格自身的格式进行设置，如为表格添加边框、底纹和背景，以及应用样式等，使表格更为美观。根据需要，还可在表格中添加其他的对象，如图片、SmartArt 图形、形状和艺术字等，丰富表格的内容并使表格表现更直观。

上机 3 小时

3.1 设置表格样式

如果用户从无到有开始制作表格，输入数据并设置数据格式，可能会发现表格样式较为单一，此时可以通过设置单元格的格式使表格更为美观，包括设置单元格的边框和底纹、添加工作表背景、定义并应用单元格样式、定义并应用表格样式等。下面分别进行介绍。

学习1小时

- 🔍 掌握设置单元格边框和底纹的方法。
- 🔍 掌握定义并应用单元格样式的方法。
- 🔍 掌握通过条件格式设置单元格显示的方法。

- 🔍 掌握设置工作表背景的方法。
- 🔍 掌握定义并应用表格样式的方法。

3.1.1 为单元格设置边框

为选择的单元格或单元格区域添加边框，可以使制作的表格条理更加清晰，形式更加美观，在 Excel 2013 中为单元格设置边框有两种方法，分别是通过"字体"组设置和通过"边框"选项卡设置。下面分别进行详细介绍。

1. 通过"字体"组设置单元格边框

通过【开始】/【字体】组的"下框线"按钮⊞可以为选择的单元格或单元格区域添加边框，其方法为选择需添加边框的区域，然后单击"下框线"按钮⊞右侧的下拉按钮，在弹出的下拉列表中设置边框的线条颜色、线条样式和需要添加的类型即可。

下面以制作"请购单.xlsx"工作簿为例，讲解通过"字体"组设置单元格边框的方法。其具体操作如下：

> **光盘文件**
>
> 效果 \ 第 3 章 \ 请购单 .xlsx
>
> 实例演示 \ 第 3 章 \ 通过"字体"组设置单元格边框

STEP 01： 创建工作簿

新建"请购单.xlsx"工作簿，在工作簿中输入如右图所示的内容，设置工作表中表格表头的字体格式为"宋体"、"18号"、"加粗"，表格字段和表格末尾的字体格式为"宋体"、"12号"、"加粗"，表格正文的字体为"宋体"、"12号"，然后对表格标题进行合并居中对齐，表格字段居中对齐，效果如右图所示。

> **提个醒** 输入表格末尾的内容时，可先在第 1 个单元格中输入文本，然后以空格隔开对应的内容继续输入，完成后合并后面多余的单元格。

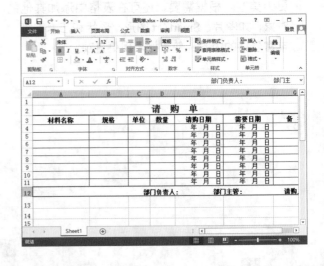

STEP 02： 设置边框颜色

1. 选择 A3:G11 单元格区域，选择【开始】/【字体】
   组，单击"下框线"按钮右侧的下拉按钮。
2. 在弹出的下拉列表中选择"线条颜色"选项。
3. 在弹出的子列表中选择"标准色"/"深蓝"选项。

提个醒　边框颜色默认为黑色，除了可在"线条颜色"的子列表中选择系统已预定的颜色外，还可选择子列表中的"其他颜色"选项，打开"颜色"对话框，在其中选择更多的颜色进行设置。

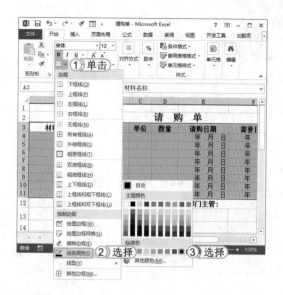

STEP 03： 设置线条线型

1. 单击"下框线"按钮右侧的下拉按钮。
2. 在弹出的下拉列表中选择"线型"选项。
3. 在弹出的子列表中选择第 1 个选项。

提个醒　选择"绘制边框"栏中的"绘图边框"选项，可以直接切换到工作表中并为需要的单元格进行边框绘制操作。用户也可按照设置线条颜色和线型的方法先对线条进行设置，再进行绘制，以免因绘制完成后对效果不满意而再次进行修改。

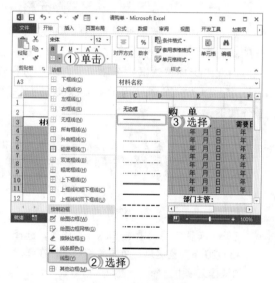

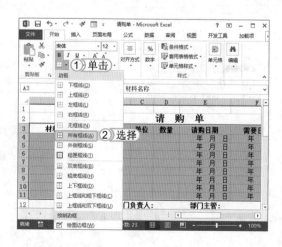

STEP 04： 添加所有边框

1. 单击"下框线"按钮右侧的下拉按钮。
2. 在弹出的下拉列表中选择"所有框线"选项，
   为所选择的单元格区域添加边框。

提个醒　添加边框后，如果不需要单元格中的某一条边框，可单击"下框线"按钮右侧的下拉按钮，在弹出的下拉列表中选择"擦除边框"选项，然后在不需要的边框上拖动鼠标进行涂抹，完成后即可清除边框。

073

72⊠
Hours

62
Hours

52
Hours

42
Hours

32
Hours

22
Hours

12
Hours

STEP 05： 添加粗匣框线

1. 单击"下框线"按钮右侧的下拉按钮。
2. 在弹出的下拉列表中选择"粗匣框线"选项，为所选的单元格区域的最外层单元格区域添加粗匣框线。
3. 完成后返回工作表查看添加后的效果。

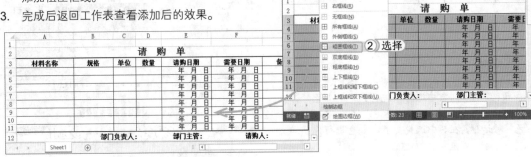

2. 通过"边框"选项卡设置单元格边框

通过"边框"选项卡设置边框可以更直接、快捷地对边框效果进行查看。选择需要添加边框的单元格区域，单击鼠标右键，在弹出的快捷菜单中选择"设置单元格格式"命令，在打开的对话框中选择"边框"选项卡，在其中进行设置即可。

下面以为"车辆使用记录表 .xlsx"工作簿设置边框样式为例，讲解其设置方法。其具体操作如下：

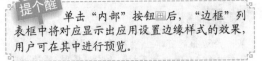

光盘文件
素材 \ 第 3 章 \ 车辆使用记录表 .xlsx
效果 \ 第 3 章 \ 车辆使用记录表 .xlsx
实例演示 \ 第 3 章 \ 通过"边框"选项卡设置单元格边框

STEP 01： 设置内部边框样式

1. 打开"车辆使用记录表 .xlsx"工作簿，选择 A3:H20 单元格区域，单击鼠标右键，在弹出的快捷菜单中选择"设置单元格格式"命令，在打开的对话框中选择"边框"选项卡。
2. 在"样式"列表框中选择"双实线"选项。
3. 在"颜色"下拉列表框中选择"绿色，着色 6"选项。
4. 单击"内部"按钮应用内部边框。

提个醒 单击"内部"按钮后，"边框"列表框中将对应显示出应用设置边缘样式的效果，用户可在其中进行预览。

读书笔记

STEP 02： 设置外部边框样式

1. 在"样式"列表框中选择如右图所示的样式。
2. 保持边框颜色不变，单击"外边框"按钮 ，为单元格区域设置外边框样式。
3. 单击 确定 按钮，完成设置。

提个醒
"边框"列表框中有很多按钮，应用边框样式后，这些按钮将被激活，呈蓝色显示。单击对应的蓝色按钮，可取消对应的边框样式，再次单击则可应用边框样式，这几个按钮分别是"上边框" 、"水平内部边框" 、"下边框" 、"左边框" 、"垂直内部边框" 、"右边框" 。

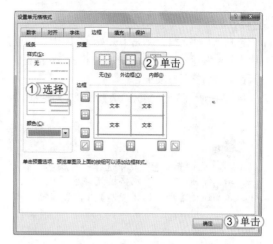

STEP 03： 查看效果

返回工作簿中即可查看到设置边框后的效果。

提个醒
"边框"列表框中还有两个容易忽略的按钮，即 和 按钮。设置边框样式后，单击 按钮，可为所选择的单元格区域添加从右上角到左下角的斜线边框；单击 按钮，可为其添加从左上角到右下角的斜线边框。

075

72☒
Hours

62
Hours

52
Hours

42
Hours

32
Hours

22
Hours

12
Hours

3.1.2 为单元格添加底纹

除了为单元格添加边框外，同样可以通过【开始】/【字体】组和"设置单元格格式"对话框为表格中的单元格添加底纹样式，使表格效果更加美观。

下面以在"饮料信息表 .xlsx"工作簿中为单元格添加底纹为例，讲解其设置方法。其具体操作如下：

光盘文件	素材 \ 第 3 章 \ 饮料信息表 .xlsx
	效果 \ 第 3 章 \ 饮料信息表 .xlsx
	实例演示 \ 第 3 章 \ 为单元格添加底纹

STEP 01： 添加纯色底纹

1. 打开"饮料信息表 .xlsx"工作簿，选择 A2:H2 单元格区域，单击【开始】/【字体】组中的"填充颜色"按钮 右侧的下拉按钮。
2. 在弹出的下拉列表中选择"标准色"/"橙色"选项。

提个醒
"填充颜色"下拉列表中提供的主题颜色并不是固定不变的，它会根据表格的主题样式而改变。

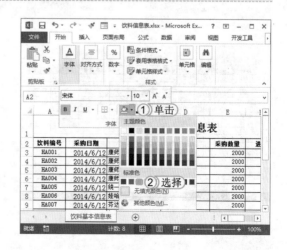

STEP 02： 打开"填充效果"对话框

1. 选择 A1 单元格，单击【开始】/【字体】组中的 ▪ 按钮，打开"设置单元格格式"对话框，选择"填充"选项卡。

2. 单击 填充效果(I)... 按钮，打开"填充效果"对话框。

> **提个醒** 在"背景色"栏中选择一种颜色，单击 确定 按钮，可为单元格填充纯色的底纹，其效果与通过【开始】/【字体】组设置相同。

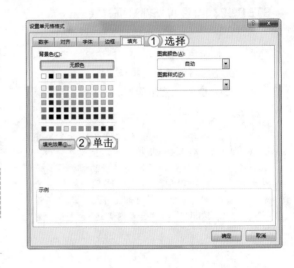

STEP 03： 设置渐变色

1. 在"颜色"栏中选中 ◉ 双色(T) 单选按钮。

2. 在"颜色1"下拉列表框中选择颜色为"橙色，着色6，80%"。

3. 在"颜色2"下拉列表框中选择颜色为"橙色"。

4. 在"底纹样式"栏中选中 ◉ 水平(Z) 单选按钮，设置渐变方式为从上到下进行渐变。

5. 单击 确定 按钮，返回"设置单元格格式"对话框。

6. 单击 确定 按钮，完成设置。

> **提个醒** 在对话框中选择"无颜色"选项或在【开始】/【字体】组中的"填充颜色"下拉列表框中选择"无填充颜色"选项可取消底纹样式。

STEP 04： 设置其他单元格底纹

使用相同的方法，为 A3:H16 单元格区域设置底纹为纯色，其颜色为"橙色，着色6，80%"，效果如左图所示。

> **提个醒** 在"设置单元格格式"对话框中的"填充"选项卡中还可设置底纹为图案，其方法为：在"图案颜色"下拉列表框中选择一种图案颜色，然后在"图案样式"下拉列表框中选择一种图案样式即可。

3.1.3 美化工作表背景

如果觉得整个表格看上去很单调，那么可以为工作表设置背景图案，以丰富表格内容。

下面将在"饮料信息表 1.xlsx"工作簿中添加背景图片，使表格内容丰富，效果美观。其具体操作如下：

光盘文件
素材 \ 第 3 章 \ 饮料信息表 1.xlsx、饮料 .jpg
效果 \ 第 3 章 \ 饮料信息表 1.xlsx
实例演示 \ 第 3 章 \ 美化工作表背景

STEP 01： 打开"工作表背景"对话框

1. 打开"饮料信息表 1.xlsx"工作簿，选择【页面布局】/【页面设置】组，单击"背景"按钮。
2. 在打开的提示对话框中单击 脱机工作 按钮，打开"工作表背景"对话框。

提个醒 单击"背景"按钮后，系统会自动进行联机，若不需要在网络中查找素材，可直接单击 脱机工作 按钮，返回本地计算机中以获取背景图片。同时，若 Excel 联机速度很慢，也可在网络中获取素材后通过本地计算机进行操作，以提高工作效率。

STEP 02： 选择背景图片

1. 在其中选择背景图片的存储位置。
2. 在中间的列表框中选择需要添加的背景图片，这里选择"饮料 .jpg"选项。
3. 单击 插入(S) 按钮，完成选择操作。

提个醒 双击选择的背景图片，可快速为工作表插入背景。

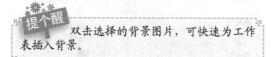

STEP 03： 查看效果

返回 Excel 工作簿中即可查看添加背景后的效果。

提个醒 为工作表添加背景时，整张工作表都应用该背景图片。若图片本身较小，则图片会以平铺的方式铺满整个工作表。因此，选择大小适合的背景图片是比较重要的。

077

72图 Hours

62 Hours

52 Hours

42 Hours

32 Hours

22 Hours

12 Hours

3.1.4 定义并应用单元格样式

在 Excel 中，样式是指具有特定格式的一种设置选项。Excel 自带多种样式，利用 Excel 自带的多种样式可以快速为选择的单元格或单元格区域应用不同效果。同时为了满足不同用户的需要，Excel 还提供了自定义单元格样式的方法，以方便广大用户制作表格。

下面将在"销售业绩表 .xlsx"工作簿中自定义"表格字段"单元格样式，并为表格中的其他单元格应用系统自带的样式。其具体操作如下：

> **光盘文件**
> 素材 \ 第 3 章 \ 销售业绩表 .xlsx
> 效果 \ 第 3 章 \ 销售业绩表 .xlsx
> 实例演示 \ 第 3 章 \ 定义并应用单元格样式

STEP 01： 选择表格样式

1. 打开"销售业绩表 .xlsx"工作簿，选择【开始】/【样式】组，单击"单元格样式"按钮 。
2. 在弹出的下拉列表中选择"新建单元格样式"选项。

> **提个醒**　在该下拉列表中显示的其他单元格缩略图即为 Excel 预设的单元格样式。在工作表中选择需要应用样式的单元格或单元格区域，再在其中选择需要应用的选项即可快速应用样式。

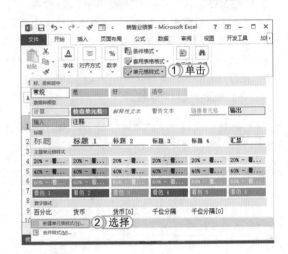

STEP 02： 设置样式参数

1. 打开"样式"对话框，在"样式名"文本框中输入样式的名称为"表格字段"。
2. 取消选中 复选框。
3. 单击 按钮，打开"设置单元格格式"对话框。

> **提个醒**　"样式"对话框中列出的几个选项，即为单元格样式能够设置的内容，包括数字格式、对齐方式、字体格式、边框样式、填充样式和单元格保护。

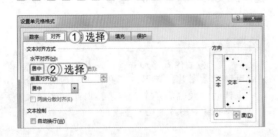

STEP 03： 设置对齐样式

1. 选择"对齐"选项卡。
2. 在"水平对齐"下拉列表框中选择"居中"选项。

STEP 04： 设置字体样式

1. 选择"字体"选项卡。
2. 在"字体"下拉列表框中选择"宋体（正文）"选项。
3. 在"字形"列表框中选择"加粗"选项。
4. 在"字号"列表框中选择"12"选项。
5. 在"颜色"下拉列表框中选择"白色，背景1"选项。

STEP 05： 设置边框样式

1. 选择"边框"选项卡。
2. 在"样式"列表框中选择"单实线"选项。
3. 在"颜色"下拉列表框中选择"黑色，文字1，淡色50%"选项。
4. 单击"外边框"按钮 ，完成边框设置。

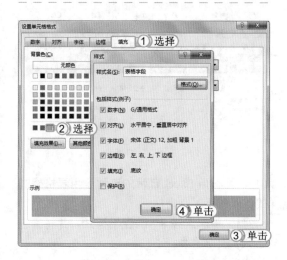

STEP 06： 设置填充样式

1. 选择"填充"选项卡。
2. 在"背景色"栏中选择如左图所示的填充色。
3. 单击 确定 按钮，返回"样式"对话框。
4. 单击 确定 按钮，完成设置。

> **提个醒**
>
> 自定义的单元格样式可根据用户的需要再进行编辑，如修改、删除等操作，同样预设的单元格样式也可根据需要进行修改。

STEP 07： 应用自定义的单元格样式

1. 返回工作表中，选择A2:F2单元格区域，单击【开始】/【样式】组中的"单元格样式"按钮 。
2. 在弹出的下拉列表框中选择"自定义"/"表格字段"选项。

> **提个醒**
>
> 自定义的单元格样式将在下拉列表框中的"自定义"栏中进行显示。若要应用该样式，只需选择该选项即可；若要修改该样式，可在其上单击鼠标右键，在弹出的快捷菜单中选择"修改"命令；若需删除该样式，则选择"删除"命令。

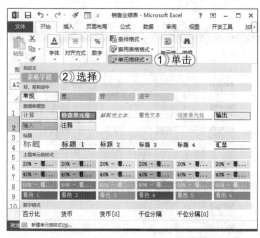

62
Hours

52
Hours

42
Hours

32
Hours

22
Hours

12
Hours

STEP 08: 快速应用单元格样式

1. 选择 D3:F10 单元格区域，单击【开始】/【样式】组中的"单元格样式"按钮 。
2. 在弹出的下拉列表中选择"数据和模型"/"计算"选项。
3. 再选择 A3:C10 单元格区域，在下拉列表中选择"主题单元格样式"/"20%- 着色 3"选项。
4. 完成后查看其效果即可。

提个醒 在已应用单元格样式的单元格中再次应用其他样式，会对样式的效果进行叠加。

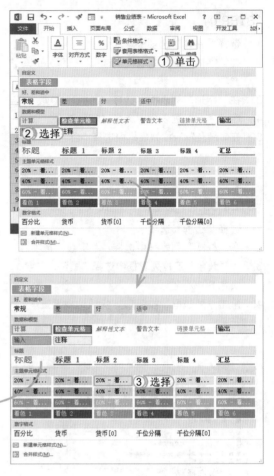

3.1.5 定义并应用表格样式

既提高工作效率，又使制作出的表格美观、大方，可利用 Excel 自带的自动套用表格格式功能。同时，还可根据需要在 Excel 中新建表格样式，以备不时之需。

下面以在"销售报告 .xlsx"工作簿中新建一个名为"中等深线 8"的表格样式，并将其应用到表格中为例，讲解定义并应用表格样式的方法。其具体操作如下：

光盘文件
素材 \ 第 3 章 \ 销售报告 .xlsx
效果 \ 第 3 章 \ 销售报告 .xlsx
实例演示 \ 第 3 章 \ 定义并应用表格样式

STEP 01: 执行命令

打开"销售报告 .xlsx"工作簿，选择【开始】/【样式】组，单击"套用表格样式"按钮 。在弹出的下拉列表中选择"新建表格样式"选项。

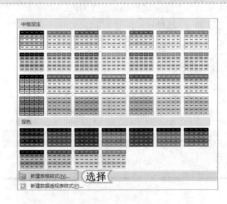

STEP 02： 设置表格样式的名称

1. 在"名称"文本框中输入表格样式的名称为"中等深线 8"。
2. 在"表元素"列表框中选择"第一行条纹"选项。
3. 单击 格式(F) 按钮。

提个醒

"表元素"列表框中显示了可供设置的元素,选择需要设置的选项后单击 格式(F) 按钮,即可进行对应设置。

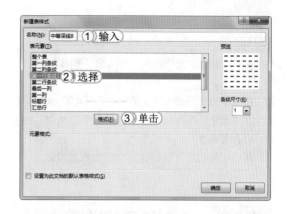

STEP 03： 设置第一行条纹的边框

1. 打开"设置单元格格式"对话框,选择"边框"选项卡。
2. 在"样式"列表框中选择————选项。
3. 在"颜色"下拉列表框中选择边框颜色为"白色,背景 1"。
4. 单击"外边框"按钮,完成边框的设置。

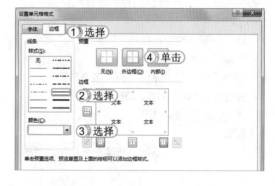

081

72☒
Hours

62
Hours

52
Hours

42
Hours

32
Hours

22
Hours

12
Hours

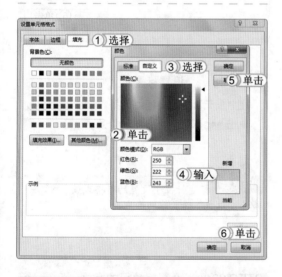

STEP 04： 设置第一行条纹的填充色

1. 选择"填充"选项卡。
2. 单击 其他颜色(M) 按钮,打开"颜色"对话框。
3. 选择"自定义"选项卡。
4. 在"红色"、"绿色"和"蓝色"数值框中分别输入 250、222、243。
5. 单击 确定 按钮,返回"设置单元格格式"对话框。
6. 单击 确定 按钮,返回"新建表样式"对话框。

STEP 05： 设置第二行条纹

1. 在"表元素"列表框中选择"第二行条纹"选项。
2. 单击 格式(F) 按钮,开始进行设置。

提个醒

条纹是指单元格区域,在"条纹尺寸"下拉列表框中可设置条纹的尺寸:为 1 时,条纹占据 1 行;为 2 时,占据 2 行,以此类推。

STEP 06： 设置第二行条纹的边框

1. 打开"设置单元格格式"对话框，选择"边框"选项卡。
2. 在"样式"列表框中选择————选项。
3. 在"颜色"下拉列表框中选择边框颜色为"白色，背景1"。
4. 单击"外边框"按钮囗，完成边框的设置。

STEP 07： 设置第二行条纹的填充色

1. 选择"填充"选项卡。
2. 单击其他颜色(M)...按钮，打开"颜色"对话框。
3. 选择"自定义"选项卡。
4. 在"红色"、"绿色"和"蓝色"数值框中分别输入246、176、236。
5. 单击 确定 按钮，返回"设置单元格格式"对话框。
6. 单击 确定 按钮，返回"新建表样式"对话框。

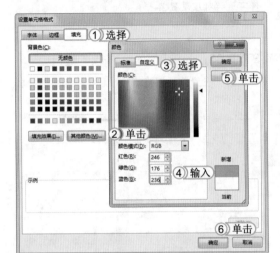

STEP 08： 设置标题行

1. 在"表元素"列表框中选择"标题行"选项。
2. 单击 格式(F) 按钮，开始进行设置。

提个醒
标题行位于设置的行格式最上方，一般用于设置表格字段的格式。

STEP 09： 设置标题行的字体

1. 打开"设置单元格格式"对话框，选择"字体"选项卡。
2. 在"字形"列表框中选择"加粗"选项。
3. 在"颜色"下拉列表框中选择"白色，背景1"选项。

提个醒
灰色的选项表示不能进行格式设置，只能通过手动修改。

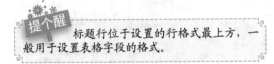

STEP 10： 设置标题行的边框样式

1. 选择"边框"选项卡。
2. 在"样式"列表框中选择————选项。
3. 在"颜色"下拉列表框中选择边框颜色为"白色，背景 1"。
4. 依次单击"外边框"按钮□和"内部"按钮□，完成边框的设置。

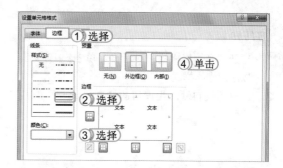

STEP 11： 设置标题行的填充色

1. 选择"填充"选项卡。
2. 单击 其他颜色(M) 按钮，打开"颜色"对话框。
3. 选择"自定义"选项卡。
4. 在"红色"、"绿色"和"蓝色"数值框中分别输入 243、125、226。
5. 单击 确定 按钮，返回"设置单元格格式"对话框。
6. 单击 确定 按钮，完成设置。

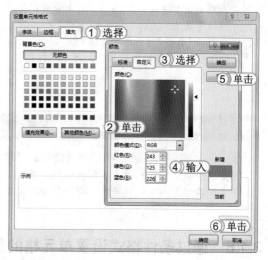

STEP 12： 确认设置

返回"新建表样式"对话框，单击 确定 按钮，完成表格样式的设置。

> **提个醒**
> 在"新建表样式"对话框中的"预览"栏中可查看设置后的效果。如果不满意，可选择需要修改的表元素，再次单击 格式(F) 按钮进行设置。

STEP 13： 选择自定义的表格样式

1. 返回工作表中，选择需要应用表格样式的单元格区域，这里选择 A2:F12 单元格区域。
2. 单击【开始】/【样式】组中的"套用表格格式"按钮 。
3. 在弹出的下拉列表中选择"自定义"/"中等深线 8"选项。

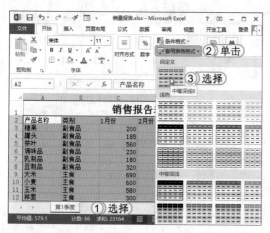

62
Hours

52
Hours

42
Hours

32
Hours

22
Hours

12
Hours

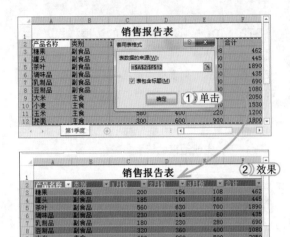

STEP 14： 应用并查看效果

1. 打开"套用表格式"对话框，单击 确定 按钮以应用表格样式。
2. 此时系统自动应用设置的样式，其效果如右图所示。

> **提个醒**
>
> 应用表格样式后，Excel 会自动为标题行应用筛选效果，此时表格字段上有一个下拉按钮。选择【数据】/【排序和筛选】组，单击"筛选"按钮即可取消筛选效果，此时下拉按钮将自动消失。

■ 经验一箩筐——清除表格样式

若不需要表格中的格式，可选择【开始】/【编辑】组中的"清除"按钮来实现。其操作方法为：首先选择需清除格式的单元格或单元格区域，然后选择【开始】/【编辑】组，单击"清除"按钮，在弹出的下拉列表中选择"清除格式"选项即可。

3.1.6 通过条件格式设置单元格的显示

在 Excel 中应用条件格式可以让符合特定条件的单元格中的数据以醒目的方式突出显示，便于更好地对工作表中的数据进行分析。条件格式包括多种类型，分别是突出显示单元格规则、项目选取规则、数据条、色阶和图标集。下面分别进行介绍。

1. 突出显示单元格规则

突出显示单元格规则是指规定单元格中的数据在满足某一预先设定的条件时，该单元格中的数据将以设定好的格式突出显示出来。

在"销售报告 1.xlsx"工作簿中，设置每月份销售额小于 150 的数据以斜体、红色字体显示，合计值大于 1500 的数据以黄色底纹显示。其具体操作如下：

光盘文件
素材 \ 第 3 章 \ 销售报告 1.xlsx
效果 \ 第 3 章 \ 销售报告 1.xlsx
实例演示 \ 第 3 章 \ 突出显示单元格规则

STEP 01： 选择条件

1. 打开"销售报告 1.xlsx"工作簿，选择 C3:E12 单元格区域。
2. 单击【开始】/【样式】组中的"条件格式"按钮。
3. 在弹出的下拉列表中选择"突出显示单元格规则"/"小于"选项。

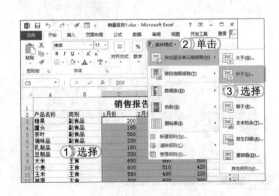

STEP 02：设置小于条件

1. 打开"小于"对话框，在"条件"数值框中输入数值 150。
2. 在"设置为"下拉列表框中选择"自定义格式"选项。

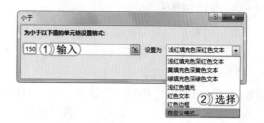

STEP 03：自定义条件格式

1. 打开"设置单元格格式"对话框，选择"字体"选项卡。
2. 在"字形"列表框中选择"倾斜"选项。
3. 在"颜色"下拉列表框中选择"标准"/"红色"选项。
4. 单击 确定 按钮返回"小于"对话框，再次单击 确定 按钮。

提个醒 当系统预设的格式不满足需要时，即可自定义条件格式。

085

72 图
Hours

62
Hours

52
Hours

42
Hours

32
Hours

22
Hours

12
Hours

STEP 04：设置大于条件

1. 返回工作表中，单击"条件格式"按钮，在弹出的下拉列表中选择"突出显示单元格规则"/"大于"选项。打开"大于"对话框，在数值框中输入大于条件为 1500。
2. 在"设置为"下拉列表框中选择"黄填充色深黄色文本"选项。
3. 单击 确定 按钮，完成设置。

STEP 05：查看效果

返回工作表中即可查看到 C3:F12 单元格区域内的数据，按照设置的条件格式进行显示。

提个醒 在"条件格式"/"突出显示单元格规则"选项的子列表中还有很多其他选项，其使用方法与本例中介绍的"小于"和"大于"完全相同，用户可根据需要选择相应的条件。如要设置在某个范围内显示数据，可选择"介于"选项。

2. 项目选取规则

项目选取规则是只对排名靠前或靠后的数值设置格式的一种方法，默认可设置前 10 项、前 10%、最后 10 项、最后 10%、高于平均值或低于平均值的数据格式，其方法与突出显示单元格规则相同，选择需要判断的单元格区域，单击【开始】/【样式】组中的"条件格式"按钮，在弹出的下拉列表中选择"项目选取规则"选项，在弹出的子列表中选择一种方式，在打开的对话框中设置条件即可。在设置条件时，用户还可根据需要对排名的数量进行设置。

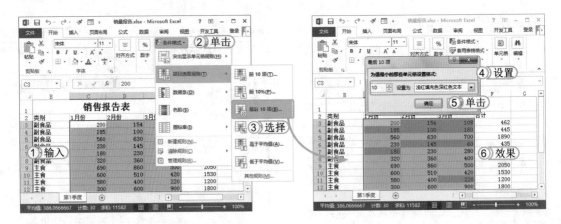

3. 数据条

数据条是基于单元格自身的值来设置所有单元格区域格式的一种方法。它能够自动判断需要设置格式的单元格区域中的数据，并按照当前单元格数值与最大值的比例进行填充。其方法为：选择需要判断的单元格区域，单击【开始】/【样式】组中的"条件格式"按钮，在弹出的下拉列表中选择"数据条"选项，在弹出的子列表中选择一种填充方式即可。如下图所示即为应用渐变填充与实心填充的效果。

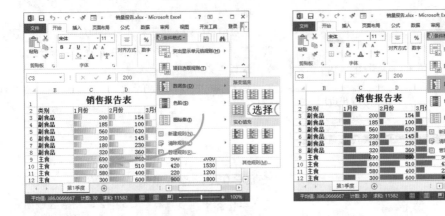

4. 色阶

色阶与数据条类似，也是基于单元格自身的值来设置所有单元格区域格式的一种方法。它与数据条不同的地方在于，它不是以比例的多少来显示数据，而是对不同阶段的数据显示不同的填充色。其方法为：选择需要判断的单元格区域，单击【开始】/【样式】组中的"条件格式"按钮，在弹出的下拉列表中选择"色阶"选项，在弹出的子列表中选择一种色阶方式即可。如下图所示即为选择不同色阶进行填充的效果。

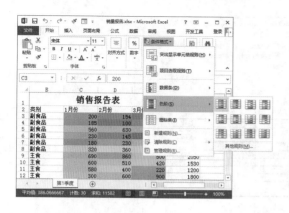

5. 图标集

图标集是基于单元格自身的值来设置所有单元格区域格式的一种方法，与数据条和色阶的不同之处在于，它通过当前单元格的值与所选单元格区域的整体数据进行对比，从而将值较小的数据以⬇图标显示，数据处于中间范围的以➡图标显示，高于某个值的数据以⬆图标显示。其应用方法与前面讲解的完全相同，这里不再赘述，如右图所示即为对数据应用图标集后的效果。

087

72⊠
Hours

62
Hours
▲

52
Hours
▲

42
Hours

32
Hours
▲

22
Hours
▲

12
Hours
▲

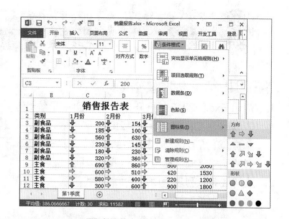

经验一箩筐——新建条件格式的规则

如果以上讲解的方法都不能满足用户对数据的显示需求，则可在"条件格式"的下拉列表中选择"新建规则"选项，此时将打开"新建格式规则"对话框，在其中可选择更多规则的类型，以定义数据的显示，如仅对唯一值和重复值设置格式、使用公式设置格式等。

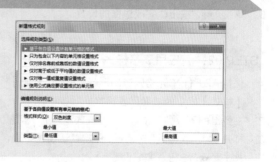

上机1小时 ▶ 美化珍奥集团销量统计表

🔍 巩固在单元格中添加边框的方法。

🔍 进一步掌握快速套用表格样式和单元格样式的方法。

🔍 熟练应用条件格式设置数据的方式。

本例将对"珍奥集团销量统计表.xlsx"进行美化操作，首先对表格添加边框，并应用表格样式和单元格样式，然后为表格中的数据设置条件格式，使其以数据条的方式进行显示，最终效果如下图所示。

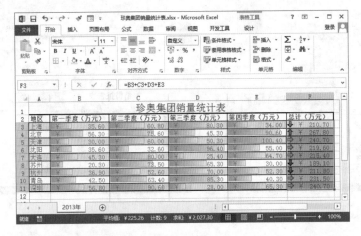

光盘文件

素材\第3章\珍奥集团销量统计表.xlsx
效果\第3章\珍奥集团销量统计表.xlsx
实例演示\第3章\美化珍奥集团销量统计表

STEP 01： 为单元格添加边框

1. 启动 Excel 2013，打开"珍奥集团销量统计表.xlsx"工作簿，选择 A2:F11 单元格区域。单击【开始】/【字体】组中的 按钮，打开"设置单元格格式"对话框，选择"边框"选项卡。
2. 在"线条"列表框中选择————选项。
3. 单击"内部"按钮 。
4. 在"线条"列表框中选择————选项。
5. 单击"外边框"按钮 。
6. 单击 确定 按钮，完成边框的设置。

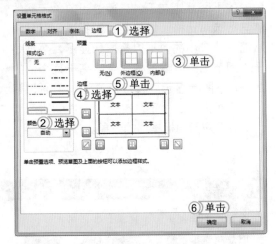

STEP 02： 应用表格样式

1. 保持 A2:F11 单元格区域的选择，单击【开始】/【样式】组中的"套用表格格式"按钮 。
2. 在弹出的下拉列表中选择"表样式浅色 7"选项。
3. 打开"套用表格式"对话框，保持默认设置不变，单击 确定 按钮，完成设置。

提个醒 单击"套用表格式"对话框中的 按钮，可返回工作表中重新选择需要应用样式的单元格区域。

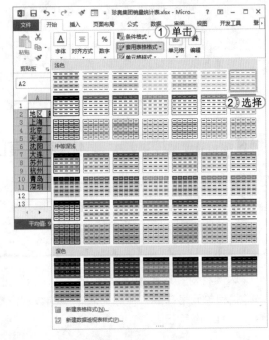

STEP 03： 取消下拉按钮

返回工作表中即可看到应用表格样式后的效果，然后选择【数据】/【排序和筛选】组，单击"筛选"按钮，取消应用表格样式后出现的下拉按钮。

读书笔记

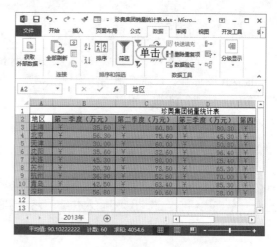

STEP 04： 应用单元格样式

1. 选择 A1 单元格，单击【开始】/【样式】组中的"单元格样式"按钮。
2. 在弹出的下拉列表中选择"标题"/"标题"选项。

089

72 ⊠
Hours

62
Hours

52
Hours

42
Hours

32
Hours

22
Hours

12
Hours

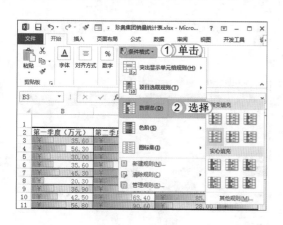

STEP 05： 添加数据条

1. 选择 B3:E11 单元格区域，单击【开始】/【样式】组中的"条件格式"按钮。
2. 在弹出的下拉列表中选择"数据条"/"橙色数据条"选项。

提个醒　在"条件格式"下拉列表中选择"管理规则"选项，可在打开的对话框中查看并编辑当前工作簿中已存在的规则。

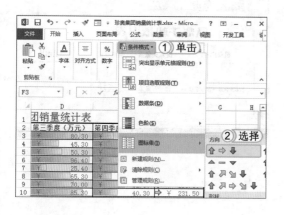

STEP 06： 应用图标集

1. 选择 F3:F11 单元格区域，单击【开始】/【样式】组中的"条件格式"按钮。
2. 在弹出的下拉列表中选择"图标集"/"三向箭头"选项。保存工作簿，完成表格的美化操作。

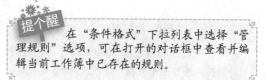

3.2 添加并设置表格对象

除了对表格的样式进行设置外,还能为表格添加其他内容,如图片、自选图形、艺术字或 SmartArt 图形等,使表格中的内容更加丰富,从而增加数据的表现力。下面对在 Excel 中添加对象的方法进行详细介绍。

学习1小时

🔍 熟练掌握插入并编辑电脑中已保存的图片和剪贴画的方法。

🔍 熟悉绘制自选图形和插入并编辑艺术字的方法。

🔍 灵活运用 SmartArt 图形的方法。

3.2.1 插入并设置图片对象

根据图片的来源不同,Excel 可以插入不同途径获取的图片,如插入来自电脑中的图片、联机图片等。下面分别对插入和编辑图片对象的方法进行介绍。

1. 插入并设置电脑中保存的图片

为使制作出的 Excel 表格给人一种赏心悦目的感觉,可以在表格中插入电脑中保存的图片。如果电脑中自带的图片不能满足要求,则可从网上下载更多好看、更加专业的图片。

下面以在"联想手机报价表 .xlsx"工作簿中插入产品图片并进行编辑为例,讲解插入并设置电脑中保存图片的方法。其具体操作如下:

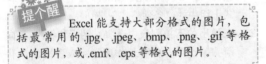

光盘文件
素材 \ 第 3 章 \ 联想手机报价表 .xlsx、手机图片 \
效果 \ 第 3 章 \ 联想手机报价表 .xlsx
实例演示 \ 第 3 章 \ 插入并设置电脑中保存的图片

STEP 01: 开始插入图片

1. 打开"联想手机报价表 .xlsx"工作簿,选择需要插入图片的单元格,这里选择 F3 单元格。

2. 选择【插入】/【插图】组,然后单击"图片"按钮🔲。

提个醒
Excel 能支持大部分格式的图片,包括最常用的 .jpg、.jpeg、.bmp、.png、.gif 等格式的图片,或 .emf、.eps 等格式的图片。

STEP 02： 选择需要插入的图片

1. 打开"插入图片"对话框，在上方的下拉列表框中选择图片所保存的位置。
2. 在中间列表框中选择需插入的图片，这里选择 K900.jpg 选项。
3. 单击 插入(S) 按钮，插入图片。

> **提个醒**　插入图片前，最好将需要的图片放置到同一个文件夹中，并分别为其命名，以便区分。

STEP 03： 调整图片大小

返回工作表中即可看到插入的图片，在图片上单击鼠标选择图片。将鼠标指针放在图片右下角上，当鼠标指针变为 形状时，按住 Shift 键不放并向上拖动鼠标，缩小图片，使其大小与单元格大小相符合。

> **提个醒**　按住 Shift 键可等比例缩放图片，否则图片容易变形。

	机身内存	摄像头像素	电池容量	商品图片	商品价格
	16GB ROM +2GB RAM	1300万像素	2500mAh		¥2,300
	RAM 2GB+ROM 16GB	1300万像素	2000mAh	拖动	¥2,400
	RAM 2GB+ROM 16GB	800万像素	3000mAh		¥1,999

联想手机报价表

STEP 04： 移动并复制图片

将鼠标指针放在图片上，当鼠标指针变为 形状时，按住鼠标不放，向右拖动图片，使其位置合适。然后再按住 Ctrl 键，向右拖动图片，复制一张图片，其效果如左图所示。

STEP 05： 应用图片效果

1. 选择第 2 张图片，选择【格式】/【图片样式】组，单击"图片效果"按钮 。
2. 在弹出的下拉列表中选择"三维旋转"选项。
3. 在弹出的子列表中选择"透视"/"极左极大透视图"选项。

> **提个醒**　插入图片后，系统将自动显示出"格式"选项卡，在其中可以对图片的格式进行设置，包括设置图片样式、图片大小、图片排列和调整其效果等。

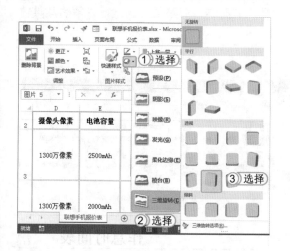

STEP 06： 插入第 2 个商品的图片

1. 使用相同的方法插入 VIBE X.jpg 图片，单击【格式】/【大小】组中的"裁剪"按钮。

2. 将鼠标指针放在裁剪框上，拖动鼠标裁剪图片，完成后单击表格空白处即可。

提个醒 在【格式】/【大小】组中的"高度"和"宽度"数值框中可以直接输入图片的大小。

STEP 07： 应用快速样式

裁剪图片后，在【格式】/【快速样式】组中的下拉列表框中选择"映像圆角矩形"选项，为图片应用样式。

STEP 08： 插入其他图片

使用相同的方法，插入 S930.jpg 图片，调整其大小和位置，并进行复制，完成选择第一张 S930.jpg 图片。单击【格式】/【图片样式】组中的"图片效果"按钮，在弹出的下拉列表中选择"三维旋转"/"三维旋转"/"向右对比透视"选项。完成后的效果如左图所示。

2. 插入并设置联机图片

在 Excel 中还可以直接插入网络中的图片，包括 Office 剪贴画和必应图片。其插入方法十分简单，下面以在"作息时间表 .xlsx"工作簿中插入"时钟"剪贴画为例进行讲解。其具体操作如下：

光盘文件

素材 \ 第 3 章 \ 作息时间表 .xlsx
效果 \ 第 3 章 \ 作息时间表 .xlsx
实例演示 \ 第 3 章 \ 插入并设置联机图片

STEP 01： 准备插入联机图片

打开"作息时间表 .xlsx"工作簿，选择【插入】/【插图】组，单击"联机图片"按钮，打开"插入图片"对话框。

STEP 02： 搜索主题图片

在"Office.com 剪贴画免版税的照片和插图"栏所对应的文本框中输入需要搜索的剪贴画关键字，这里输入"时钟"，按 Enter 键进行搜索。

提个醒
"必应 Bing 图像搜索（搜索 Web）"栏主要搜索图片，而"Office.com"剪贴画则主要搜索剪贴画。

STEP 03： 插入搜索的剪贴画

系统自动进行搜索，并显示出搜索的结果。在其中选择需要插入的剪贴画，单击 插入 按钮进行插入。

提个醒
插入联机图片后，也可以对图片进行编辑，其编辑方法与电脑中图片的编辑方法完全相同。

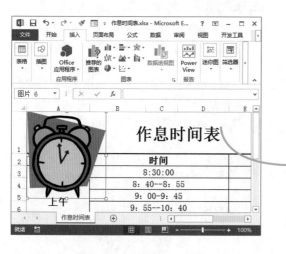

STEP 04： 编辑图片

使用与编辑电脑中的图片相同的方法，将剪贴画适当缩小，拖动到 A9 单元格内，完成后的效果如下图所示。

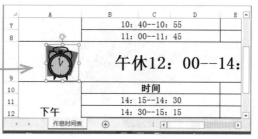

3.2.2 绘制并调整自选图形

　　Excel 中自带的自选图形种类相当丰富，包括线条、矩形、基本形状、箭头以及公式形状等，其中一些还可以输入文字，通过绘制并调整自选图形可以为工作表添加更漂亮的标志。

　　下面将在"联想手机报价表 1.xlsx"工作簿中绘制一个图形，在其中添加文字并对其进行编辑，以美化自选图形的格式。其具体操作如下：

光盘文件
素材 \ 第 3 章 \ 联想手机报价表 1.xlsx
效果 \ 第 3 章 \ 联想手机报价表 1.xlsx
实例演示 \ 第 3 章 \ 绘制并调整自选图形

093

72
Hours

62
Hours

52
Hours

42
Hours

32
Hours

22
Hours

12
Hours

STEP 01： 选择需添加的自选图形样式

1. 打开"联想手机报价表 1.xlsx"工作簿，然后选择【插入】/【插图】组，单击"形状"按钮。
2. 在弹出的下拉列表中选择"星与旗帜"/"爆炸形 1"选项。

提个醒 单击"形状"按钮后，在弹出的下拉列表中包含了多种形状样式，选择对应栏中的选项可绘制不同的形状，如"线条"栏中可绘制直线、斜线、箭头，"矩形"栏中可绘制各种矩形，"基本形状"栏中可绘制各种图形。

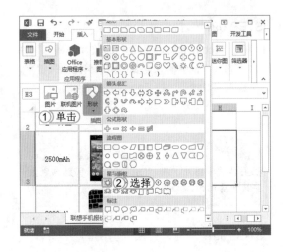

STEP 02： 绘制自选图形

当鼠标指针变为+形状时，按住鼠标左键不放，拖动至目标位置后释放鼠标。

提个醒 按 Esc 键可退出绘制状态。

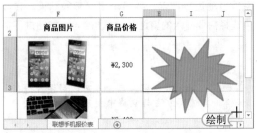

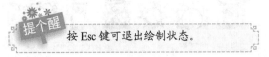

STEP 03： 添加文字

1. 此时自动激活"格式"选项卡，选择【格式】/【插入形状】组，单击"格式"按钮右侧的按钮。
2. 在弹出的下拉列表中选择"横排文本框"选项，此时鼠标指针变为↓形状。
3. 单击自选图形并输入需添加的文本。

提个醒 在自选图形上单击鼠标右键，在弹出的快捷菜单中选择"编辑文字"命令，也可定位鼠标指针到图形中输入文字。

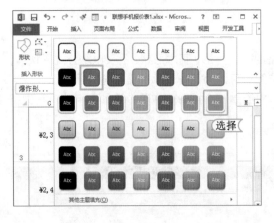

STEP 04： 更改自选图形样式

选择【格式】/【形状样式】组，单击"样式"列表框右下角的按钮，在弹出的下拉列表中选择"浅色 1 轮廓，彩色填充 - 橙色，强调颜色 6"选项。

提个醒 首次绘制的自选图形格式为 Excel 默认的，用户可根据当前工作表的外观来决定应用的样式，以符合需要。

STEP 05: 设置文本样式

选择【开始】/【字体】组，设置字体的字号为 16，单击"加粗"按钮 B 加粗字体。

> **提个醒** 用户也可直接在【格式】/【艺术字样式】组中设置自选图形中的字体为艺术字，其方法与编辑艺术字的方法完全相同，将在下一小节中讲解。

STEP 06: 调整自选图形大小

选择【格式】/【大小】组，分别在"高度"数值框和"宽度"数值框中输入 7.41 和 11.38，完成所有设置后按 Enter 键即可。

> **提个醒** 除了采用输入数值的方法来调整自选图形大小外，还可手动调整。其方法为：选择需调整的图形，将鼠标指针移至图形中的控制点上，按住鼠标左键不放进行拖动即可，其操作方法与调整图形大小相同。

3.2.3　插入并美化艺术字

合理利用 Excel 自带的艺术字，可以使表格更具个性化。在 Excel 中插入艺术字的方法与插入其他图形对象的方法类似，在插入所需艺术字后也可对其进行修改与美化。

下面将在"作息时间表1.xlsx"工作簿中插入艺术字作为标题，并对其样式进行设置。其具体操作如下：

> **光盘文件**
> 素材 \ 第 3 章 \ 作息时间表 1.xlsx
> 效果 \ 第 3 章 \ 作息时间表 1.xlsx
> 实例演示 \ 第 3 章 \ 插入并美化艺术字

STEP 01: 选择需插入的艺术字样式

1. 打开"作息时间表1.xlsx"工作簿，然后选择【插入】/【文本】组，单击"艺术字"按钮 A。
2. 在弹出的下拉列表中选择"填充 - 水绿色，着色 1，轮廓 - 背景 1，清晰阴影 - 着色 1"选项。

> **提个醒** 插入艺术字时可先选择一种效果，待输入文字后，再对艺术字的样式进行调整。

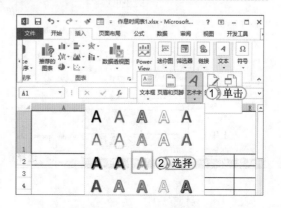

095

72 ☒
Hours

62
Hours

52
Hours

42
Hours

32
Hours

22
Hours

12
Hours

STEP 02： 输入艺术字内容并调整位置

自动激活"格式"选项卡，并在工作表中显示"请
在此放置您的文字"文本框，在其中输入需插入
的艺术字内容。然后将鼠标指针放在艺术字上，
当鼠标指针变为形状时，按住鼠标不放，向上进
行拖动，将艺术字放置在表格最上方。

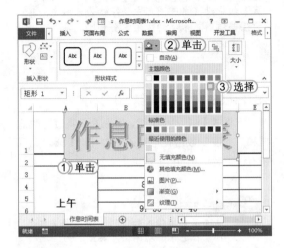

STEP 03： 设置艺术字的填充效果

1. 单击艺术字文本框的边框。
2. 选择【格式】/【形状样式】组，单击"形状 填充"
   按钮。
3. 在弹出的下拉列表中选择"水绿色，着色 5，
   淡色 80%"选项。

> 提个醒 形状样式主要对包含艺术字的文本框
> 进行设置，若要对文本进行设置，可在"艺术
> 字样式"组中设置。

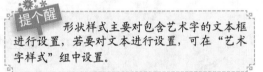

STEP 04： 修改艺术字的文字格式

将鼠标指针定位在艺术字中，拖动鼠标选择所有
的文字，此时将显示浮动工具栏，在其中可设置
艺术字的文字格式，这里将字号修改为 44。

> 提个醒 若艺术字中的文本存在错误，可将鼠
> 标指针定位在其中，按照修改普通文本的方法
> 进行修改。

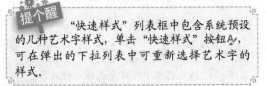

STEP 05： 设置艺术字的文本效果

1. 选择【格式】/【艺术字样式】组，单击
   文本效果 按钮。
2. 在弹出的下拉列表中选择"转换"选项。
3. 在弹出的子列表中选择"腰鼓"选项。

> 提个醒 "快速样式"列表框中包含系统预设
> 的几种艺术字样式，单击"快速样式"按钮，
> 可在弹出的下拉列表中可重新选择艺术字的
> 样式。

STEP 06： 查看效果

返回工作表中即可查看到应用并修改艺术字样式后的效果。

提个醒 在【格式】/【大小】组中也可对艺术字的大小进行更改。

3.2.4 应用并编辑 SmartArt 图形

SmartArt 图形是以图形的方式来表达表格中的数据，可以使数据更加容易理解。Excel 中的 SmartArt 图形类型分为列表、流程、循环、层次结构及关系等多种，在工作表中不仅可以插入 SmartArt 图形，还可以对所插入图形的布局、样式以及颜色等进行设置。

下面将插入一个关系型 SmartArt 图形，并对其格式进行设置。其具体操作如下：

光盘文件　效果 \ 第 3 章 \SmartArt 图形

实例演示 \ 第 3 章 \ 应用并编辑 SmartArt 图形

STEP 01： 选择需插入的图形

1. 在新建的空白工作簿中选择【插入】【插图】组，单击 SmartArt 按钮。打开"选择 SmartArt 图形"对话框，选择"关系"选项卡。
2. 在中间列表框中选择"射线循环"选项。
3. 单击 确定 按钮。

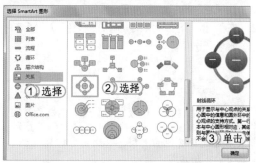

STEP 02： 输入文本内容

自动激活"设计"和"格式"两个选项卡，然后在插入的 SmartArt 图形中输入所需文本。

提个醒 在"设计"选项卡中可以创建图形、更改图形布局及重置图形等；在"格式"选项卡中则可对文本样式、形状样式以及大小等进行设置。

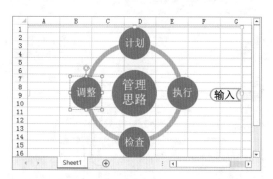

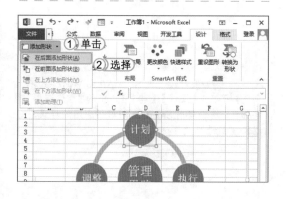

STEP 03： 为 SmartArt 图形添加形状

1. 选择【设计】/【创建图形】组，单击"添加形状"按钮右侧的▾按钮。
2. 在弹出的下拉列表中选择"在后面添加形状"选项。

62 Hours
52 Hours
42 Hours
32 Hours
22 Hours
12 Hours

STEP 04： 输入文本

1. 系统自动在所选的图形后添加一个形状，然后单击【设计】/【创建图形】组中的 文本窗格 按钮。

2. 打开"在此处键入文字"窗格，在当前鼠标指针闪烁的位置输入需要添加的文本"准备"。

3. 单击窗格右上角的 ✕ 按钮，退出文本编辑状态。

提个醒　　在 SmartArt 图形中需要修改文本的形状上单击鼠标右键，在弹出的快捷菜单中选择"文字编辑"命令可切换到修改文字状态。

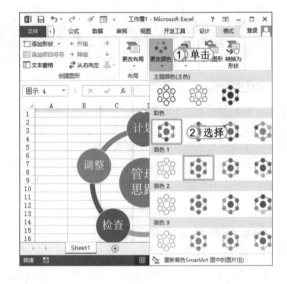

STEP 05： 更改 SmartArt 图形的颜色

1. 选择【设计】/【SmartArt 样式】组，单击"更改颜色"按钮 下的下拉按钮。

2. 在弹出的下拉列表中选择"彩色"/"彩色-着色"选项。

提个醒　　在【设计】/【布局】组中单击"更改布局"按钮 下的下拉按钮，在弹出的下拉列表中可选择其他的类型，以改变当前 SmartArt 图形的布局方式。

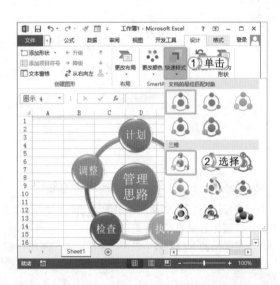

STEP 06： 改变 SmartArt 图形的样式

1. 选择【设计】/【SmartArt 样式】组，单击"快速样式"按钮 下的下拉按钮。

2. 在弹出的下拉列表中选择"三维"/"优雅"选项。

提个醒　　如果对设置的 SmartArt 图形的样式不满意，可单击【设计】/【重置】组中的"重设图形"按钮 ，清除当前 SmartArt 图形所应用的样式，以便重新进行设置。

STEP 07: 设置形状填充颜色

1. 选择【格式】/【形状样式】组，单击"形状填充"按钮右侧的下拉按钮。
2. 在弹出的下拉列表中选择"金色，着色 4，淡色 40%"选项。完成后返回工作表中查看 SmartArt 图形的效果，并对其进行保存。

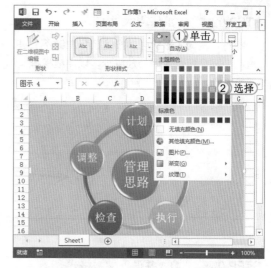

读书笔记

▌ 经验一箩筐——设置图形中文本的级别

在"在此处键入文字"窗格中会显示当前 SmartArt 图形中的所有文字，并且相同级别的文字其缩进相同。如果要设置下级文本，可在当前文本后按 Enter 键进行换行，然后按 Tab 键降低文本级别；若要对文本级别进行提升，则可按 Shift+Tab 组合键。

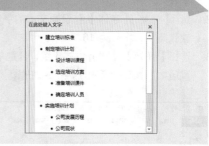

3.2.5 插入并编辑文本框

文本框也是 Excel 中较为重要的对象之一，它不仅可以输入文字，还能通过对其样式进行设置，使其效果类似于图形，创建出具有个人特色的效果。也可以通过多个文本框的组合，制作符合实际需要的流程图。文本框分为横排文本框和竖排文本框，其创建方法与编辑方法完全一致。下面以通过文本框绘制一个等级制度分布图为例进行讲解。其具体操作如下：

光盘文件	效果 \ 第 3 章 \ 等级制度分布图 .xlsx
	实例演示 \ 第 3 章 \ 插入并编辑文本框

STEP 01: 选择横排文本框

1. 新建一个空白工作簿，选择【插入】/【文本】组，单击"文本框"按钮下的下拉按钮。
2. 在弹出的下拉列表中选择"横排文本框"选项。

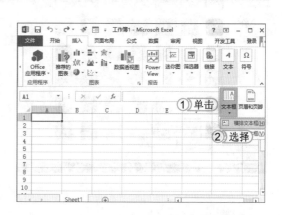

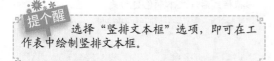

提个醒 选择"竖排文本框"选项，即可在工作表中绘制竖排文本框。

STEP 02： 绘制横排文本框

当鼠标指针变为＋形状时，按住鼠标左键不放进行拖动，至目标位置后释放鼠标，以完成横排文本框的绘制。

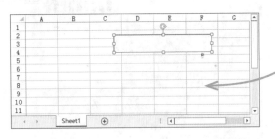

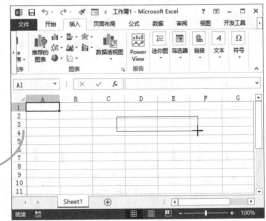

STEP 03： 输入并设置文本格式

1. 将鼠标指针定位在文本框中，输入文本"董事长"。
2. 选择【开始】/【字体】组，设置文本的字体为"微软雅黑"，字号为 16。
3. 选择【开始】/【对齐方式】组，分别单击"垂直居中"按钮▤和"居中"按钮▤。

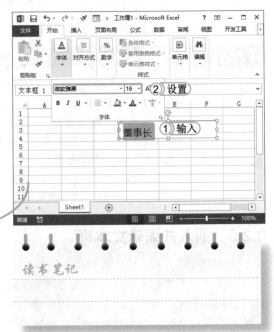

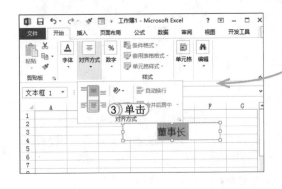

读书笔记

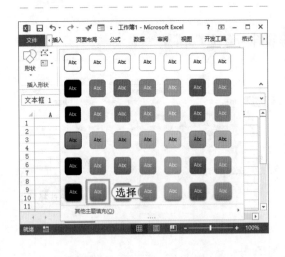

STEP 04： 设置文本框的形状样式

选择【格式】/【形状样式】组，在其中的下拉列表框中选择"强烈效果，蓝色，强调颜色 1"选项。

提个醒 应用形状样式后，系统自动将所选择样式中包含的文本、填充色等应用到文本框中，因此，应用"强烈效果，蓝色，强调颜色 1"形状样式后，文本颜色自动变为白色。

STEP 05： 设置文本框的形状效果

1. 选择【设计】/【形状样式】组，单击"形状效果"按钮●后的下拉按钮。
2. 在弹出的下拉列表中选择"棱台"选项。
3. 在弹出的子列表中选择"棱台"/"圆"选项。

提个醒 应用"棱台"形状效果后，文本框将变立体。

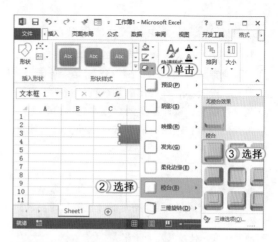

STEP 06： 复制并修改文本框

完成文本框的设置后，选择该文本框，按住 **Ctrl** 键不放向下拖动鼠标，复制文本框，然后修改其中的文本。复制多个文本框，将其放置到需要的位置并修改其中的文本。

提个醒 移动文本框位置时，按住Shift键不放，可使文本框在水平或垂直方向上不发生偏移。

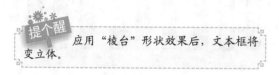

STEP 07： 绘制垂直文本框

1. 选择【插入】/【文本】组，单击"文本框"按钮下的下拉按钮，在弹出的下拉列表中选择"垂直文本框"选项。
2. 当鼠标指针变为+形状时，按住鼠标左键不放进行拖动，至目标位置后释放鼠标，以完成垂直文本框的绘制。

STEP 08： 编辑垂直文本框

在垂直文本框中输入文本，然后设置文本的字体为"微软雅黑"，字号为14，对齐方式为居中。完成后选择垂直文本框，在【格式】/【形状样式】组中为其应用"强烈效果，橙色，强调颜色2"选项；在【格式】/【形状样式】组中单击"形状效果"按钮●下的下拉按钮，在弹出的下拉列表中为其应用"棱台"/"圆"选项。完成后垂直文本框的效果如左图所示。

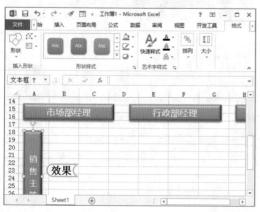

101

72⊠
Hours

62
Hours

52
Hours

42
Hours

32
Hours

22
Hours

12
Hours

STEP 09: 复制并修改文本框颜色

复制垂直文本框，并修改其中的文本，完成后根
据实际需要，在【格式】/【形状样式】组中单击"形
状填充"按钮，在弹出的列表框中选择不同的
颜色进行填充，以对不同的级别进行区分，完成
后再通过绘制自选图形的方法绘制箭头，其效果
如右图所示。

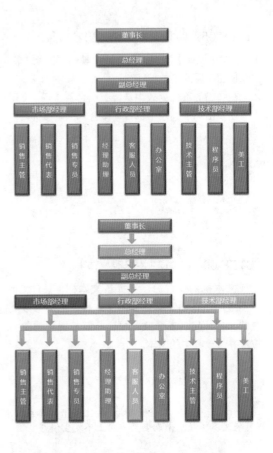

提个醒 完成绘制后，可选择【视图】/【显示】
组，取消选中□网格线复选框，以隐藏工作表中
的网格线，使效果更为清晰。

102

72 图
Hours

读书笔记

经验一箩筐——插入屏幕截图

根据需要，用户也可以将当其屏幕中的内容以图片的形式插入到 Excel 中，其方法很简单，只
要在【插入】/【插图】组中单击"屏幕截图"按钮下方的下拉按钮，在弹出的下拉列表中直
接选择"可用视窗"栏中的屏幕进行插入或选择"屏幕剪辑"选项，切换到当前屏幕进行截图，
完成后自动插入到 Excel 中。

上机 1 小时 ▷ **制作婚庆流程表**

🔍 巩固插入工作表背景的方法。

🔍 巩固插入并编辑 SmartArt 图形的方法。

🔍 巩固插入并编辑联机图片的方法。

🔍 巩固输入艺术字的方法。

🔍 巩固调整图形排列顺序的方法。

光盘文件
素材＼第 3 章＼婚庆背景 .jpg
效果＼第 3 章＼婚庆流程表 .xlsx
实例演示＼第 3 章＼制作婚庆流程表

本例将新建"婚庆流程表 .xlsx"工作簿，先在其中插入背景图片，然后插入 SmartArt 图形，
在其中输入文字并插入图片，并对 SmartArt 图形的格式进行编辑，使其变得美观。完成后再
插入联机图片，对其大小、方向进行调整，使其分布在流程图四周，最后再插入艺术字作为流
程图的标题，完成后的最终效果如下图所示。

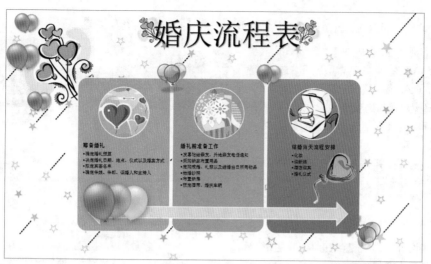

STEP 01： 准备添加工作表背景

新建一个名为"婚庆流程表 .xlsx"的工作簿，选择【视图】/【显示】组，取消选中☐网格线复选框，使工作表中的网格线隐藏，然后选择【页面布局】/【页面设置】组，单击"背景"按钮☒，准备插入背景图片。

STEP 02： 选择背景图片

1. 打开"插入图片"对话框，在其中单击"来自文件"栏中的"浏览"选项。
2. 打开"工作表背景"对话框，选择背景图片所在的文件夹位置，选择"婚庆背景 .jpg"背景图片。
3. 单击 插入(S) 按钮进行插入。

STEP 03： 查看效果

返回工作表中即可查看插入背景后的效果。

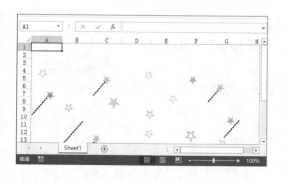

提个醒 为了不遮挡表格中的内容，背景图片可尽量挑选简单、明了、颜色淡雅的图片。插入背景图片后，"背景"按钮☒变为"删除背景"按钮☒；若不满意，单击该按钮删除后重新插入即可。

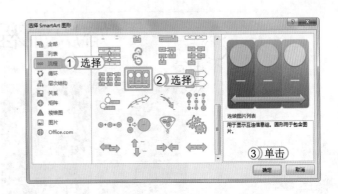

STEP 04： 插入 SmartArt 图形

1. 选择【插入】/【插图】组，单击 "SmartArt 图形" 按钮，打开 "选择 SmartArt 图形" 对话框，在其中选择 "流程" 选项卡。
2. 在中间的列表框中选择 "连续图片列表" 选项。
3. 单击 确定 按钮，插入已选择的 SmartArt 图形。

STEP 05： 输入文字

1. 激活 "设计" 选项卡，在 "创建图形" 组中单击 "文本窗格" 按钮，打开 "在此处键入文字" 窗格。
2. 在窗格中输入流程表的内容，主要包括 "筹备婚礼"、"婚礼前准备工作"、"婚礼当天流程安排" 3部分。
3. 完成后单击⊠按钮，关闭窗格。

> **提个醒**　　单击 SmartArt 图形左侧的 按钮，也可打开 "在此处键入文本" 窗格。

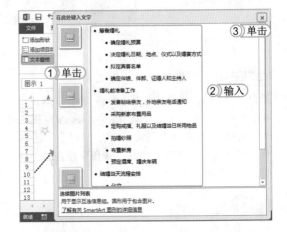

STEP 06： 准备插入图片

返回工作表中，即可看到在 SmartArt 图形中输入文字后的效果，然后单击 SmartArt 图形中的 "插入图片" 按钮。

> **提个醒**　　若 SmartArt 图形中可以插入图片，则在 "在此处键入文本" 窗格中也会显示出 "插入图片" 按钮。单击窗格中的 按钮，也能进行图片的插入操作。

STEP 07： 搜索图片

打开 "插入图片" 对话框，在 "Office.com 剪贴画免版税的照片和插图" 栏中输入搜索的关键字为 "情侣"，按 **Enter** 键进行搜索。

STEP 08： 选择需要插入的剪贴画

1. 在打开的对话框中显示出搜索的结果，选择需要插入的剪贴画。
2. 单击 [插入] 按钮进行插入。

读书笔记

STEP 09： 插入其他剪贴画

返回工作表中查看插入剪贴画后的效果，然后使用相同的方法，搜索关键字为"花束"和"戒指"的剪贴画，插入如右图所示效果的剪贴画，以完成 SmartArt 图形内容的编辑。

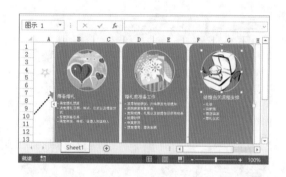

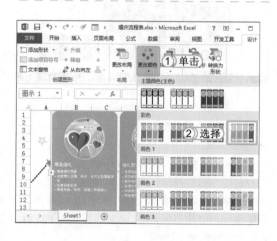

STEP 10： 调整 SmartArt 图形的配色方案

1. 选择 SmartArt 图形，在【设计】/【SmartArt 样式】组中的单击"更改颜色"按钮 ❖ 下方的下拉按钮。
2. 在弹出的下拉列表中选择"彩色"/"彩色范围-着色 4 至 5"选项。

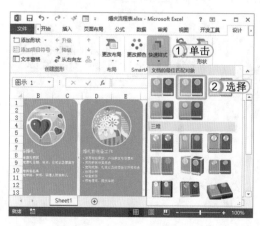

STEP 11： 更改 SmartArt 图形的样式

1. 保持 SmartArt 图形的选择状态，单击"快速样式"按钮 🔲。
2. 在弹出的下拉列表中选择"白色轮廓"选项。

读书笔记

STEP 12： 更改图形的形状填充颜色

选择 SmartArt 图形中的第 3 个形状，选择【格式】/【形状样式】组，在其中的下拉列表中选择"中等效果 - 蓝色，强调颜色 1"选项，此时形状的填充色变为蓝色。

提个醒 更改形状的填充色是为了使 SmartArt 图形的颜色更加协调，效果更加美观。用户也可以根据喜好选择配色方案，再进行调整。

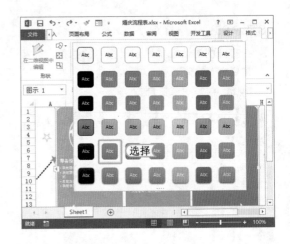

STEP 13： 设置文本颜色

1. 选择【格式】/【艺术字样式】组，单击"文字填充"按钮▲。
2. 在弹出的下拉列表中选择"自动"选项，设置文字的颜色为黑色。

提个醒 将文字的颜色设置为黑色是因为图形的颜色太亮，如果搭配白色的文字，文字内容不易查看。

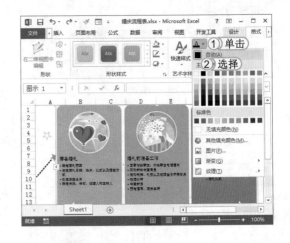

STEP 14： 调整大小和位置

完成格式的设置后，选择 SmartArt 图形，在【格式】/【大小艺术字样式】组中的"高度"和"宽度"数值框中分别输入"9.66 厘米"和"18.15 厘米"，调整 SmartArt 图形的大小。然后再将其向下拖动，完成后的效果如左图所示。

提个醒 当 SmartArt 图形变大后，图形中的文字字号会自动适应 SmartArt 图形的大小，因此，可看到文字变大，更容易查看。

读书笔记

STEP 15： 准备插入联机图片

1. 选择【插入】/【插图】组，单击"联机图片"按钮。
2. 打开"插入图片"对话框，在"Office.com剪贴画免版税的照片和插图"栏中的文本框中输入"气球"，按 Enter 键开始进行搜索。

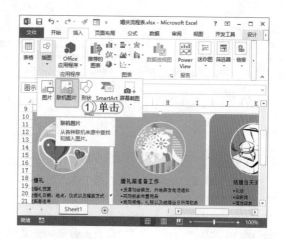

STEP 16： 选择需要插入的图片

1. 搜索完成后，选择一张需要插入的图片，并按住 Ctrl 键不放，选择其他的图片。
2. 单击 插入 按钮，完成图片的选择。

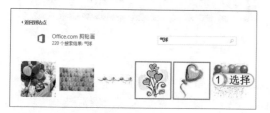

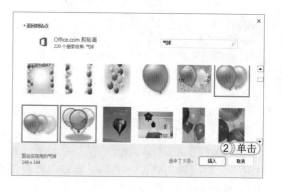

107

72图
Hours

62
Hours

52
Hours

42
Hours

32
Hours

22
Hours

12
Hours

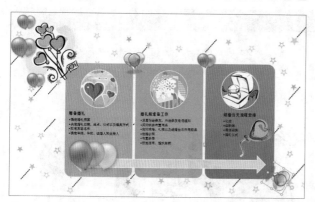

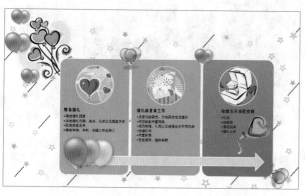

STEP 17： 调整图片大小和位置

此时将下载并自动插入选择的所有图片，将图片拖动到适当的位置，然后将鼠标指针放置在图片右上角的控制点上，按住 Shift 键不放并拖动鼠标调整图片的大小；将鼠标指针放在图片顶部的图标上，当鼠标指针变为形状时，拖动鼠标调整图片的方向；再将图片拖动到适当的位置，其效果如左图所示。

STEP 18： 调整图片的叠放顺序

选择放置在 SmartArt 图形左上角和右下角的两张图片，单击鼠标右键，在弹出的快捷菜单中选择【置于底层】/【下移一层】命令，此时图片位于 SmartArt 图形的下方，其效果如左图所示。

STEP 19： 插入艺术字

1. 选择【插入】/【文字】组，单击 艺术字 按钮。
2. 在弹出的下拉列表中选择"填充 - 黑色，文本1，阴影"选项。

STEP 20： 输入文字并复制图片

在"请在此放置您的文本"文本框中输入艺术字内容"婚庆流程表"，调整艺术字的位置和大小。选择 SmartArt 图形左上角的图片，按住 Ctrl 键不放将其拖动到艺术字的两边，并对右侧的图片进行镜像操作，完成后的效果如右图所示。

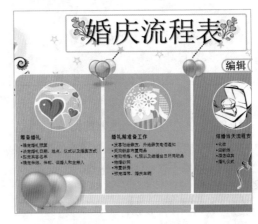

> **提个醒** 用户也可通过按 Ctrl+C 组合键进行复制，按 Ctrl+V 组合键进行粘贴的方法来复制并移动图片。

3.3 练习 1 小时

本章主要对表格和单元格的样式设置、对象的添加和编辑等内容进行了介绍，合理利用这些知识，可以将表格设计得更为美观，并易于查看。下面以制作网点分布表为例，进一步巩固这些知识的使用方法。

制作网点分布表

本例将制作"网点分布表 .xlsx"工作簿，先在表格中输入数据，设置单元格的合并，再为单元格应用样式，添加边框，然后根据表格内容插入图形类的 SmartArt 流程图，使表格内容更加清晰，完成后的效果如下图所示。

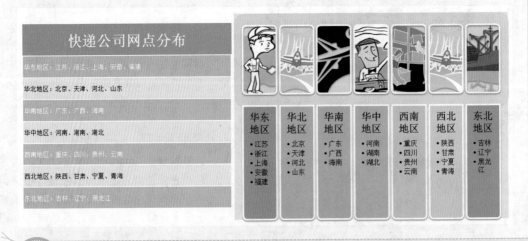

光盘
文件

效果 \ 第 3 章 \ 网点分布表 .xlsx

实例演示 \ 第 3 章 \ 制作网点分布表

表格
72 HOURS

数据的基本运算

第 **4** 章

学习 **2** 小时

- 公式与单元格引用
- 函数的基本用法

与日常生活中的数学运算类似，在 Excel 中，用户也可以通过公式来进行数据的简单运算（如加、减、乘、除），它主要通过单元格的引用与运算符号来实现。对于一些较为复杂的计算，则可以通过函数来进行，它是 Excel 内置的一些数据运算方法，如求和函数 SUM、求平均值函数 AVERAGE、条件判断函数 IF 等，通过这些函数可以使数据的计算变得更加简单和自动化。

上机 **4** 小时

4.1 公式与单元格引用

公式是对工作表中的数据进行计算和操作的等式，与一般的数学运算有所不同，它以 "=" 开头。在工作表中可以通过公式进行计算，减少手动操作，提高工作的效率。下面对公式的使用和单元格引用进行介绍。

学习1小时 ▶ - - - - - - -

🔍 熟练掌握公式的输入与编辑，以及复制公式的操作方法。

🔍 掌握单元格的引用方法。

🔍 了解通过定义单元格名称进行引用的方法。

4.1.1 公式的输入与编辑

利用 Excel 的公式可以对输入的数据进行精确、高速的运算处理。在 Excel 中，输入公式与输入文本十分相似，不同的是公式是以输入 "=" 开头，完成公式输入后，有时需要对公式进行编辑，如修改公式等。输入和编辑公式的方法分别介绍如下。

🔑 **输入公式**：选择需输入公式的单元格，单击编辑栏，将鼠标指针定位于编辑栏中，输入 "=" 和公式内容，再单击编辑栏中的 "输入" 按钮✔确认输入。

🔑 **编辑公式**：选择需修改公式的单元格，将鼠标指针定位到编辑栏中，使用修改文本的方法对公式进行修改。完成修改后单击 "输入" 按钮✔即可。

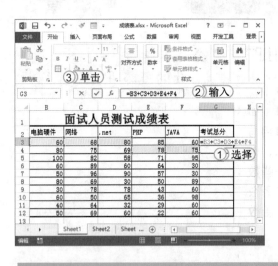

▌ 经验一箩筐——使用鼠标单击输入公式

除了直接在目标单元格中输入需要进行计算的公式外，还可单击需要进行运算的单元格，再输入运算符号的方法进行输入。

4.1.2 复制与显示公式

输入公式后，会显示出其计算结果，如果要查看公式，可将鼠标指针定位在单元格中，也可直接设置公式的显示。另外，用户也可对公式进行复制，使其操作更加简单，下面分别进行介绍。

1. 复制公式

前面介绍的知识只是在一个单元格中输入与编辑公式，如果要计算其他单元格中的数据，就要重新输入计算公式，这样进行计算很麻烦，此时就可以使用复制公式的方法来对其他单元格进行计算。复制公式的方法与复制数据方法相似，选择要复制公式的单元格，然后将鼠标指针移至该单元格右下角，当其变为+形状时，按住鼠标左键不放进行拖动，以框选需复制公式的单元格或单元格区域，最后释放鼠标，即可使该单元格或单元格区域中含有相同的计算公式。

111

72☑
Hours

62
Hours

52
Hours

42
Hours

32
Hours

22
Hours

12
Hours

2. 在单元格中直接显示公式

在单元格中输入完公式后单击编辑栏中的"输入"按钮✔或是直接按 Enter 键，公式计算结果显示在当前单元格中，而公式本身则只会显示在编辑栏中。为方便检查公式的正确性，可通过设置将单元格中的公式显示出来，其方法为：在当前工作表中选择【公式】/【公式审核】组，单击 显示公式 按钮，此时可见该工作表中含有公式的单元格都显示出了公式。

4.1.3 删除公式

为删除单元格中不需要的公式，而保留该单元格中的数据，可先选择需删除公式的单元格，按 Ctrl+C 组合键执行复制操作，然后选择【开始】/【剪贴板】组，单击"粘贴"按钮 下方的下拉按钮，在弹出的下拉列表的"粘贴数值"栏中选择"值"选项，即可将单元格中的公式删除，而保留该单元格中的数据。

4.1.4 相对、绝对与混合引用

公式的实质就是引用单元格进行计算，因此，要熟练掌握公式的使用方法，还需要掌握单元格引用的方法。在 Excel 中，单元格引用可以分为相对引用、绝对引用和混合引用，下面分别进行介绍。

1. 相对引用

相对引用包含了当前单元格与公式所在单元格的相对位置。Excel 2013 在默认情况下使用的都是相对引用，在相对引用中，被引用单元格的位置与公式所在单元格的位置相关联，当公式所在单元格的位置改变时，其引用的单元格的位置也会相应发生变化，如 G3 单元格中的公式为 =B3+C3+D3+E3+F3，若将 G3 单元格的公式复制到 G7 单元格中，则公式内容将自动更改为 =B7+C7+D7+E7+F7。相对引用是 Excel 中使用最为广泛的引用方式。

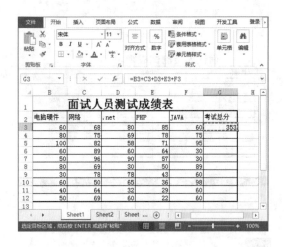

2. 绝对引用

绝对引用与相对引用相反，无论公式所在单元格的位置如何改变，其公式内容是不会发生改变的。绝对引用的方法为：选择需进行绝对引用单元格编辑栏中的公式内容，按 F4 键将公式转换为绝对引用，然后按 Enter 键按照复制公式的方法将其引用到目标单元格中即可，如 G3 单元格中的公式为 =B3+C3+D3+E3+F3，选择公式内容后按 F4 键，即可将公式转变为 =$B$3+$C$3+$D$3+$E$3+$F$3，然后再按 Enter 键，此时若将 G3 单元格的公式复制到 G7 单元格中，则公式内容同样为 =$B$3+$C$3+$D$3+$E$3+$F$3。

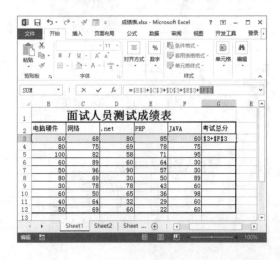
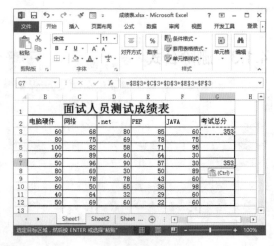

3. 混合引用

混合引用是指公式中部分单元格地址为相对引用，部分单元格地址为绝对引用。如果公式所在单元格的位置改变，则公式中相对引用部分也会随之改变，而绝对引用部分保持不变，如 G3 单元格中的公式为 =B$3+$C3+D3+E3+F3，若将 G3 单元格的公式复制到 G7 单元格中，则公式内容将更改为 =B$3+$C7+D7+E7+F7。

4.1.5 引用不同工作表或工作簿的数据

在公式中引用工作表之外的数据分为引用同一工作簿中其他工作表中的单元格和引用其他工作簿中的单元格两种情况，下面分别介绍其引用方法。

🔑 **引用同一工作簿中的单元格**：如果要对两个或多个工作表中相同单元格或单元格区域中的数据进行计算，此时可使用三维引用。其方法为：在公式输入状态下，单击第一个工作表标签，按住 Shift 键，再单击最后一个工作表标签，并选择单元格区域，完成公式输入后按 Enter 键即可。一般格式为：工作表名称!单元格地址，如 =SUM(一季度 : 四季度 !G3) 计算一季度到四季度中所有单元格中值的和。

🔑 **引用不同工作簿中的单元格**：引用其他工作簿中单元格的操作方法与引用同一工作簿中单元格的操作方法类似，只是输入格式有所不同。一般格式为：' 工作簿存储地址 [工作簿名称] 工作表名称 '! 单元格地址，如 =SUM('G:\[社保和公积金扣款 .xlsx]Sheet1'!C3:F3) 表示计算 G 盘根目录下文件名称为 "社保和公积金扣款 .xlsx" 工作簿中 Sheet1 工作表 C3:F3 单元格区域中值的和。

113

72图
Hours

62
Hours

52
Hours

42
Hours

32
Hours

22
Hours

12
Hours

4.1.6 定义单元格名称进行引用

在一些含有大量数据的大型表格中，涉及的单元格数量非常多时，可以将其中的单元格或单元格区域进行命名，从而使表格的结构更加清晰。需要在其他表格中引用这些数据时，就可以直接通过引用定义的名称来进行操作，大大提高了手动操作效率。在进行单元格名称的引用前，需要先对单元格名称进行定义。

下面以在"员工当月信息表.xlsx"工作簿中定义单元格名称并在其他工作表中进行引用为例，讲解其定义和引用的方法。其具体操作如下：

光盘文件
素材\第4章\员工当月信息表.xlsx
效果\第4章\员工当月信息表.xlsx
实例演示\第4章\定义单元格名称进行引用

STEP 01: 定义"代号"单元格名称

1. 打开"员工当月信息表.xlsx"工作簿，选择需要定义名称的单元格或单元格区域，这里选择A3:B20单元格区域。
2. 在名称栏中输入需要定义的名称为"代号"，按Enter键确认操作。

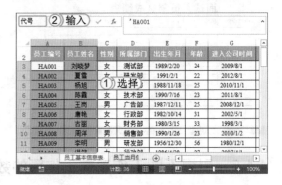

STEP 02: 选择"定义名称"命令

1. 选择I3:I20单元格区域。
2. 选择【公式】/【定义的名称】组，单击"定义名称"按钮后的下拉按钮。
3. 在弹出的下拉列表中选择"定义名称"选项。

提个醒 通过【公式】/【定义的名称】组定义名称，可以对名称所作用的位置（包括工作表、工作簿）进行设置，以使引用数据时更为方便。直接输入名称进行定义，默认作用于工作簿。

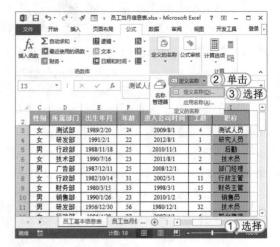

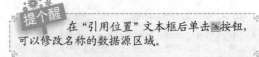

STEP 03: 设置名称

1. 打开"新建名称"对话框，在"名称"文本框中输入定义的名称为"职称"。
2. 在"范围"下拉列表框中选择"工作簿"选项，作为其作用范围。
3. 单击按钮，完成设置。

提个醒 在"引用位置"文本框后单击按钮，可以修改名称的数据源区域。

STEP 04： 通过直接输入引用名称

1. 在工作表标签上单击"员工当月信息表"选项，切换到"员工当月信息表"工作表。

2. 选择需要引用单元格名称的区域，这里选择A3:B20 单元格区域。

3. 在编辑栏中输入引用的公式"= 代号"，按Ctrl+Enter 组合键进行引用。

提个醒 在单元格中输入已定义的名称后，Excel 将自动进行提示，并将其显示在编辑栏下方。

STEP 05： 应用名称到公式

1. 选择 C3:C20 单元格区域。

2. 单击【公式】/【定义的名称】组中的"用于公式"按钮 后的下拉按钮。

3. 在弹出的下拉列表中选择"职称"选项。

4. 此时 Excel 自动把公式填充到单元格中，按Ctrl+Enter 组合键得到引用的结果。然后按实际需要输入其他数据，完成表格的制作。

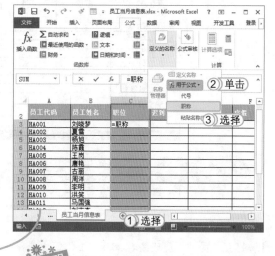

提个醒 若选择的区域为某个单元格，可直接按 Enter 键进行引用，按 Ctrl+Enter 组合键是为了同时对所选择的单元格区域进行计算。

▌经验一箩筐——追踪与检查单元格公式

单元格追踪器是一种分析数据流向、纠正错误的重要工具，可用来分析公式中用到的数据来源：主要包括追踪引用单元格与从属单元格；检查公式则可检查公式中的错误。其方法分别介绍如下。

🔑 **追踪引用单元格：** 它反映该单元格引用了哪些单元格，即哪些单元格的值有可能会影响公式单元格的结果。其方法为：选择含有公式的单元格，选择【公式】/【公式审核】组，单击 追踪引用单元格 按钮，此时在当前工作表中将以箭头的方式显示所引用的单元格。

🔑 **追踪从属单元格：** 它反映该单元格被哪些单元格引用，也就是说该单元格值的变化有可能引起哪些单元格的值相应发生变化。其方法为：选择需标识为从属单元格的单元格，选择【公式】/【公式审核】组，单击 追踪从属单元格 按钮，即可在工作表中查看从属于哪些单元格。

🔑 **检查公式：** 在【公式】/【公式审核】组中单击 错误检查 按钮。若单元格中有错误公式则会打开"错误检查"对话框，在其中显示错误公式所在的位置以及出现错误的原因，根据需要单击对话框中相应的按钮来对错误公式进行修改。

115

72图
Hours

62
Hours

52
Hours

42
Hours

32
Hours

22
Hours

12
Hours

上机1小时 ▶ 制作面试人员成绩表

🔍 巩固输入公式并显示单元格中公式的操作方法。

🔍 灵活运用追踪引用或从属单元格功能。

　　本例将在"面试人员成绩表.xlsx"工作簿中输入公式，计算第一位面试人员的成绩，然后使用复制公式的方法计算出其他面试人员的成绩。最后练习显示公式、追踪公式的方法，以使用户能够掌握公式的基本操作，如下图所示即为完成后的效果。

面试成绩表

姓名　　科目	理论	上机	印象分	综合素质	总成绩
张军华	65	50	5	60	180
王婷婷	78	64	6	57	205
李啸	60	86	7	81	234
张健	50	55	9	62	176
汪秋月	60	70	4	55	189
陈强	55	75	6	46	182
王小州	87	62	9	63	221
欧阳	63	60	8	40	171
总成绩平均分			194.75		

Sheet1 ⊕　　　　100%

光盘
文件
素材\第4章\面试人员成绩表.xlsx
效果\第4章\面试人员成绩表.xlsx
实例演示\第4章\制作面试人员成绩表

STEP 01： 输入公式

1. 打开"面试人员成绩表.xlsx"工作簿，选择Sheet1工作表中的 **F3** 单元格。

2. 单击编辑栏，将鼠标指针定位到编辑栏中并输入 =。

3. 单击 **B3** 单元格，在编辑栏中输入该单元格。

4. 按键盘上的 **+** 键，输入运算符号，然后再使用相同的方法，输入公式 **C3+D3+E3**。

5. 单击编辑栏中的"输入"按钮 ☑，确认输入。

STEP 02： 复制公式

1. 选择 **F3** 单元格。

2. 将鼠标指针移至 **F3** 单元格右下角，当其变为 **+** 形状时，按住鼠标左键拖动至 **F10** 单元格时释放鼠标。

STEP 03： 检查错误公式

1. 在 B11 单元格中输入公式 =F3:F10/8，按 Enter 键得到其结果，此时结果显示错误。
2. 选择【公式】/【公式审核】组，单击 错误检查 按钮，打开"错误检查"对话框。
3. 单击 在编辑栏中编辑(F) 按钮，在编辑栏中进行编辑。

提个醒
选择【公式】/【公式审核】组，单击 错误检查 按钮右侧的下拉按钮，还可在弹出的下拉列表中选择"追踪错误"选项，以对公式中的错误进行追踪查看。

STEP 04： 修改公式

1. 鼠标指针自动定位到编辑栏中，在编辑栏或单元格中输入正确的公式。
2. 单击该对话框中的 继续(E) 按钮。
3. 在打开的提示对话框中单击 确定 按钮。
4. 此时，Excel 将自动计算出修改公式后的结果。

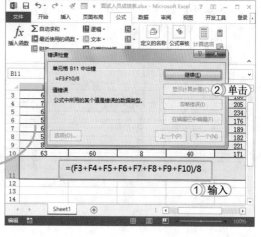

STEP 05： 显示公式

选择【公式】/【公式审核】组，单击 显示公式 按钮，该工作表中含有公式的单元格都显示出公式。

STEP 06： 追踪引用单元格

选择 F5 单元格，选择【公式】/【公式审核】组，
单击 追踪引用单元格 按钮，追踪其引用的单元格。

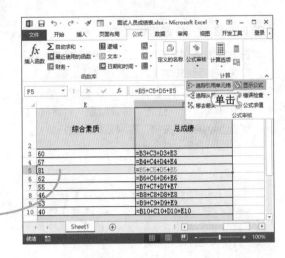

STEP 07： 追踪从属单元格

选择 F3 单元格，选择【公式】/【公式审核】组，
单击 追踪从属单元格 按钮，追踪其从属单元格。

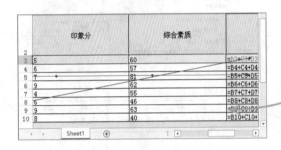

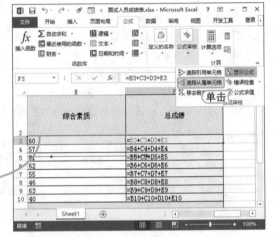

STEP 08： 取消显示公式

为了更直观地查看所引用单元格，可选择【公式】/
【公式审核】组，单击 显示公式 按钮，将显示在单
元格中的公式取消。

提个醒　选择【公式】/【公式审核】组，单击
移去箭头 按钮，可将执行追踪单元格操作后显示
的箭头删除。

读书笔记

经验一箩筐——常用的运算符号

从公式的输入与编辑可以看出，在 Excel 中使用公式进行计算时需要输入运算符号，其中常见的运算符包括算术运算符、比较运算符、文本运算符和引用运算符等。下面分别对其进行介绍。

🔑 **算术运算符**：+、-、×、÷ 等运算符号是最常用、最基本的运算符号，可用于完成基本的数学运算。

🔑 **比较运算符**：用于比较不同数据的大小，其产生的运算结果为 TRUE 和 FALSE 逻辑值。TURE 表示"真"；FLASE 表示"假"。常见的比较运算符有=（等于）、<（小于）、>（大于）、>=（大于等于）、<=（小于等于）和<>（不等于）等。

🔑 **文本运算符**：文本运算符用于连接多个文本，将其组合为一个文本，常见的文本运算符为&，如文本"液晶"&"显示器"计算的结果为"液晶显示器"。

🔑 **引用运算符**：引用运算符通常用于单元格引用，可对单元格区域进行合并运算。常用的引用运算符有冒号（:）、逗号（,）和空格等：冒号用于引用单元格区域，如 A1:H7；逗号用于将多个引用合并为一个引用，如 SUM(A1:A7,K6:K12)；空格用于计算同时属于两个引用单元格的区域。

4.2 函数的基本用法

在 Excel 中，除了利用公式进行简单的加、减、乘以及除运算外，还可通过函数轻松地完成各种复杂数据的处理工作，如 SUMIF 函数可计算满足条件的单元格的和。下面对函数的基本使用方法和常用函数进行介绍。

学习 1 小时

🔍 掌握函数的输入与编辑方法。　🔍 掌握函数的插入方法。
🔍 熟悉求和函数与嵌套函数的使用方法。　🔍 熟悉并掌握常见函数的使用方法。
🔍 熟悉常见错误值的含义与解决方法。

4.2.1 函数的语法和结构

函数是 Excel 中一些预定好的公式，可以通过一些参数的数值按特定的顺序或结构执行计算操作。其参数可以是数字、文本、单元格引用或者其他的公式、函数等。在描述函数时有一个语法规则，其函数的语法结构为："=函数名(参数1,参数2,…)"，需注意的是，使用函数时必须加上括号。

函数名　参数
=SUM(G3:G20)
等号　括号

函数的参数可以是常量、TRUE 或 FALSE 的逻辑值、数组、错误值、单元格引用或嵌套函数等，指定的参数都必须为有效参数值。其分别介绍如下。

🔑 **常量**：常量是指不进行计算，并且不会改变的值，如数字、文本。

62 Hours
52 Hours
42 Hours
32 Hours
22 Hours
12 Hours

🔑 **逻辑值**：用于判断数据真假的值，即 TRUE（真值）或 FALSE（假值）。

🔑 **数组**：用于建立可生成多个结果或可对在行和列中排列的一组参数进行计算的单个公式。

🔑 **错误值**：如"#A/C"、"空值"等。

🔑 **单元格引用**：用来表示单元格在工作表中所处位置的坐标集。

🔑 **嵌套函数**：指将函数作为另一个函数的参数使用。

4.2.2 Excel 中的各种函数类型

函数按照功能，可以分为财务函数、逻辑函数、文本函数、日期和时间函数、查找与引用函数、数学和三角函数以及其他函数等 7 种类型。下面分别介绍各参数的含义及各分类函数的作用。

🔑 **文本函数**：用来处理公式中的文本字符串，如 TEXT 函数可将数字转换为文本。

🔑 **财务函数**：用来进行有关财务方面的计算，如 DB 函数可返回固定资产的折旧值。

🔑 **逻辑函数**：用来测试是否满足某个条件，并判断逻辑值。其中，IF 函数使用得最为广泛。

🔑 **日期和时间函数**：用来分析或操作公式中与日期和时间有关的值，如 DAY 函数可返回一个月中第几天的数值，介于 1~31 之间。

🔑 **查找与引用函数**：用于快速查找特定的值，如 VLOOKUP 函数可查找特定区域中某个条件的值。

🔑 **数学和三角函数**：用来进行数学和三角方面的计算，如 ABS 函数返回给定数值的绝对值。

🔑 **其他函数**：除了以上几种常用的函数类型外，Excel 中还有一些较为特殊的函数，包括统计、工程、多维数据集、信息、兼容性和 Web 函数等。

4.2.3 插入与编辑函数

利用函数计算单元格中的数据时，若对所使用的函数比较熟悉，可直接在编辑栏中输入该函数。输入与编辑函数的方法和输入与编辑公式的方法完全相同，选择单元格，在编辑栏中输入"="，然后依次输入函数名及其参数，最后按 Enter 键即可。另外，用户也可通过 Excel 提供的"插入函数"对话框来插入任意函数。

下面以在"品牌服装销量表.xlsx"工作簿中插入 SUM 函数计算出销售总量为例，讲解通过"插入函数"对话框插入函数的方法。其具体操作如下：

光盘文件	素材 \ 第 4 章 \ 品牌服装销量表.xlsx
	效果 \ 第 4 章 \ 品牌服装销量表.xlsx
	实例演示 \ 第 4 章 \ 插入与编辑函数

STEP 01： 选择需要插入的函数

1. 打开"品牌服装销售表.**xlsx**"工作簿，选择需要插入函数的单元格，这里选择 C9 单元格。单击【公式】/【函数库】组中的"插入函数"按钮 *fx*。

2. 打开"插入函数"对话框，在"选择函数"列表框中选择需要插入的函数，这里选择 SUM 选项。

3. 单击 **确定** 按钮，完成选择操作。

STEP 02： 设置参数

打开"函数参数"对话框，在其中显示 Excel 默认的参数范围，查看其是否符合需要，如不符合，则单击 Number1 文本框右侧的 按钮，重新选择函数的参数。

提个醒 每个函数的参数数各不相同，因此，"函数参数"对话框中的选项也不尽相同，只要熟悉函数即可。

STEP 03： 重新选择参数范围

1. 返回 Excel 工作表中，且"函数参数"对话框缩小，使用鼠标重新选择函数的参数，这里选择 D3:D8 单元格区域。
2. 单击"函数参数"对话框右侧的 按钮，确认选择。

读书笔记

STEP 04： 完成函数的编辑

"函数参数"对话框恢复原状，且可以在其中查看重新选择后的参数，单击 按钮，完成设置。

提个醒 "函数参数"对话框中的参数并不是每一个都需要设置，这需要根据函数的特点来确定。

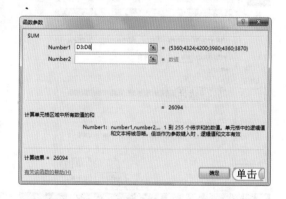

STEP 05： 查看计算结果

返回 Excel 工作表中，系统自动在单元格中显示出计算的结果。

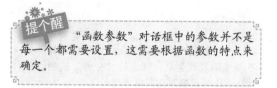

读书笔记

121
72⊠ Hours
62 Hours
52 Hours
42 Hours
32 Hours
22 Hours
12 Hours

4.2.4 嵌套函数

嵌套函数是函数使用时最常见的一种操作，它是指某个函数或公式以函数参数的形式参与计算的情况。

下面将在"学生成绩表 .xlsx"工作簿中插入并嵌套 IF 函数，以计算出学生成绩的等级。其具体操作如下：

光盘文件
素材 \ 第 4 章 \ 学生成绩表 .xlsx
效果 \ 第 4 章 \ 学生成绩表 .xlsx
实例演示 \ 第 4 章 \ 嵌套函数

STEP 01： 准备插入函数

1. 打开"学生成绩表 .xlsx"工作簿，选择 H3 单元格。
2. 选择【公式】/【函数库】组，单击"插入函数"按钮 f_x。

提个醒 单击编辑栏中的"插入函数"按钮 f_x，同样可以打开"插入函数"对话框，以进行函数的插入操作。

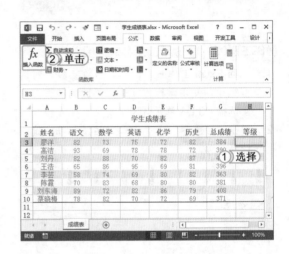

STEP 02： 选择需要插入的函数

1. 打开"插入函数"对话框，在"或选择类别"下拉列表框中选择"逻辑"选项。
2. 在"选择函数"列表框中选择 IF 选项。
3. 单击 确定 按钮。

提个醒 若明确知道函数位于哪种类别中，可在"或选择类别"下拉列表框中进行选择；若不知道函数的类别，可选择"全部"选项，然后在"选择函数"列表框中进行选择。

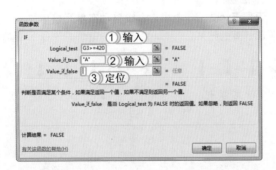

STEP 03： 输入函数参数

1. 在 Logical_test 文本框中输入参数 G3>=420。
2. 在 Value_if_true 文本框中输入参数 "A"。
3. 将鼠标指针定位在 Value_if_false 文本框中。

STEP 04： 选择需要插入的嵌套函数

返回工作表中，在名称框右侧单击下拉按钮，在弹出的下拉列表中选择需要插入的嵌套函数，这里仍然选择 IF 函数。

STEP 05： 输入函数参数

1. 再次打开"函数参数"对话框，在 Logical_test 文本框中输入参数 G3>=350。
2. 在 Value_if_true 文本框中输入参数 "B"。
3. 在 Value_if_false 文本框中输入参数 "C"。
4. 单击 **确定** 按钮完成函数的嵌套。

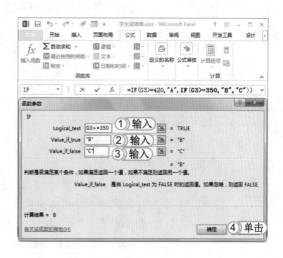

提个醒
　　插入嵌套函数与插入函数的操作类似，用户只需在需要插入嵌套函数的参数位置重新插入函数即可。并且插入的函数将同步显示在编辑栏中。

STEP 06： 查看效果

返回工作表中即可查看到嵌套函数后的计算结果。使用拖动控制柄的方法，填充剩余单元格中的公式，以计算出学生的等级。

提个醒
　　该公式表示的含义是：当学生总成绩大于等于 420 时，等级为 A；在 350~420 的范围内为 B；小于 350 则为 C。

4.2.5　数组的含义与使用

数组（其英文名称为 array）是具有某种关系的数据元素的集合，这些数据元素可以是数值、文本、日期、逻辑和错误值等，可以将其作为一个整体来进行处理。下面对数组的含义与使用进行详细的讲解。

1. 数组的分类

数组中的数据元素是以行和列的形式组织起来的，这些行、列所构成的范围可以称为矩阵。在 Excel 中，根据构成元素的不同，可以把数组分为常量数组和单元格区域数组。下面分别进行如下介绍。

🔑 **常量数组**：常量数组可以同时包含多种数据类型。它用 {} 将构成数组的常量括起来，行中的元素用逗号"，"分隔，行之间用分号"；"分隔。数组常量不能包含其他数组、公式或函数，也不能包含百分号、货币符号、逗号或圆括号，如 {2,3,A3:C6} 或 {2,3,SUM(A3:C6)} 的数组是不正确的。

123

72図
Hours

62
Hours

52
Hours

42
Hours

32
Hours

22
Hours

12
Hours

🔑 **单元格区域数组**：是通过对一组连续的单元格区域进行引用而得到的数组，如 {A2:D8} 的数组公式就表示一个 6 行 4 列的单元格区域数组。

问题小贴士

问：什么是数组公式？

答：数组公式是相对于普通公式而言的，它与普通公式的区别在于，普通公式（如 =SUM(G3:G6) 或 =G3+G4+G5+G6）只占用一个单元格，只返回一个结果；数组公式可以占用一个单元格，也可以占用多个单元格。它对一组数或多组数进行多重计算，并返回一个或多个结果。用一种通俗的理解方法就是：普通公式只能一次执行一个命令，并返回一个结果；数组能够一次执行一个命令，返回多个结果。

---

2. 数组的维数

数组作为数据的组织形式本身可以是多维的，而在 Excel 中最多会进行一维或二维数组的运用。一维和二维数组的含义分别介绍如下。

🔑 **一维数组**：一维数组可以理解为一行或一列单元格数据的集合，如 A1:G1 或 A1:A6，如 {1,2,3,4,5,6} 的数组就表示一个有 6 个元素的一维数组（也可以理解为只有一行的数组），数组中的各个元素用逗号","分隔。如 {1;2;3;4;5;6} 的数组就表示一个有 6 个元素的一维数组（也可以理解为只有一列的数组），数组中的各个元素用分号";"分隔。

🔑 **二维数组**：二维数组可以理解为一个多行多列的单元格数据的集合，也可以理解为多个一维数组的组合，如单元格区域 A1:E3 就是一个 3 行 5 列的二维数组。可以将其看成是 A1:E1、A2:E2 与 A3:E3 这 3 个一维数组的组合。二维数组中的元素按先行后列的顺序进行排列，相同的行元素之间用逗号","分隔；不同的行则用分号";"分隔，如 {A1,B1,C1;A2,B2,C2;A3,B3,C3} 就表示一个二维数组，也可以表示为 {A1:C3}。

3. 数组公式的输入

在 Excel 中输入数组公式与普通公式的不同之处在于，输入公式需要按 Ctrl+Shift+Enter 组合键来输入。按下这 3 个键时，Excel 会自动为公式加上 {}，以便和普通的公式进行区分。输入和使用数组公式时需要注意以下问题：

🔑 {} 不能由用户输入，而必须通过 Ctrl+Shift+Enter 组合键进行自动添加，否则 Excel 将会把用户输入的内容识别为文本。

🔑 多单元格数组公式需选择多个单元格进行输入，并且若需要对包含多个单元格的数组公式进行编辑或修改，需要将其全部选择后再进行修改。

4. 数组公式的计算方法

数组可以包含多行、多列，其计算方法与一般的公式并不相同。数组中的计算主要分为相同行列间的运算、数组与单一数据的运算、单列数组与单行数组的运算、行/列相同的单列/单行数组与多行多列数组的计算、行数和列数不相等的数组计算。下面分别进行详细介绍。

（1）相同行列间的运算

相同行列的数组公式进行计算，其行、列会自动一一对应（即一行一列、下一行下一列的形式），返回同样大小的数组，如数组1×数组2就是一个多单元格的数组公式，第一个数组的第一个元素与第二个数组的第一个元素相乘，结果作为数组公式结果的第一个元素，然后第一个数组的第二个元素与第二个数组的第二个元素相乘，结果作为数组公式结果的第二个元素，以此类推。同样，若数组1+数组2则表示对应元素的和作为数组的结果；数组1—数组2则表示对应元素的差作为数组的结果。如下图所示即为一个相同行、列的二维数组之间相加的结果。

（2）数组与单一数据的运算

数组与单一的数据进行运算是将数组中的每一个元素都与那个单一的数据进行计算，并返回同样大小的数组，如数组1×数据1的计算方式是：数组中的第一个元素与数据1相乘，结果作为数组公式结果的第一个元素；数组中的第二个元素与数据1相乘，结果作为数组公式结果的第二个元素，以此类推。如下图所示即为数组与单一数据运算的过程和结果。

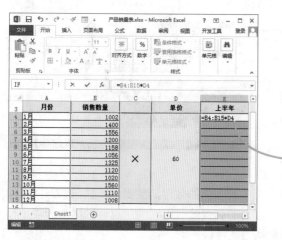

（3）单列数组与单行数组的运算

单列数组与单行数组进行计算时，返回一个多行多列的数组。其中，返回数组的行数与单列数组的行数相同；列数与单行数组的列数相同。其计算的原理是：数组结果的第一个数据为单列数组中的第一个元素与单行数组中的第一个元素的运算结果，以此类推。如下图所示即为单列数组与单行数组的运算过程和结果。

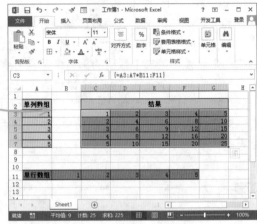

（4）行/列相同的单列/单行数组与多行多列数组的计算

行/列相同的单列/单行数组与多行多列的数组进行计算时，其计算结果返回一个多行列的数组。其计算的原理有以下几条：

🔑 返回数组的行数/列数与多行多列数组的行数/列数相同。

🔑 单列数组与多行多列数组计算时，返回的数组的第 R 行第 C 列的数据等于单列数组的第 R 行的数据与多行多列数组的第 R 行第 C 列的数据的计算结果。

🔑 单行数组与多行多列数组计算时，返回的数组的第 R 行第 C 列的数据等于单行数组的第 C 列的数据与多行多列数组的第 R 行第 C 列的数据的计算结果。

如下图所示分别为单列数组与多行多列、单行数组与多行多列的计算效果。

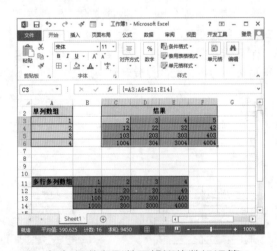
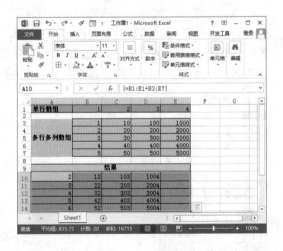

（5）行数和列数不相等的数组运算

行数和列数不相等的数组进行运算，返回一个多行多列的数组。数组的行数与参与计算的两个数组中行数较大的数组的行数相同，列数与较大的列数的数组相同；返回数组大于较小行数数组行数、大于较大列数数组列数区域的元素均返回错误值 #N/A。

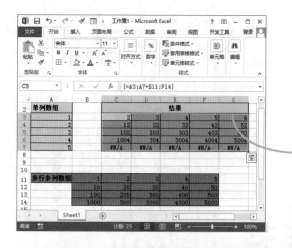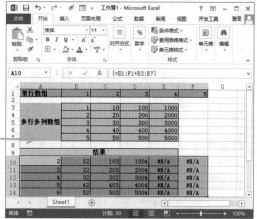

> **经验一箩筐——数组扩充**
>
> 使用数组进行计算时，最好使用相同行列的数据参与计算，若行列不匹配，Excel 自动对数组对象进行扩充，以符合计算需要的维数。对于公式 =SUM({1,2,3,4}*10)，第一个参数 {1,2,3,4} 是一行四列的数组，第二个参数不是数组，只是一个数值，为了让第二个数值能与第一个数组进行匹配，Excel 自动将第二参数的 10 扩充成一个一行四列的数组 {10，10，10，10}，以与第一参数匹配。所以，SUM({1,2,3,4}*10) 与 SUM({1,2,3,4}*{10,10,10,10}) 得到的结果是相同的。因此，进行多单元格数组公式的计算时，应先选择需要返回数据的单元格区域，单元格区域的行、列数应与返回数组的行、列数相同。

4.2.6 常用的办公函数

在 Excel 中，有一些经常使用的函数，下面将这些常用函数的函数参数信息和注意事项列举如下，以供选择使用。常用函数的使用方法与前面介绍的嵌套函数的使用方法是相同的，都是先在"插入函数"对话框中选择所需函数，然后在打开的"函数参数"对话框中设置函数的参数信息，最后单击 **确定** 按钮即可。

1. 求和函数——SUM

此函数属于数学与三角函数类函数，返回所有参数之和，其语法结构为：SUM(Number1,Number2,Number3,…)。使用此函数时需注意如下几点：

🔑 参数的数量范围为 1~30 个。

🔑 参数的表达形式有多种，包括数值、单元格区域，如 SUM(1,2,3)、SUM(G5:G16) 等。

🔑 若参数均为数值，则直接返回计算结果，如 SUM(10,20)，返回 30; 若参数中包含文本数字和逻辑值，则将文本数字判断为对应的数值，将逻辑值 TURE 判断为 1，如 SUM(" 10 ", 20,TRUE)，返回 31。

🔑 若参数为引用的单元格或单元格区域的地址，则只计算单元格或单元格区域中为数字的参数，其他如空白单元格、文本、逻辑值或错误值都被忽略。

2. 求平均值函数——AVERAGE

此函数属于统计类函数，返回所有参数的算术平均值，其语法结构为：AVERAGE(Number1,Number2,Number3,…)。使用此函数时需注意的地方与 SUM 函数完全相同。如下图所示即为使用 AVERAGE 函数计算平均值的效果。

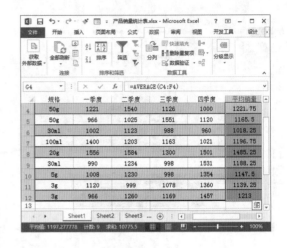

3. 求最大/最小值函数——MAX/MIN

此函数属于统计类函数,返回所有参数的最大值或最小值,其语法结构为:MAX(Number1, Number2,Number3,…) 或 MIN(Number1,Number2,Number3,…)。

使用此函数时需注意的地方与 SUM 函数完全相同。如下图示即分别为求最大值和最小值的效果。

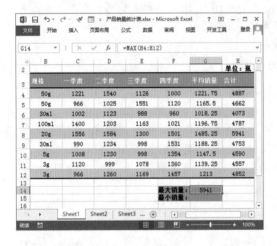
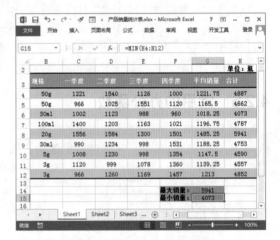

4. 条件函数——IF

此函数属于逻辑类函数,对第一参数进行判断,并根据判断出的真假,返回不同的值,其语法结构为:IF(Logical_test,Value_if_true,Value_if_false)。使用此函数时需注意如下几点:

🔑 Logical_test 为 IF 函数的第一参数,作用是 IF 函数判断的参照条件。

🔑 Value_if_true 为 IF 函数的第二参数,表示当 IF 函数判断 Logical_test 成立时返回的值。

🔑 Value_if_false 为 IF 函数的第三参数,表示当 IF 函数判断 Logical_test 不成立时返回的值。

🔑 第二参数可以省略,此时若应该返回第二参数的值时,则返回 0。

🔑 第三参数可以省略,此时若应该返回第三参数的值,则有两种情况:一是若第三参数前面的 "," 省略,则返回 TRUE;二是若 "," 未省略,则返回 0。

IF 函数常常与其他函数进行嵌套使用,通过它可判断出满足多个条件的值。如下图所示为通过 IF 函数和 IF 的嵌套来判断产品销售的情况。

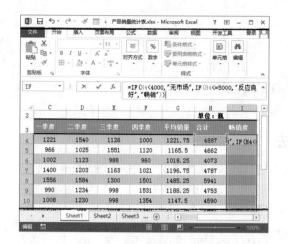

5. 求"交"运算函数——AND

此函数通常用于扩大执行逻辑检验其他函数的作用范围。通过 AND 函数可以检验多个不同的条件，而不仅仅是一个条件，其语法结构为：AND(Logical1,Logical2,…)。其中 Logical1,Logical2,… 是 1 到 255 个待检测的条件，它们可以为 TRUE 或 FALSE。如下图所示即为使用 AND 函数计算产品畅销度的效果，表示当平均销量和总销量都满足某个条件时才能进行判断。

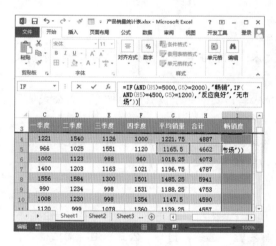

6. 求"并"运算函数——OR

在 OR 函数的参数中，当其中有任何一个参数的逻辑值为 TRUE 时，即返回 TRUE；当所有参数的逻辑值均为 FALSE 时，即返回 FALSE，其语法结构为：OR(Logical1,Logical2,…)。

其中，Logical1,Logical2,… 是 1~255 个需要进行测试的条件，而 Logical1 是必需的，后继的逻辑值是可选的，测试结果可以为 TRUE 或 FALSE。如右图所示即为使用 OR 函数计算畅销度的效果，表示平均销量和总销量任意一个满足条件都能进行判断。

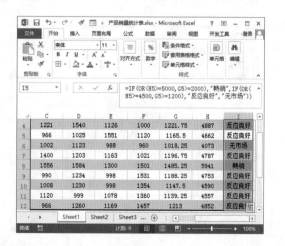

62
Hours

52
Hours

42
Hours

32
Hours

22
Hours

12
Hours

7. 求"反"运算函数——NOT

对参数值求反。要确保一个值不等于某一特定值时，可以使用 NOT 函数，其语法结构为：NOT(Logical)。其中，Logical 为必需的，可以计算出 TRUE 或 FALSE 的逻辑值或逻辑表达式。如果逻辑值为 FALSE，函数 NOT 返回 TRUE；如果逻辑值为 TRUE，函数 NOT 返回 FALSE。

4.2.7 常见错误值的含义与解决办法

了解公式中常见的错误，可以更好地对公式进行验证，从而确保公式的准确性，而当公式发生错误时，还可以通过一些方法来进行检查。下面分别进行介绍。

1. 公式中常见的错误

在单元格中直接显示公式，有利于对工作表中所有公式进行错误检查。在 Excel 中，常见的错误值有 #### 错误、#DIV/0! 错误、#VALUE! 错误以及 #NAME? 错误等。下面就对 Excel 中一些常见的错误值进行讲解。

🔑 #DIV/0! 错误值：以 0 作为分母或使用空单元格除以公式。

🔑 #NULL! 错误值：使用不正确的区域运算或单元格引用。

🔑 #NUM! 错误值：在需要使用数字参数的函数中使用无法识别的参数；公式的计算结果太大或太小，无法在 Excel 中进行显示；使用 IRR、RATE 等迭代函数进行计算，无法得到计算结果。

🔑 #N/A 错误值：公式中无可用的数值或缺少函数参数。

🔑 #NAME? 错误值：公式中引用无法识别的文本；删除正在使用的公式中的名称；使用文本时引用不相符的数据。

🔑 #REF! 错误值：引用一个无效的单元格，如从工作表中删除被引用的单元格或公式使用的对象链接，以及嵌入链接所指向的程序未运行。

🔑 #Value! 错误值：公式中含有错误类型的参数或操作数，如当公式需要数字或逻辑值时，输入为文本；将单元格引用、公式或函数作为数组常量进行输入。

2. 公式出现错误的解决方法

当公式中出现错误值时，单元格左上角会出现一个 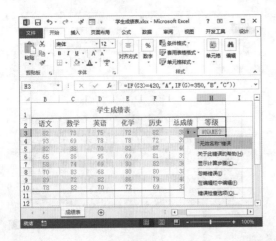图标，单击该图标，可在弹出的下拉列表中查看详细的错误原因，也可选择"显示计算步骤"选项，打开"公式求值"对话框，在其中查看公式产生错误的步骤。完成后再返回编辑栏中修改公式即可。

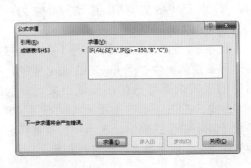

上机1小时 ▶ 计算产品月销量统计表

🔍 巩固函数的基本使用方法。
🔍 巩固嵌套函数的使用方法。
🔍 进一步掌握常用函数的使用方法。

光盘文件
素材 \ 第 4 章 \ 产品月销量统计表 .xlsx
效果 \ 第 4 章 \ 产品月销量统计表 .xlsx
实例演示 \ 第 4 章 \ 计算产品月销量统计表

　　本例将对"产品月销量统计表 .xlsx"工作簿进行编辑，计算出产品的总销量、平均销量，并通过嵌套函数计算出产品的销售等级，完成后的效果如下图所示。

| | | J3 | | × ✓ fx | =IF(AND(B3>200000, C3>200000, D3>200000, E3>200000, F3>200000, G3>200000), "优秀", IF(AND(E3>160000, C3>160000, D3>160000, E3>160000, F3>160000, G3>160000), "良好", "一般")) |

	A	B	C	D	E	F	G	H	I	J
1				产品月销量统计表						
2	产品名称	1月销量	2月销量	3月销量	4月销量	5月销量	6月销量	平均销量	总销量	业绩评定
3	海尔电视	221175	187035	249375	189756	218580	163440	204893.5	1229361	良好
4	LG液晶电视	189756	218580	238140	225806	205470	201900	213275.333	1279652	良好
5	格力空调	225806	205470	158900	186450	238140	235806	208428.667	1250572	一般
6	美菱冰箱	295100	186450	218595	236430	186450	205100	221354.167	1328125	良好
7	台式电脑	185470	236430	205170	295100	168900	197035	214684.167	1288105	良好
8	平板电脑	245295	201900	267045	187035	231175	206430	223146.667	1338880	良好
9	笔记本电脑	210006	186930	163440	221175	196450	236930	202488.5	1214931	良好

Sheet1 Sheet2 Sheet3 ⊕

STEP 01： 打开"插入函数"对话框

1. 打开"产品月销量统计表 .xlsx"工作簿，选择需要计算的单元格，这里选择 H3 单元格。
2. 单击编辑栏中的"插入函数"按钮 fx，打开"插入函数"对话框。

提个醒
　　如果用户已经熟悉公式的含义和组成结构，可直接在单元格或编辑栏中输入需要进行计算的公式，完成后按 Enter 键即可。

STEP 02： 选择需要插入的函数

1. 在"插入函数"对话框中的"或选择类别"下拉列表框中选择"常用函数"选项。
2. 在"选择函数"列表框中选择 AVERAGE 选项。
3. 单击 确定 按钮，完成函数的选择。

提个醒
　　用户也可在"或选择类别"下拉列表框中选择"数学或三角函数"选项，然后再选择 AVERAGE 函数。

62
Hours
▲

52
Hours
▲

42
Hours
▲

32
Hours
▲

22
Hours
▲

12
Hours
▲

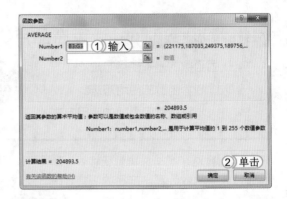

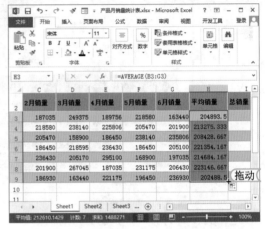

STEP 03： 设置函数参数

1. 打开"函数参数"对话框，在 Number1 文本框中输入函数的参数为 B3:G3。

2. 单击 确定 按钮计算出平均销量的值。

> **提个醒** 对于像 AVERAGE、SUM 等参数简单的函数，Excel 会自动获取其周围包含数据的单元格区域，若与需要进行的区域相同，可不进行更改。

STEP 04： 复制公式

选择 H3 单元格，将鼠标指针放在单元格右下角，当鼠标指针变为十形状时，拖动鼠标向下填充，完成公式的复制，以快速计算出剩余单元格区域的平均销售额。

> **提个醒** 填充后，需要单击 ⏷· 按钮，在弹出的下拉列表中选择"不带格式填充"选项，以避免单元格格式被复制。

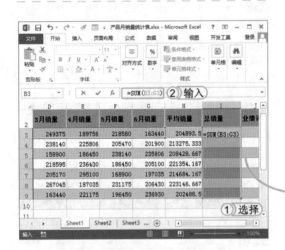

STEP 05： 计算总销量

1. 选择 I3:I9 单元格区域，将鼠标指针定位在编辑栏中。

2. 输入公式 =SUM(B3:G3)。

3. 按 Ctrl+Enter 组合键，得到计算的结果。

STEP 06： 插入 IF 函数

1. 选择 J3 单元格，单击编辑栏中的"插入函数"按钮 ƒx，打开"插入函数"对话框，保持其他设置不变，只在"选择函数"列表框中选择"IF"函数。

2. 单击 确定 按钮。

STEP 07： 选择嵌套函数

1. 打开"函数参数"对话框，将鼠标指针定位在 Logical_test 文本框中。
2. 返回工作表中，单击名称框右侧的下拉按钮，在弹出的下拉列表中选择"其他函数"选项。

提个醒
　　选择"其他函数"选项后，再次打开"插入函数"对话框，在其中选择需要嵌套的函数。

STEP 08： 选择 AND 函数

1. 打开"插入函数"对话框，在"或选择类别"下拉列表框中选择"逻辑"选项。
2. 在"选择函数"列表框中选择 AND 选项。
3. 单击 确定 按钮。

提个醒
　　若不清楚函数的含义，可在该对话框中选择函数后，直接查看下面的说明信息，以帮助对函数进行理解。

STEP 09： 输入函数参数

1. 打开"函数参数"对话框，依次在 Logical1、Logical2、Logical3、Logical4、Logical5、Logical6 文 本 框 中 输 入 B3>200000、C3>200000、D3>200000、E3>200000、F3>200000、G3>200000。
2. 单击 确定 按钮，完成参数的设置。

STEP 10： 输入 IF 函数的参数

在工作表的编辑栏中同步显示输入的嵌套函数，在编辑栏中的 AND 函数后单击鼠标，定位鼠标指针，输入"，"，"插入函数"对话框自动切换到 IF 函数中，然后在 Value_if_true 文本框中输入条件成立时返回的值为 ""优秀""。

62
Hours

52
Hours

42
Hours

32
Hours

22
Hours

12
Hours

STEP 11： 插入嵌套函数

将鼠标指针定位在"函数参数"对话框的 Value_if_false 文本框中，返回工作表，单击名称框右侧的下拉按钮，在弹出的下拉列表中选择 IF 选项，嵌套一个 IF 函数，再次打开 IF 函数的"函数参数"对话框，然后依次在 Logical1、Logical2、Logical3、Logical4、Logical5、Logical6 文本框中输入 B3>160000、C3>160000、D3>160000、E3>160000、F3>160000、G3>160000。单击 确定 按钮，完成嵌套函数参数的设置。

STEP 12： 设置 IF 函数的参数

1. 使用与上面相同的方法，切换到 IF 函数的"函数参数"对话框中，在 Value_if_true 和 Value_if_false 文本框中分别输入 "" 良好 ""、"" 一般 ""。

2. 单击 确定 按钮，完成函数的输入与嵌套。

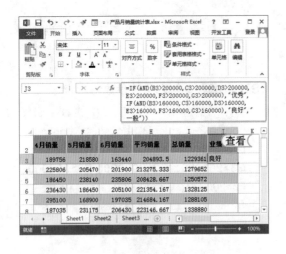

STEP 13： 查看输入的公式

返回工作表中可看到计算的结果，然后在编辑栏中查看输入的公式。

提个醒 该公式表示的含义：若1月、2月、3月、4月、5月、6月的销量都大于200000，则业绩评定为"优秀"；若都在160000~200000范围内，则为"良好"；小于160000，则为"一般"。

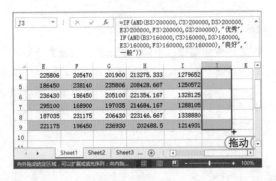

STEP 14： 计算其他的业绩评定

选择 I3 单元格，将鼠标指针放在单元格右下角，当鼠标指针变为十形状时，拖动鼠标向下填充，完成公式的复制，以快速计算出剩余单元格区域的业绩评定。

STEP 15： 查看结果

释放鼠标后，Excel 自动计算出剩余单元格的业绩评定值，并选择以"不带单元格格式"的方式进行填充，完成后的效果如右图所示。

读书笔记

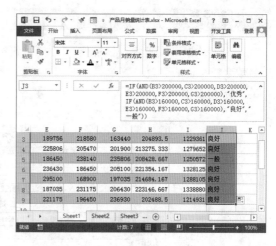

4.3 练习 2 小时

本章主要讲解公式和函数的基本使用方法，包括公式的输入与编辑、复制与删除、单元格的引用、函数的结构和类型、函数的嵌套、常用的函数和公式中常见的错误等知识。下面以"制作税后工资表"和"编辑项目提成表"两个表格为例，进一步巩固这些知识的使用方法。

① 练习 1 小时：制作税后工资表

本例将对"税后工资表.xlsx"工作簿进行编辑，通过公式计算出员工的实发工资，再通过 SUM 函数计算出工资总额，通过 AVERAGE 函数计算出平均工资，最后再对工资是否超过平均值进行判断，完成后的效果如下图所示。

```
光盘    素材 \ 第 4 章 \ 税后工资表 . xlsx
文件    效果 \ 第 4 章 \ 税后工资表 . xlsx
        实例演示 \ 第 4 章 \ 制作税后工资表
```

62
Hours

52
Hours

42
Hours

32
Hours

22
Hours

12
Hours

② 练习1小时：编辑项目提成表

本例将对"项目提成.xlsx"工作簿进行编辑，通过员工的签单金额计算出7月份的未付款金额、提成奖金、签单总额、提成总额，然后再通过复制公式的方法计算出8月、9月的数据，完成后在"汇总"工作表中对员工的提成总额进行计算，完成后的效果如下图所示。

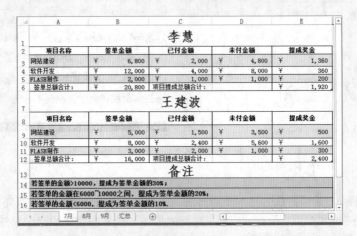

光盘
文件
素材 \ 第4章 \ 项目提成.xlsx
效果 \ 第4章 \ 项目提成.xlsx
实例演示 \ 第4章 \ 编辑项目提成表

表格

72 HOURS

数据的排序、筛选与汇总

第 **5** 章

学习 **3** 小时
- 对数据进行排序
- 对数据进行筛选
- 分类汇总数据

为了使数据显示更加符合实际需要，表格制作人员可对数据进行排序、筛选或汇总处理。其中，"排序"可以使数据按照需要的方式进行显示；"筛选"可以只查看表格中需要的部分内容；"汇总"则可以将表格中分散的数据按照某个类别汇集在一起，查看该数据的汇总信息，使表格的表现力更加直观。

上机 **6** 小时

5.1 对数据进行排序

Excel 中的数据可以根据需要进行排序，以使数据显示更为清晰。在 Excel 中进行排序的方式可分为简单排序、高级排序、自定义排序和使用函数进行排序。下面将分别对这 4 种方法进行介绍。

学习 1 小时

- 🔍 熟悉数据简单排序的使用方法。
- 🔍 灵活运用自定义排序功能。
- 🔍 熟练掌握数据高级排序的操作方法。
- 🔍 掌握使用函数进行快速排序的方法。

5.1.1 快速排序数据

若需要对工作表中的数据按某一字段进行排序，可利用 Excel 的简单排序功能完成。它包括升序和降序排序两种，其中升序是指将数据按照从小到大或从低到高的顺序进行排序，降序则与升序相反。其操作方法分别介绍如下。

🔑 **升序排序**：在 Excel 2013 中打开需要排序的工作表，选择位于序列中的任意单元格，然后选择【数据】/【排序和筛选】组，单击"升序"按钮↓即可。

🔑 **降序排序**：在 Excel 2013 中打开需要排序的工作表，选择位于序列中的任意单元格，然后选择【数据】/【排序和筛选】组，单击"降序"按钮↓即可。

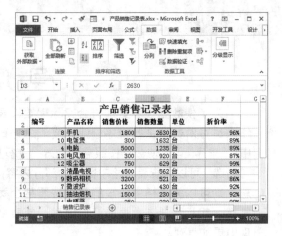

5.1.2 对数据进行高级排序

数据的高级排序是指按照多个条件对数据进行排序，主要是针对简单排序后仍然有相同数据情况进行的一种排序方式。

下面将在"一班成绩表 .xlsx"工作簿中对学生的成绩进行排序，使其按照语文成绩的高低进行排序，当语文成绩相同时，再按照英语成绩排序。其具体操作如下：

光盘
文件
素材 \ 第 5 章 \ 一班成绩表 .xlsx
效果 \ 第 5 章 \ 一班成绩表 .xlsx
实例演示 \ 第 5 章 \ 对数据进行高级排序

STEP 01: 开始进行排序

1. 打开"一班成绩表.xlsx"工作簿,选择位于序列中的任意单元格。
2. 选择【数据】/【排序和筛选】组,单击"排序"按钮,打开"排序"对话框。

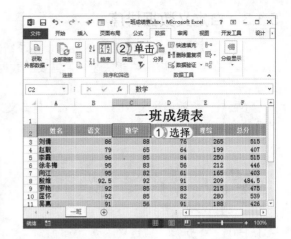

STEP 02: 设置按"语文"排序

1. 在"主要关键字"下拉列表框中选择"语文"选项。
2. 在"排序依据"下拉列表框中选择排序的依据,这里保持默认设置。
3. 在"次序"下拉列表框中选择"降序"选项,使数据按照从大到小的顺序排序。

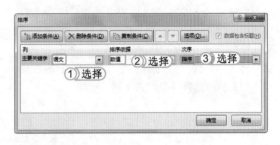

STEP 03: 添加排序条件

1. 单击添加条件(A)按钮。
2. 系统自动添加一个"次要关键字"下拉列表框,按照设置"主要关键字"的方法对其进行设置。
3. 完成后单击确定按钮。

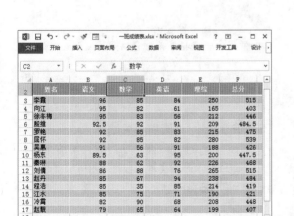

STEP 04: 查看排序结果

返回 Excel 表格中,系统先按照"主要关键字"中的"语文"进行排序,然后再按照"英语"进行排序。

62
Hours

52
Hours

42
Hours

32
Hours

22
Hours

12
Hours

5.1.3 自定义数据排序

Excel 2013 提供了一些常用的序列，当系统自带的序列不能满足实际需求时，则可利用
Excel 提供的自定义排序功能快速创建需要的数据排序方式，如按照职位、姓名、日期等进行
排序。

下面在"绩效考核表 .xlsx"工作表中自定义排序条件，使数据按照职位的高低进行排序。
其具体操作如下：

光盘文件	素材 \ 第 5 章 \ 绩效考核表 .xlsx
	效果 \ 第 5 章 \ 绩效考核表 .xlsx
	实例演示 \ 第 5 章 \ 自定义数据排序

STEP 01： 选择"自定义序列"选项

1. 打开"绩效考核表 .xlsx"工作簿，在工作表
   中任意选一个含有数据的单元格。选择【数
   据】/【排序和筛选】组，单击"排序"按
   钮。
2. 打开"排序"对话框，在"次序"下的下拉
   列表框中选择"自定义序列"选项。

STEP 02： 输入新序列

1. 在打开的"自定义序列"对话框的"输入序列"
   文本框中输入新序列，这里输入"总经理 副
   总经理 部门经理 部门主管"。
2. 单击对话框右侧的 添加(A) 按钮。
3. 输入的新序列显示在"自定义序列"列表框中，
   然后单击 确定 按钮。

提个醒 输入自定义序列时，需要按 Enter 键，
以便将每一个排序条件分隔开，位于最前面的
序列排列在最上方。

STEP 03： 设置主要关键字

1. 返回"排序"对话框，在"列"下的"主要
   关键字"下拉列表框中选择"岗位"选项。
2. 单击 确定 按钮。

STEP 04: 查看效果

返回工作表中即可查看到数据按照"总经理、副总经理、部门经理、部门主管"的顺序进行排序。

提个醒 使用自定义排序的方法设置排序条件时，一定要使设置的排序主要关键字与排序条件对应，否则不能对数据进行排序，如在本例中，若设置"岗位"字段的排序条件后，设置关键字为其他字段的值，则不能使数据进行排序。

经验一箩筐——其他的排序方式

Excel 的默认排序方式是按列排序，在"排序"对话框中单击 选项(O)... 按钮，打开"排序选项"对话框，在其中可设置以"行"、"字母"和"笔划"等其他方式进行排序。

5.1.4 使用 RANK 函数进行随机排序

Excel 除了使用排序功能进行数据排序外，还可通过 RANK 函数对某一列中的数据进行自动排序，计算出数据的排名，常用于进行学生成绩、产品销量等的排序。

RANK 函数可以返回某数字在一列数字中相对于其他数值的大小排名，其语法结构为：RANK(number,ref,order)。其中，各参数的含义分别介绍如下。

🔑 number：表示要查找排名的数字。

🔑 ref：表示一组数据或对一个数据列表的引用，为非数字型的数值时被忽略。

🔑 order：表示在列表中进行排名的数字，用于设置数据的排序方式。当其值为 0 或忽略该值时，为降序排序；为非零值时，为升序排序。

如下图所示即为使用 RANK 函数对学生成绩的总分进行排名的效果。

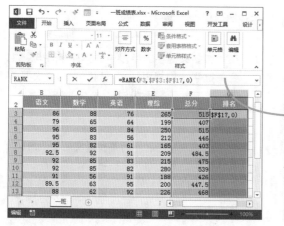
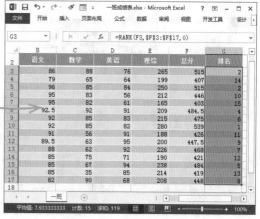

62
Hours

52
Hours

42
Hours

32
Hours

22
Hours

12
Hours

上机 1 小时 ▶ 制作员工薪酬表

🔍 巩固数据高级排序的操作。

🔍 掌握自定义序列的设置和应用方法。

🔍 进一步巩固 RANK 函数的使用方法。

本例将对"员工薪酬表.xlsx"工作簿中的数据进行排序操作，首先将"实发工资"所在的列按从高到低的方式排列显示，然后将"提成"所在的列按从高到低的方式排列，然后设置自定义序列并将其应用于"职位"所在列，最后使用 RANK 函数查看员工的提成排名情况，完成后的效果如右图所示。

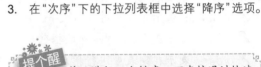

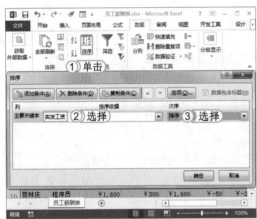

STEP 01: 设置降序排序

1. 打开"员工薪酬表.xlsx"工作簿，选择任意单元格，单击【数据】/【排序和筛选】组中的"排序"按钮。

2. 打开"排序"对话框，在"列"下的"主要关键字"下拉列表框中选择"实发工资"选项。

3. 在"次序"下的下拉列表框中选择"降序"选项。

> **提个醒** 若只进行一次排序，可直接通过快速排序的方法进行操作。

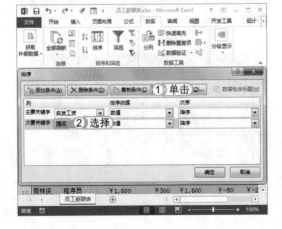

STEP 02: 复制排序条件

1. 单击"排序"对话框中的 复制条件 按钮。

2. 在"次要关键字"字段中的排序条件与"主要关键字"均相同，在"列"下的"次要关键字"下拉列表框中选择"提成"选项。

> **提个醒** 需要进行排序的条件具有某些相同的特点时，如本例中都采用数值和降序方式进行排序，可直接单击 复制条件 按钮，快速复制已有的条件，再修改条件中的不同部分，从而提高工作效率。

STEP 03： 选择"自定义序列"选项

1. 单击 添加条件(A) 按钮。
2. 在"次序"下的下拉列表框中选择"自定义序列"选项。

> **提个醒**
> 选择不需要的条件时，单击 ×删除条件(D) 按钮，即可将其删除。

STEP 04： 输入自定义序列

1. 在打开的"自定义序列"对话框"输入序列"文本框中输入所需序列为"部门主管 程序员 销售专员 客服专员"。
2. 单击 添加(A) 按钮，将其添加到自定义序列中。
3. 单击 确定 按钮，完成设置。

> **提个醒**
> 单击 添加(A) 按钮后，自定义的序列被添加到"排序"对话框的"次序"下拉列表框中，以后便可重复进行调用。若直接单击 确定 按钮，则不会被添加到其中，只能进行一次排序操作。

STEP 05： 设置排序条件

1. 返回"排序"对话框，在"列"下的"次要关键字"下拉列表框中选择"职位"选项。
2. 单击 确定 按钮，应用设置。

STEP 06： 查看排序结果

工作表中首先对"实发工资"降序排列，当该列中有相同数据时，再对"提成"进行降序排列，最后才在"职位"所在的列中应用自定义的序列。

读书笔记

> **提个醒**
> 若要将表格中的第一行数据包括在排序中，则需在【数据】/【排序和筛选】组中单击"排序"按钮，在打开的"排序"对话框中取消选中 数据包含标题(H) 复选框即可。同时，若需要修改已设置的排序条件，可再次打开"排序"对话框，在其中对条件进行修改。

143

72
Hours

STEP 07： 计算提成排名

1. 选择 I3:I12 单元格区域。
2. 在编辑栏中输入公式 =RANK(E3,$E$3:$E$12)。

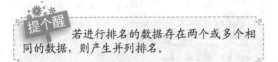

STEP 08： 查看排名结果

按 Ctrl+Enter 组合键得到计算的结果，完成后查看结果即可。

提个醒　若进行排名的数据存在两个或多个相同的数据，则产生并列排名。

5.2　对数据进行筛选

在 Excel 中不仅能对数据进行排序，还能根据需要筛选或查找需要显示的信息，使不满足条件的记录隐藏。在 Excel 2013 中筛选数据可通过快速筛选数据、高级筛选、自定义筛选、搜索框筛选和外部连接筛选等方法进行操作，下面分别进行介绍。

▌▌ 学习 1 小时 ▶ - - - - - -

🔍 掌握自动对数据进行筛选和数据的高级筛选操作。

🔍 熟悉自定义筛选数据的设置方法。

🔍 了解使用搜索框筛选数据的操作方法。

🔍 掌握连接外部数据进行筛选的方法。

5.2.1　快速筛选数据

在工作表中选择任意一个包含数据的单元格，选择【数据】/【排序和筛选】组，单击"筛选"按钮 ▼，Excel 自动在列标志后添加 ▼ 按钮，单击该按钮，在弹出的下拉列表框中选中需要进行显示的数据前的复选框，完成后单击 确定 按钮，Excel 自动隐藏未选择的数据。

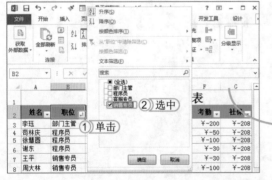

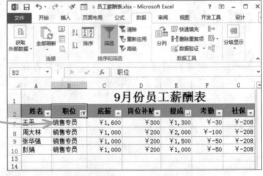

5.2.2 对数据进行高级筛选

如果要对数据进行更为详细的筛选，则可使用高级筛选功能。利用 Excel 提供的高级筛选功能可以筛选出同时满足两个或两个以上约束条件的记录。使用高级筛选时，首先要在工作表中输入筛选条件。

下面将在"学生成绩表.xlsx"工作簿中输入筛选的条件，筛选出语文、数学、英语成绩都大于 80 分的记录。其具体操作如下：

> **光盘文件**
> 素材 \ 第 5 章 \ 学生成绩表.xlsx
> 效果 \ 第 5 章 \ 学生成绩表.xlsx
> 实例演示 \ 第 5 章 \ 对数据进行高级筛选

STEP 01： 输入筛选条件

打开"学生成绩表.xlsx"工作簿，在工作表中的空白区域，即 B14:D15 单元格区域中输入筛选条件，条件分别为"语文>80"、"数学>80"、"英语>80"。

> **提个醒** 筛选条件分为两部分，即筛选的字段名称和条件。其中筛选的字段名称必须与表格中对应的字段名称完全一致，而条件则可以根据用户的具体需要来进行设置。

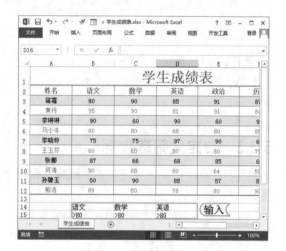

STEP 02： 打开"高级筛选"对话框

1. 选择【数据】/【排序和筛选】组，单击"高级"按钮，打开"高级筛选"对话框。
2. 单击"条件区域"文本框右侧的"收缩"按钮。

> **提个醒** 打开"高级筛选"对话框，系统会自动获取表格中的数据来填充"列表区域"文本框的值。在默认状态下，选择表格中除筛选条件和表头外的单元格区域，如本例中自动选择 A2:G12 单元格区域。

STEP 03： 选择所需的条件区域

1. 此时，"高级筛选"对话框呈收缩状态，拖动鼠标选择 B14:D15 单元格区域。
2. 单击文本框右侧的"展开"按钮。

145

72
Hours

62
Hours

52
Hours

42
Hours

32
Hours

22
Hours

12
Hours

STEP 04： 确认筛选方式

此时，展开"高级筛选"对话框，并分别在"列表区域"和"条件区域"文本框中显示所选的单元格区域，确认无误后单击 **确定** 按钮即可。

> **提个醒** 高级筛选默认在原有数据的基本上显示筛选结果，也可选中"高级筛选"对话框中的 **将筛选结果复制到其他位置** 单选按钮，自动激活"复制到"文本框，单击其右侧的"收缩"按钮 📊 即可选择复制到的位置。

STEP 05： 查看筛选结果

返回 Excel 工作表中即可查看到筛选后的结果，如右图所示。

5.2.3 自定义筛选数据

利用 Excel 提供的自定义筛选数据功能可以自定义更多的筛选条件，在筛选数据时具有更多的选择方式。

下面在"学生成绩表 2.xlsx"工作簿中筛选出"英语"成绩在 60~90 分之间的记录。其具体操作如下：

> **光盘文件**
> 素材 \ 第 5 章 \ 学生成绩表 2.xlsx
> 效果 \ 第 5 章 \ 学生成绩表 2.xlsx
> 实例演示 \ 第 5 章 \ 自定义筛选数据

STEP 01： 选择"自定义筛选"命令

1. 选择需进行筛选的工作表的表头，这里选择 D2 单元格。
2. 在【数据】/【排序和筛选】组中单击"筛选"按钮 ▽。
3. 单击"英语"字段名称右侧的 ▾ 按钮。在弹出的列筛选器中选择"数字筛选"/"自定义筛选"选项。

> **提个醒** 选择"数字筛选"选项后，在弹出的子列表中选择其他的选项，也可打开"自定义自动筛选"对话框。

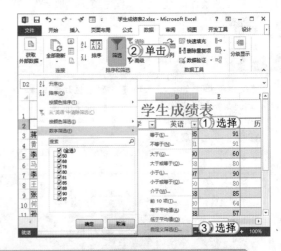

▎ 经验一箩筐——自定义筛选的不同表现方式

在单击字段名称右侧的 ▾ 按钮后，在弹出的下拉列表中可看到几种自定义筛选的形式，如数字筛选、文本筛选或按颜色筛选等，这主要取决于要进行筛选的数据类型。

STEP 02： 自定义第一种筛选方式

1. 打开"自定义自动筛选方式"对话框，在第一排左侧的下拉列表框中选择所需的运算符，这里选择"大于"选项。
2. 在右侧的下拉列表框中可选择或输入具体的数值，这里输入 60。

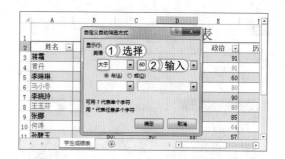

STEP 03： 自定义第二种筛选方式

1. 在第二排左侧的下拉列表框中选择所需的运算符，这里选择"小于"选项。
2. 在右侧的下拉列表中可选择或输入具体的数值，这里选择 90 选项。
3. 单击 [确定] 按钮。

STEP 04： 查看筛选结果

此时在工作表中将筛选出符合自定义条件的 7 条记录，即英语成绩大于 60 并且小于 90 的学生。

147

72
Hours

62
Hours

52
Hours

42
Hours

32
Hours

22
Hours

12
Hours

问题小贴士

问：在"自定义自动筛选方式"对话框中有两个单选按钮，这两个单选按钮的作用有什么不同？

答：在自定义筛选时，在筛选对话框中提供了 ⊙与(A)和 ◎或(O) 两个单选按钮，其中 ⊙与(A)单选按钮表示筛选满足所有条件的数据记录，而 ◎或(O)单选按钮表示筛选满足任意一项条件的数据记录。简单来说，⊙与(A)单选按钮表示条件并列，而 ◎或(O)单选按钮则表示条件任意。

5.2.4　通过搜索框筛选数据

在 Excel 2013 中还可通过筛选功能的搜索框进行筛选，利用该搜索框可以在大型工作表中快速找到所需记录。如在"销售报告 1.xlsx"工作簿中快速筛选名为"怡保咖啡"的产品，其操作方法为：选择需进行筛选的工作表的表头，然后在【数据】/【排序和筛选】组中单击"筛选"按钮▼，此时列标题中出现▼按钮，单击进行筛选列所对应的▼按钮，在弹出的列筛选器的搜索框中输入关键字"怡保咖啡"，然后单击 [确定] 按钮，稍后在工作表中将显示符合筛选条件的记录。

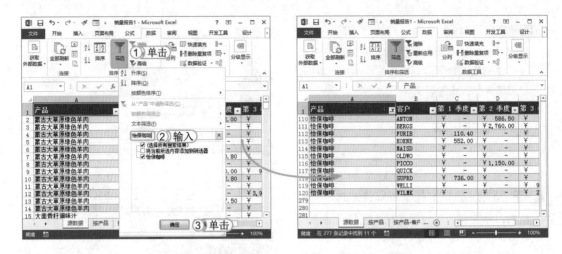

5.2.5 通过连接外部数据进行筛选

需要处理的财务数据十分庞大时,可将 Excel 与数据库结合使用,然后利用数据向导对数据进行管理。数据库是用于存储和处理大型数据的工具,存储和管理数据较简单,在 Excel 中导入数据库后,用户能更方便、快速地查询和管理其中的财务数据。Excel 中常用的数据向导有以下几种。

🔑 **Access**:Access 是一种入门级的数据库管理系统,是 Microsoft Office 中的组件之一,通过它可以快速与 Excel 结合使用,进行数据的查看、查询和管理等。

🔑 **文本**:Excel 还可以连接到文本文档中,读取其中的数据,并将其显示在 Excel 中。它被使用的次数较少,但是可以快速将纯文本的数据以表格的形式显示出来。

🔑 **网站**:如果用户在网络中查看到需要的数据,并将其存储在电脑上,就可以通过 Excel 将其连接到本地电脑,并以表格的形式进行存储。

🔑 **现有连接**:指在 Excel 中已经存在的数据源连接。可以直接选择这些已经存在的连接,快速进行数据的显示。

🔑 **其他数据源**:其他数据源是指除以上几种数据源以外的其他数据源,包括 SQL Server、Analysis Services、XML、Microsoft Query 等数据,以满足不同用户的需要。这些数据源比 Access 更为复杂,但其在 Excel 中的操作都十分类似,因此,用户只需掌握基本的连接方法即可。

下面将通过连接"产品基本信息 .accdb"数据库,将其中的数据导入到 Excel 中,并只查看其中单价大于 20 的产品信息。其具体操作如下:

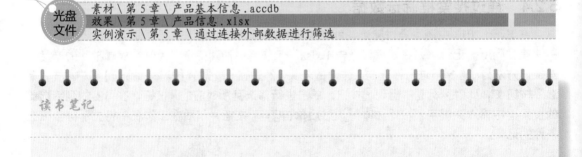

光盘
文件

素材 \ 第 5 章 \ 产品基本信息 .accdb
效果 \ 第 5 章 \ 产品信息 .xlsx
实例演示 \ 第 5 章 \ 通过连接外部数据进行筛选

读书笔记

STEP 01: 选择连接的方式

1. 启动 Excel 2013，新建一个空白工作簿。
2. 选择【数据】/【获取外部数据】组，单击"自 Access"按钮。

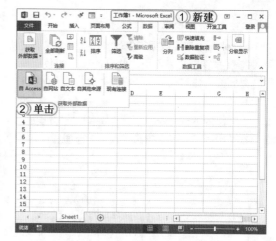

读书笔记

STEP 02: 选择数据源

1. 打开"选择数据源"对话框，在其中找到数据源文件所在的文件夹位置。
2. 在中间的列表框中选择需要的数据库文件，这里选择"产品基本信息 .accdb"选项。
3. 单击 打开(O) 按钮，完成数据源的选择。

提个醒 Access、SQL Server、MySQL、Oracle 数据库都是目前使用较为广泛的数据库类型。

STEP 03: 选择需要连接的表格

1. 打开"选择表格"对话框，在"名称"栏中选择"产品"选项。
2. 单击 确定 按钮，完成表格的选择。

提个醒 选中对话框上方的 ☑支持选择多个表(M) 复选框，可以选择多个表格。

STEP 04: 设置显示方式和放置位置

打开"导入数据"对话框，在"请选择数据在工作簿中的显示方式"栏和"数据的放置位置"栏中设置数据的显示方式和放置位置，这里保存默认设置不变，单击 确定 按钮。

提个醒 用户也可选择以数据透视表、数据透视图或连接的方式来显示数据。

149
72 Hours
62 Hours
52 Hours
42 Hours
32 Hours
22 Hours
12 Hours

STEP 05： 设置筛选条件

1. Excel 自动连接数据库中的"产品"表格，并将数据显示在表格中，此时所显示的数据自带筛选功能。单击"单价"字段名称右侧的 按钮。

2. 在弹出的下拉列表中选择"数字筛选"选项。

3. 在弹出的子列表中选择"大于"选项。

提个醒 对于不同的数据库类型，其数据筛选的方式有所不同，如以 Microsoft Query 方式连接时还可在选择表格后对数据进行筛选。

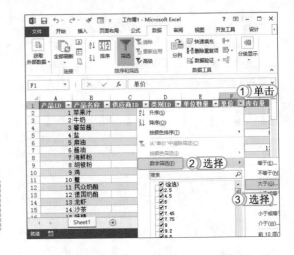

STEP 06： 设置筛选条件

1. 打开"自定义自动筛选方式"对话框，在"单价"栏下的第一个下拉列表框中选择"大于"选项。

2. 在其后的下拉列表框中输入 20。

3. 单击 确定 按钮，完成条件的设置。

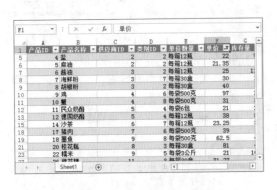

STEP 07： 查看效果

返回工作表中即可查看到筛选的结果，然后保存工作簿为"产品信息.xlsx"即可。

读书笔记

上机 1 小时 制作产品订单表

- 掌握连接外部数据的方法。
- 掌握在数据源中设置筛选条件的方法。
- 巩固自定义筛选的操作方法。
- 巩固数据排序的操作方法。

光盘文件
素材 \ 第 5 章 \ 产品基本信息.accdb
效果 \ 第 5 章 \ 产品订单表.xlsx
实例演示 \ 第 5 章 \ 制作产品订单表

本例将通过连接 Microsoft Query 数据源的方法连接"产品基本信息.accdb"数据库中"订单"表的信息，并筛选出货主地区为华北、华东、华南和华中的数据，最后再对数据以订货日期和发货日期进行升序排序，完成后的效果如下图所示。

订单ID	客户ID	订购日期	到货日期	发货日期	运货商	货主名称	货主地址	货主城市	货主地区
10248	VINET	2013/7/4 0:00	2013/8/1 0:00	2013/7/16 0:00	3	余小姐	光明北路 124 号	北京	华北
10249	TOMSP	2013/7/5 0:00	2013/8/16 0:00	2013/7/10 0:00	3	谢小姐	青年东路 543 号	济南	华东
10250	HANAR	2013/7/8 0:00	2013/8/5 0:00	2013/7/12 0:00	2	谢小姐	光化街 22 号	秦皇岛	华北
10251	VICTE	2013/7/8 0:00	2013/8/5 0:00	2013/7/15 0:00	1	陈先生	清林桥 68 号	南京	华东
10253	HANAR	2013/7/10 0:00	2013/7/24 0:00	2013/7/16 0:00	2	谢小姐	新成东 96 号	长治	华北
10254	CHOPS	2013/7/11 0:00	2013/8/8 0:00	2013/7/23 0:00	2	林小姐	汉正东街 12 号	武汉	华中
10255	RICSU	2013/7/12 0:00	2013/8/9 0:00	2013/7/15 0:00	3	方先生	白石础 116 号	北京	华北
10256	WELLI	2013/7/15 0:00	2013/8/12 0:00	2013/7/17 0:00	2	何先生	山大北路 237 号	济南	华东
10257	HILAA	2013/7/16 0:00	2013/8/13 0:00	2013/7/22 0:00	3	王先生	清华路 78 号	济南	华东
10258	ERNSH	2013/7/17 0:00	2013/8/14 0:00	2013/7/23 0:00	1	王先生	经三纬四路 48 号	济南	华东
10259	CENTC	2013/7/18 0:00	2013/8/15 0:00	2013/7/25 0:00	3	林小姐	青年西路甲 245 号	北京	华北
10260	OTTIK	2013/7/19 0:00	2013/8/16 0:00	2013/7/29 0:00	1	徐文彬	海淀区明成路甲 8 号	北京	华北
10261	QUEDE	2013/7/19 0:00	2013/8/16 0:00	2013/7/30 0:00	2	刘先生	花园北街 754 号	济南	华东
10262	RATTC	2013/7/22 0:00	2013/8/19 0:00	2013/7/25 0:00	3	王先生	浦东临江北路 43 号	上海	华东
10263	ERNSH	2013/7/23 0:00	2013/8/20 0:00	2013/7/31 0:00	3	王先生	复兴路 12 号	北京	华北
10264	FOLKO	2013/7/24 0:00	2013/8/21 0:00	2013/8/23 0:00	3	陈先生	石景山路 462 号	北京	华北
10265	BLONP	2013/7/25 0:00	2013/8/22 0:00	2013/8/12 0:00	1	方先生	学院路甲 66 号	武汉	华中
10266	WARTH	2013/7/26 0:00	2013/9/6 0:00	2013/7/31 0:00	3	成先生	幸福大街 45 号	北京	华北
10267	FRANK	2013/7/29 0:00	2013/8/26 0:00	2013/8/6 0:00	1	余小姐	黄河西口大街 324 号	上海	华东
10268	GROSR	2013/7/30 0:00	2013/8/27 0:00	2013/8/2 0:00	3	刘先生	泰山路 72 号	青岛	华东
10269	WHITC	2013/7/31 0:00	2013/8/14 0:00	2013/8/9 0:00	1	黎先生	即墨路 452 号	青岛	华东
10270	WARTH	2013/8/1 0:00	2013/8/29 0:00	2013/8/2 0:00	1	成先生	朝阳区光华路 523 号	北京	华北
10271	SPLIR	2013/8/1 0:00	2013/8/29 0:00	2013/8/30 0:00	2	唐小姐	山东路 645 号	上海	华东
10272	RATTC	2013/8/2 0:00	2013/8/30 0:00	2013/8/6 0:00	1	王先生	海淀区学院路 31 号	北京	华北
10273	QUICK	2013/8/5 0:00	2013/9/2 0:00	2013/8/12 0:00	3	刘先生	八一路 43 号	济南	华东
10274	VINET	2013/8/6 0:00	2013/9/3 0:00	2013/8/16 0:00	1	余小姐	丰台区方庄北路 87 号	北京	华北
10275	MAGAA	2013/8/7 0:00	2013/9/4 0:00	2013/8/9 0:00	1	王炫皓	宣武区玻璃厂东大街 45 号	北京	华北
10276	TORTU	2013/8/8 0:00	2013/8/22 0:00	2013/8/14 0:00	3	王先生	四方区广林东路 6 号	青岛	华东
10277	MORGK	2013/8/9 0:00	2013/9/6 0:00	2013/8/13 0:00	3	方建文	南开北路 3 号	南京	华东
10278	BERGS	2013/8/12 0:00	2013/9/9 0:00	2013/8/16 0:00	2	余小姐	广汇东区甲 2 号	南京	华东
10279	LEHMS	2013/8/13 0:00	2013/9/10 0:00	2013/8/16 0:00	2	黎先生	黄岛区新技术开发区 65 号	青岛	华东
10281	ROMEY	2013/8/14 0:00	2013/8/28 0:00	2013/8/21 0:00	3	陈先生	陕西路 423 号	上海	华东
10280	BERGS	2013/8/14 0:00	2013/9/11 0:00	2013/8/12 0:00	1	李先生	江北开发区 7 号	上海	华东
10282	ROMEY	2013/8/15 0:00	2013/9/12 0:00	2013/8/21 0:00	1	陈先生	广东路 867 号	上海	华东
10283	LILAS	2013/8/16 0:00	2013/9/13 0:00	2013/8/23 0:00	3	陈卫美	冀北路 23 号	秦皇岛	华北
10284	LEHMS	2013/8/19 0:00	2013/9/16 0:00	2013/8/27 0:00	1	黎先生	市中区绵丽路 54 号	烟台	华东
10285	QUICK	2013/8/20 0:00	2013/9/17 0:00	2013/8/26 0:00	2	刘先生	新技术开发工业区 32 号	烟台	华东
10286	QUICK	2013/8/21 0:00	2013/9/18 0:00	2013/8/30 0:00	3	刘先生	新技术开发工业区 66 号	烟台	华东
10287	RICAR	2013/8/22 0:00	2013/9/19 0:00	2013/8/28 0:00	3	周先生	曙光新路东区 45 号	深圳	华南
10288	REGGC	2013/8/23 0:00	2013/9/20 0:00	2013/9/3 0:00	1	徐先生	城区和平里甲 45 号	北京	华北
10289	BSBEV	2013/8/26 0:00	2013/9/23 0:00	2013/8/28 0:00	3	徐先生	金陵大街 54 号	北京	华北
10291	QUEDE	2013/8/27 0:00	2013/9/24 0:00	2013/9/4 0:00	2	刘先生	花园区花园路 76 号	济南	华东
10292	TRADH	2013/8/28 0:00	2013/9/25 0:00	2013/9/2 0:00	3	刘先生	历下浪潮路 97 号	济南	华东
10293	TORTU	2013/8/29 0:00	2013/9/26 0:00	2013/9/11 0:00	3	王先生	历下浪潮路 2 号	济南	华东

Sheet1

STEP 01： 选择连接数据源的方式

1. 启动 Excel 2013，新建一个空白工作簿。
2. 选择【数据】/【获取外部数据】组，单击"自其他来源"按钮 。
3. 在弹出的下拉列表中选择"来自 Microsoft Query"选项。

提个醒 通过 Excel 对外部数据库中的数据进行查询和管理前必须确保 Excel 已安装该类型数据库的驱动程序和 Microsoft Query（简称 MS Query）程序。MS Query 是用于检索外部数据源的工具，具有自动从连接的数据库中刷新数据及更新分析结果的功能，可避免用户对数据进行重复修改。

STEP 02： 选择数据源

1. 打开"选择数据源"对话框，在"数据库"列表框中选择"< 新数据源 >"选项。
2. 单击 确定 按钮。

提个醒 选中 ☑ 使用【查询向导】创建/编辑查询 复选框，即可使用数据库中的向导进行操作。

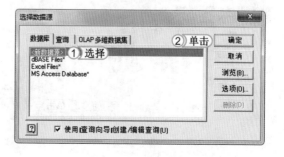

62
Hours

52
Hours

42
Hours

32
Hours

22
Hours

12
Hours

STEP 03： 设置数据源信息

1. 打开"创建新数据源"对话框，在"请输入数据源名称"文本框中输入数据源的名称为"产品订单"。
2. 在下方的下拉列表框中选择 Microsoft Access Driver(*.mdb,*.accdb) 选项。
3. 单击 连接(C)... 按钮。

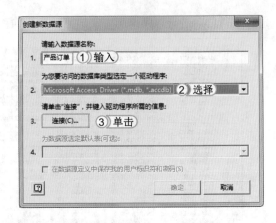

STEP 04： 选择数据库

1. 打开"ODBC Microsoft Access 安装"对话框，单击 选择(S)... 按钮，打开"选择数据库"对话框。
2. 在"驱动器"下拉列表中选择数据库文件所在的磁盘位置。
3. 在"目录"列表框中选择数据库文件存在的文件夹位置。
4. 在"数据库名"文本框下的列表框中选择需要的数据库文件，这里选择"产品基本信息 .accdb"。
5. 单击 确定 按钮。

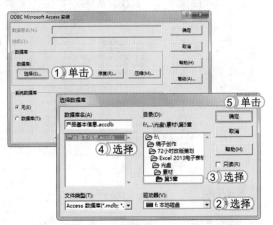

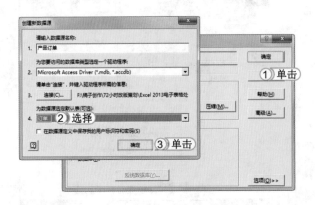

STEP 05： 确认数据源信息

1. 返回"ODBC Microsoft Access 安装"对话框，单击 确定 按钮。
2. 返回到"创建新数据源"对话框，在"为数据源选定默认表"下拉列表框中选择"订单"选项。
3. 单击 确定 按钮。

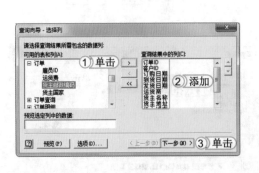

STEP 06： 设置选择列

1. 返回"选择数据源"对话框，单击 确定 按钮，打开"查询向导 - 选择列"对话框，在左侧的列表框中选择查询结果中需要包含的数据列，这里选择"订单"工作表中的"订单 ID"选项。单击 > 按钮将其添加到右侧的列表框中。
2. 用同样的方法添加其他需要的列，如客户 ID、订购日期、到货日期、发货日期、运货商、货主名称、货主地址、货主城市。
3. 完成后单击 下一步(N) > 按钮。

STEP 07： 设置筛选数据

1. 打开"查询向导 - 筛选数据"对话框，在"待筛选的列"列表框中选择需要设置条件的选项为"货主地区"选项。
2. 在右侧激活的"货主地区"下拉列表框中选择"等于"选项，在右侧的下拉列表框中选中"华北"选项。
3. 使用相同的方法设置筛选条件为"华东"、"华南"、"华中"。
4. 单击 下一步(N) > 按钮。

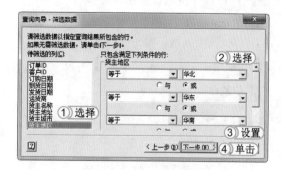

STEP 08： 设置排序顺序

1. 打开"查询向导 - 排序顺序"对话框，在"主要关键字"下拉列表框中选择"订购日期"选项。
2. 在"次要关键字"下拉列表框中选择"发货日期"选项。
3. 保持其他设置不变，单击 下一步(N) > 按钮。

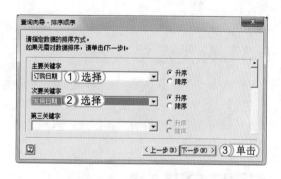

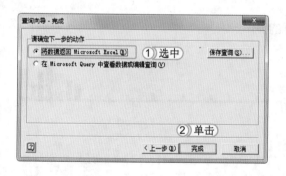

STEP 09： 完成查询向导设置

1. 打开"查询向导-完成"对话框，选中 ⊙ 将数据返回 Microsoft Excel(R) 单选按钮
2. 单击 完成 按钮。

STEP 10： 导入数据

1. 系统自动打开"导入数据"对话框，在"请选择该数据在工作簿中的显示方式"栏中设置数据的显示方式，这里选中 ⊙ 表(T) 单选按钮。
2. 在"数据的放置位置"栏中选中 ⊙ 现有工作表(E)： 单选按钮，在下方的文本框中输入 =Sheet! $A$1。
3. 单击 确定 按钮，完成数据的导入操作。

STEP 11： 查看查询后的数据

此时，Excel 按照设置的条件对数据进行筛选和排序，完成后保存表格，其效果如右图所示。

读书笔记

5.3 分类汇总数据

"分类汇总"是指根据表格中的某一列数据将所有记录进行分类，然后再对每一类记录分别进行汇总。"汇总"则是指对数据库中的某列数据作求和、最大值以及最小值等计算，如在年度销售报表中将每月的销售额进行求和汇总，以得到全年的销售额。下面对分类汇总的方法进行详细介绍。

学习1小时

- 掌握创建分类汇总、隐藏与显示明细数据的操作方法。
- 掌握取消分级显示的方法。
- 熟练掌握删除分类汇总的方法。

5.3.1 创建分类汇总

在 Excel 中分类汇总功能不仅能使表格中的数据按某一字段进行排序分类，还可以对同一类型的数据进行统计运算。在进行分类汇总操作前，需要先对数据进行排序。

下面以在"汽车报价表 .xlsx"工作簿中对每种品牌的汽车进行分类汇总为例，讲解创建分类汇总的方法。其具体操作如下：

> **光盘文件**
> 素材\第5章\汽车报价表.xlsx
> 效果\第5章\汽车报价表.xlsx
> 实例演示\第5章\创建分类汇总

STEP 01： 对数据进行排序

1. 打开"汽车报价表 .xlsx"工作簿，选择 Sheet1 工作表中的 A2 单元格。
2. 选择【数据】/【排序和筛选】组，单击"升序"按钮。

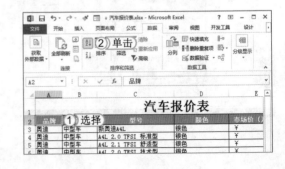

STEP 02： 设置分类汇总

1. 选择【数据】/【分级显示】组，单击"分类汇总"按钮，打开"分类汇总"对话框。
2. 在"分类字段"下拉列表框中选择需分类的字段，这里选择"品牌"选项。
3. 在"汇总方式"下拉列表框中选择汇总的方式，这里选择"求和"选项。
4. 在"选定汇总项"列表框中选择需汇总的项目，这里选中"市场价（万元）"选项前的复选框。
5. 保持其他设置默认不变，单击 确定 按钮。

STEP 03： 查看效果

返回工作表中即可查看到按汽车品牌分类汇总后的效果。

> **提个醒** "汇总方式"下拉列表框中提供了多种汇总方式，包括求和、计数、平均值、最大值、最小值、乘积等方式。用户可根据需要进行选择。

5.3.2 隐藏与显示分类汇总

在表格中创建分类汇总后，为了方便查看需要的数据，可将分类汇总后暂时不需要查看的数据隐藏起来，需要查看时再将其显示出来。其方法为：打开创建分类汇总后的表格，只需单击表格左侧的□按钮即可隐藏相应级别的数据，此时□按钮将变为+按钮；单击+按钮，则可将相应级别的数据显示出来。

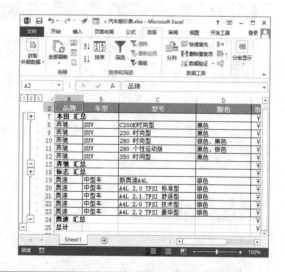

62
Hours

52
Hours

42
Hours

32
Hours

22
Hours

12
Hours

经验一箩筐——通过按钮隐藏与显示分类汇总

单击【数据】/【分级显示】组中的 隐藏明细数据 按钮可隐藏数据；单击 显示明细数据 按钮可显示数据。

5.3.3 创建多级分类汇总

用户可在已有分类汇总的基础上再次对数据进行分类汇总，使表格中包含两个或两个以上的分类汇总。其方法与创建分类汇总类似。不同的是，在"分类汇总"对话框中设置汇总条件时，需要取消选中 □ **替换当前分类汇总(C)** 复选框。如下图所示即为创建多级分类汇总的效果。

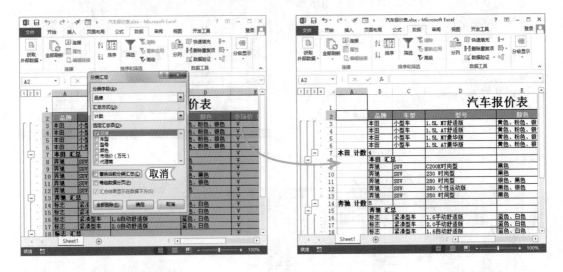

5.3.4 删除分类汇总

对工作表进行分类汇总之后，如果需要在不改变表格中数据的前提下将其还原到最初的工作表状态，则可以将表格中的分类汇总删除。删除分类汇总的方法为：打开需删除分类汇总的工作表，然后选择【数据】/【分级显示】组，单击"分类汇总"按钮🔲，打开"分类汇总"对话框，在其中单击 全部删除(R) 按钮，即可删除工作表中的分类汇总。

> ▌**经验一箩筐——取消分类汇总的分级显示**
>
> 进行分类汇总后，表格左侧显示不同级别分类汇总的按钮 1 2 3，单击 1 按钮将隐藏分类的所有数据，只显示汇总后的总记录；单击 2 按钮将显示分类汇总后各项目的汇总项；单击 3 按钮将隐藏的所有分类级别显示出来。在执行分类汇总操作之后，原来的工作表显得很大，有时造成数据显示不完整，此时可以在不影响表格中数据记录的情况下，取消当前表格的分级显示，其操作方法为：打开需取消分级显示的表格，选择【数据】/【分级显示】组，并单击"取消组合"按钮🔲下方的下拉按钮，在弹出的下拉列表中选择"清除分级显示"选项，即可取消当前表格中的分级显示。

上机1小时 ▶ **管理楼盘销售信息表**

🔍 巩固高级排序的设置方法，掌握对表格中数据进行高级筛选的操作方法。

🔍 进一步掌握分类汇总的使用方法。

本例将对"楼盘销售信息表.xlsx"工作簿中的数据进行管理，在输入并美化数据后，首先对"开盘均价"进行从高到低排序，然后筛选出开盘均价大于或等于5000的记录，最后对"开发公司"进行汇总，完成后的效果如下图所示。

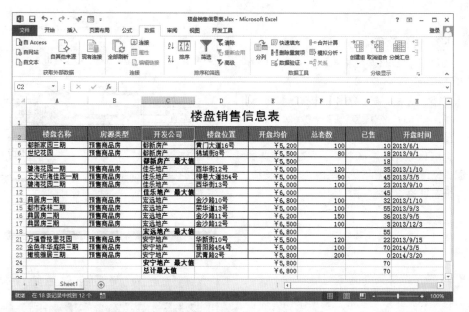

	楼盘名称	房源类型	开发公司	楼盘位置	开盘均价	总套数	已售	开盘时间
5	都新家园三期	预售商品房	都新房产	黄门大道16号	￥5,200	100	10	2013/6/1
6	世纪花园	预售商品房	都新房产	锦城街8号	￥5,500	80	18	2013/9/1
7			都新房产 最大值		￥5,500		18	
8	碧海花园一期	预售商品房	佳乐地产	西华街12号	￥5,000	120	35	2013/1/10
9	云天听海佳园一期	预售商品房	佳乐地产	栅巷大道354号	￥5,000	90	45	2013/3/5
10	碧海花园二期	预售商品房	佳乐地产	西华街13号	￥6,000	100	23	2013/9/10
12			佳乐地产 最大值		￥6,000		45	
13	典居房一期	预售商品房	宏远地产	金沙路10号	￥6,800	100	32	2013/1/10
15	都市森林二期	预售商品房	宏远地产	荣华道13号	￥5,000	100	55	2013/9/3
16	典居房二期	预售商品房	宏远地产	金沙路11号	￥6,200	150	36	2013/9/5
17	典居房三期	预售商品房	宏远地产	金沙路12号	￥6,500	100	3	2013/12/3
18			宏远地产 最大值		￥6,800		55	
21	万福香格里花园	预售商品房	安宁地产	华新街10号	￥5,500	120	22	2013/9/15
22	金色年华庭院三期	预售商品房	安宁地产	晋阳路454号	￥5,000	100	70	2014/3/5
23	橄榄雅居三期	预售商品房	安宁地产	武青路2号	￥5,800	200	0	2014/3/20
24			安宁地产 最大值		￥5,800		70	
25			总计最大值		￥6,800		70	

光盘
文件

素材 \ 第 5 章 \ 楼盘销售信息表 .xlsx
效果 \ 第 5 章 \ 楼盘销售信息表 .xlsx
实例演示 \ 第 5 章 \ 管理楼盘销售信息表

STEP 01： 设置排序条件

1. 打开"楼盘销售信息表 .xlsx"工作簿，在 Sheet1 工作表中选择 C2 单元格。选择【数据】/【排序和筛选】组，单击"排序"按钮图。

2. 在打开"排序"对话框的"主要关键字"下拉列表框中选择"开发公司"选项。

3. 在"次序"下拉列表框中选择"降序"选项。

提个醒
　　用户也可尝试选择其他的字段名称作为排序的条件。

STEP 02： 设置排序选项

1. 单击"排序"对话框中的 选项(Q)... 按钮，打开"排序选项"对话框。

2. 在"方法"栏中选中 ⊙ 笔划排序(R) 单选按钮。

3. 单击 确定 按钮，返回"排序"对话框。

4. 单击 确定 按钮，返回工作表。

提个醒
　　如果表格字段列中的数据是英文，在"排序选项"对话框中选中☑区分大小写(C)复选框，可按大小写进行排序。

62
Hours

52
Hours

42
Hours

32
Hours

22
Hours

12
Hours

STEP 03： 准备筛选

1. 分别在 **D22** 和 **D23** 单元格中输入筛选条件为"开盘均价"和 >=5000。
2. 选择 E16 单元格。在【数据】/【排序和筛选】组中单击"高级"按钮，打开"高级筛选"对话框。
3. 在"列表区域"文本框中显示需进行筛选的范围，保持默认设置不变。单击"条件区域"文本框右侧的"收缩"按钮。

STEP 04： 选择条件区域

1. 此时，对话框呈收缩状态，拖动鼠标选择工作表中的 D22:D23 单元格区域。
2. 单击对话框右侧的"展开"按钮。

STEP 05： 确认筛选条件

返回"高级筛选"对话框，确认列表区域和条件区域均无误后，单击 确定 按钮。返回工作表中查看筛选后的效果。

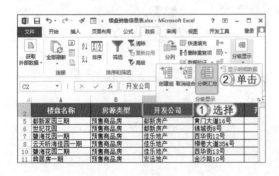

STEP 06： 准备分类汇总

1. 选择 Sheet1 工作表中的 **C2** 单元格。
2. 选择【数据】/【分级显示】组，单击"分类汇总"按钮。

STEP 07： 设置汇总字段和方式

1. 在打开对话框的"分类字段"下拉列表框中选择"开发公司"选项。

2. 在"汇总方式"下拉列表框中选择"最大值"选项。

3. 在"选定汇总项"列表框中选中"开盘均价"和"已售"选项前的复选框。

4. 单击 确定 按钮。

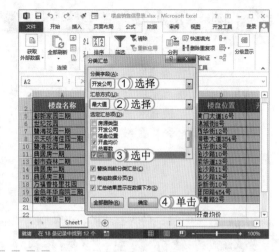

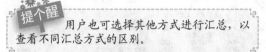

楼盘销售信息表

开发公司	楼盘位置	开盘均价	总套数	已售	开盘时间
都新房产	黄门大道16号	¥5,200	100	10	2013/6/1
都新房产	锦城街6号	¥5,500	80	18	2013/9/1
都新房产 最大值		¥5,500		18	
佳乐地产	西华街12号	¥5,000	120	35	2013/1/10
佳乐地产	榜巷大道354号	¥5,000	90	45	2013/3/5
佳乐地产	西华街11号	¥6,000	100	23	2013/9/10
佳乐地产 最大值		¥6,000		45	
宏远地产	金沙路10号	¥6,800	100	32	2013/9/1
宏远地产	荣华街13号	¥6,800	100	55	2013/9/3
宏远地产	金沙路11号	¥6,200	150	36	2013/9/5
宏远地产	金沙路12号	¥6,800	100	3	2013/12/3
宏远地产 最大值		¥6,800		55	
安宁地产	华新街10号	¥5,800	120	22	2013/9/15
安宁地产	晋阳路454号	¥5,000	100	70	2014/3/5
安宁地产	武青路2号	¥5,800	200	0	2014/3/20
安宁地产 最大值		¥5,800		70	
总计最大值		¥6,800		70	

STEP 08： 查看汇总效果

此时，各房产开发公司"开盘均价"和"已售"的最大值都分类显示在相应的类别中。若要对现在的分类汇总进行修改，用相同的方法在"分类汇总"对话框中进行设置，完成所有设置后保存工作簿即可。

5.4 练习 3 小时

本章主要介绍排序、筛选和汇总数据的方法，用户要想在日常工作中熟练使用它们，还需进行巩固练习。下面以筛选产品销量数据、汇总鞋子销量表和查看员工总销售额 3 个练习为例，进一步巩固这些知识的操作方法。

1. 练习 1 小时：筛选产品销售数据

本例将对"玩具产品销售表.xlsx"工作簿中的数据进行筛选，先通过"高级筛选"对每一季度大于 5000 的数据进行筛选，再筛选出全年销量大于 5000 的数据，完成后的效果如右图所示。

产品	第一季度	第二季度	第三季度	第四季度	全年
长嘴猴	¥12,560	¥18,408	¥6,379	¥29,303	¥66,651
情侣猫	¥6,134	¥32,815	¥8,000	¥18,408	¥65,357
泰迪熊	¥7,629	¥7,693	¥25,439	¥32,815	¥73,576
机器猫	¥24,461	¥9,348	¥29,865	¥7,693	¥71,367
维尼熊	¥32,158	¥7,501	¥7,841	¥16,664	¥64,164
九州鸟	¥16,330	¥9,249	¥7,645	¥18,938	¥52,162

62
Hours

52
Hours

42
Hours

32
Hours

22
Hours

12
Hours

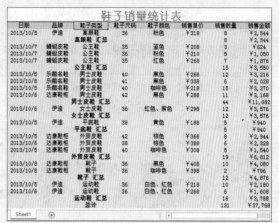

2. 练习 1 小时：汇总鞋子销量

本例将利用光盘提供的“鞋子销量表.xlsx”工作簿来练习数据的排序和分类汇总的使用方法。首先对“品牌”进行升序排序，接着对各不同鞋子类型的销售售数量和销售金额进行汇总，最终效果如右图所示。

鞋子销量统计表

日期	品牌	鞋子类型	鞋子尺码	鞋子颜色	销售单价	销售数量	销售金额
2013/10/5	伊迪	高跟鞋	36	粉色	￥318	8	￥2,544
		高跟鞋 汇总				8	￥2,544
2013/10/7	蜻蜓皮鞋	公主鞋	35	蓝色	￥208	3	￥624
2013/10/7	蜻蜓皮鞋	公主鞋	36	粉色	￥210	5	￥1,050
2013/10/7	蜻蜓皮鞋	公主鞋	35	红色	￥268	7	￥1,876
		公主鞋 汇总				15	￥3,550
2013/10/5	乐酷名鞋	男士皮鞋	40	黑色	￥268	12	￥3,216
2013/10/8	乐酷名鞋	男士皮鞋	41	黑色	￥338	6	￥2,028
2013/10/5	乐酷名鞋	男士皮鞋	40	咖啡色	￥218	15	￥3,270
2013/10/6	达康鞋柜	男士皮鞋	42	黑色	￥288	11	￥3,168
		男士皮鞋 汇总				44	￥11,682
2013/10/6	伊迪	女士皮鞋	36	红色、紫色	￥298	12	￥3,576
		女士皮鞋 汇总				12	￥3,576
2013/10/5	伊迪	平底鞋	38	黄色	￥188	5	￥940
		平底鞋 汇总				5	￥940
2013/10/5	达康鞋柜	外贸皮鞋	42	棕色	￥368	8	￥2,944
2013/10/6	达康鞋柜	外贸皮鞋	38	棕色	￥388	6	￥2,328
2013/10/5	达康鞋柜	外贸皮鞋	40	咖啡色	￥308	5	￥1,540
		外贸皮鞋 汇总				19	￥6,812
2013/10/8	达康鞋柜	靴子	36	黑色	￥408	10	￥4,080
2013/10/8	达康鞋柜	靴子	36	咖啡色	￥398	2	￥796
		靴子 汇总				12	￥4,876
2013/10/5	伊迪	运动鞋	36	白色、红色	￥218	10	￥2,180
2013/10/6	伊迪	运动鞋	36	白色、红色	￥268	6	￥1,608
		运动鞋 汇总				16	￥3,788
		总计				131	￥37,768

Sheet1

光盘文件
素材\第 5 章\鞋子销量表.xlsx
效果\第 5 章\鞋子销量表.xlsx
实例演示\第 5 章\汇总鞋子销量

3. 练习 1 小时：查看员工总销售额

打开“员工总销售额统计表.xlsx”工作簿，对数据按照员工姓名进行排序，然后进行分类汇总操作，以查看每位员工的总销售额，最后再通过筛选功能查看总销售额大于 20000 的记录，最终效果如下图所示。

3月份员工总销售额统计表

	日期	员工姓名	产品名称	单价（元）	销售数量	总销售额（元）
3	2014/3/2	杨诗雨	1.8米实木双人床	4900	2	9800
4	2014/3/14	杨诗雨	1.8米实木双人床	4900	1	4900
5	2014/3/15	杨诗雨	儿童房家具套餐	6800	1	6800
6	2014/3/17	杨诗雨	1.8米实木双人床	4900	1	4900
7	2014/3/27	杨诗雨	儿童房家具套餐	6800	2	13600
8	2014/3/28	杨诗雨	黑色板木电视柜	2300	2	4600
9	2014/3/29	杨诗雨	黑色板木电视柜	2300	5	11500
10		**杨诗雨 汇总**				56100
15	2014/3/5	吴江	橡皮电视柜	2500	2	5000
16	2014/3/11	吴江	沙发床	4900	2	9800
17	2014/3/20	吴江	1.8米皮艺双人床	1900	2	3800
18	2014/3/24	吴江	橡皮电视柜	2500	3	7500
19		**吴江 汇总**				26100
23	2014/3/8	王红艳	儿童房家具套餐	6800	1	6800
24	2014/3/10	王红艳	1.8米皮艺双人床	1900	3	5700
25	2014/3/23	王红艳	沙发床	4900	2	9800
26		**王红艳 汇总**				22300
29	2014/3/3	刘小丽	1.8米皮艺双人床	1900	1	1900
30	2014/3/13	刘小丽	白色板木茶几	2400	2	4800
31	2014/3/18	刘小丽	儿童房家具套餐	6800	1	6800
32	2014/3/26	刘小丽	1.8米实木双人床	4900	2	9800
33		**刘小丽 汇总**				23300
34	2014/3/4	胡泉	沙发床	4900	2	9800
35	2014/3/12	胡泉	橡皮电视柜	2500	2	5000
36	2014/3/19	胡泉	黑色板木电视柜	2300	2	4600
37	2014/3/25	胡泉	白色板木茶几	2400	3	7200
38		**胡泉 汇总**				26600
39		**总计**				154400

Sheet1

光盘文件
素材\第 5 章\员工总销售额统计表.xlsx
效果\第 5 章\员工总销售额统计表.xlsx
实例演示\第 5 章\查看员工总销售额

表格
72 HOURS

第 **6** 章

函数在 Excel 中的日常运算

Excel 提供了多种类型的函数，包括文本函数、逻辑函数、财务函数、日期和时间函数、查找与引用函数、数学和三角函数及其他函数等 7 种类型。这 7 种类型都包含具体的函数。本章主要介绍在日常办公中经常使用的函数，以提高数据运算的准确率和办公效率。

- 使用数学和日期函数进行日常办公
- 使用文本函数获取数据
- 使用查找与引用函数查找数据
- 使用其他常用函数计算数据

上机 6 小时

6.1 使用数学和日期函数进行日常办公

在 Excel 中,可以使用数学和日期函数来进行数据的简单计算和日期的获取。如计算一款产品在某一段时间内的销量,以及设置数据的显示或根据某个时间段得到其需要的天数、日期或年份等。

学习1小时

- 掌握 SUMIF 函数的使用方法。
- 学会 INT 和 TRUNC 函数的使用方法。
- 掌握 MOD 函数的使用方法。
- 掌握 ROUND 函数的使用方法。
- 熟悉 ABS 函数的使用方法。
- 掌握日期与时间函数的使用方法。

6.1.1 使用 SUMIF 函数按条件求和

SUMIF 函数可以对满足条件的单元格区域进行求和。其语法结构为:SUMIF(range, criteria,sum_range),各参数的含义介绍如下。

- range:表示要进行计算的单元格区域,每个区域中的单元格都必须是数字或名称、数组或包含数字的引用,在其中空值和文本值被忽略。
- criteria:表示以数字、表达式或文本形式定义的条件,也可搭配通配符(如问号? 和星号*)进行条件设置,其中问号表示任意单个字符,星号表示任意一串字符。如果要查找实际的问号或星号,则在该字符前输入波形符 ~ 即可。
- sum_range:表示用于求和计算的实际单元格,如果省略该参数,当区域中的单元格符合条件时,则条件区域就是实际的求和区域。

SUMIF 函数常用于人事、工资、销售和成绩的统计,主要是按照指定的某个条件对数据进行求和操作。

下面将在"部门费用表 .xlsx"工作簿中使用 SUMIF 函数,以部门为条件进行统计,计算出每个部门的入额和出额的总金额。其具体操作如下:

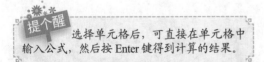

光盘文件
素材\第6章\部门费用表.xlsx
效果\第6章\部门费用表.xlsx
实例演示\第6章\使用 SUMIF 函数按条件求和

STEP 01: 计算销售部的入额

1. 打开"部门费用表 .xlsx"工作簿,选择 J3 单元格。
2. 将鼠标指针定位在编辑栏中,输入公式 =SUMIF($D$3:$D$18," 销售部 ",$E$3: $E$18)。
3. 单击"输入"按钮 √ 即可进行计算。

提个醒
选择单元格后,可直接在单元格中输入公式,然后按 Enter 键得到计算的结果。

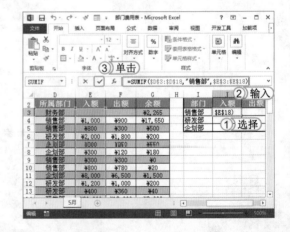

1. 选择 K3 单元格。
2. 将鼠标指针定位在编辑栏中，然后输入公式 =SUMIF($D$3:$D$18,"销售部",$F$3:$F$18)。
3. 单击"输入"按钮 ✔ 即可进行计算。

> **提个醒**　用户也可直接通过单元格引用来设置求和的条件，如公式"=SUMIF($D$3:$D$18,"销售部",$F$3:$F$18)"，就可以用"=SUMIF($D$3:$D$18,I3,$F$3:$F$18)"来代替。

STEP 03： 计算其他部门的入额

1. 选择 J4 单元格，并将鼠标指针定位到编辑栏中，输入公式 =SUMIF($D$3:$D$18,"研发部",$E$3:$E$18)，按 Enter 键得到计算的结果。
2. 选择 J5 单元格，输入公式 =SUMIF($D$3:$D$18,"企划部",$E$3:$E$18)，按 Enter 键得到计算的结果。

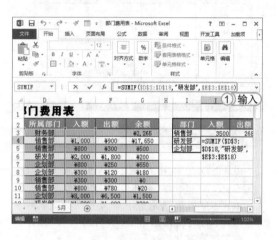

STEP 04： 计算其他部门的出额

1. 选择 K4 单元格，输入公式 =SUMIF($D$3:$D$18,"研发部",$F$3:$F$18)，按 Enter 键得到计算的结果。
2. 选择 K5 单元格，输入公式 =SUMIF($D$3:$D$18,"企划部",$F$3:$F$18)，按 Enter 键得到计算的结果。

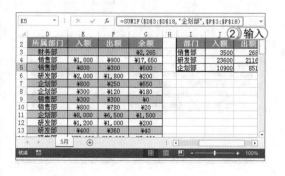

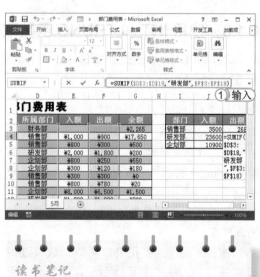

读书笔记

163

72☑
Hours

62
Hours

52
Hours

42
Hours

32
Hours

22
Hours

12
Hours

6.1.2 使用 ROUND 函数进行四舍五入

ROUND 函数能够将某个数字按指定位数进行四舍五入，然后得到返回值。其语法结构为：ROUND(number,num_digits)，各参数的含义介绍如下。

🔑 number：表示需要向下或者舍入的任意实数。

🔑 num_digits：表示四舍五入后的数字的位数。

如下图所示即为使用 ROUND 函数对数值进行保留一位小数或保留两位小数的四舍五入。

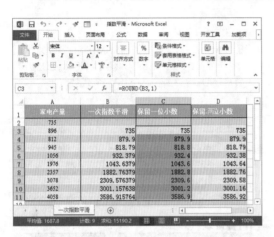 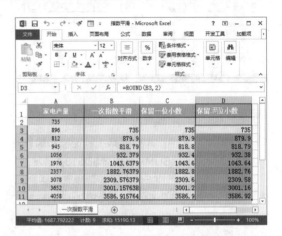

> ▌经验一箩筐——使用 ROUNDUP 和 ROUNDDOWN 函数进行四舍五入
>
> ROUNDUP 和 ROUNDDOWN 函数与 ROUND 函数的功能相似，都能对数值进行四舍五入，不同的是，ROUNDUP 函数是向上舍入数字，ROUNDDOWN 函数是靠近 0 值；ROUND 函数则是向下舍入数字。这两个函数的语法结构与 ROUND 函数完全相同，分别为 ROUNDUP(number,num_digits) 和 ROUNDDOWN(number,num_digits)，其参数含义也完全相同，这里不再赘述。

6.1.3 使用 INT 和 TRUNC 函数取整

INT 和 TRUNC 函数都可以用来对数值型的数据进行取整，但使用方法有所不同。下面分别进行介绍。

1. INT 函数

INT 函数用来将数字向下取整到最接近的整数。其语法结构为：INT(number)。其中，参数 number 表示需要取整的数值。INT 函数相当于对带有小数的数值进行截尾取整。如果要取整的数值是负数，则向绝对值增大的方向取整。

如右图所示为使用 INT 函数对数值进行取整的结果。从图中可以看出，INT 函数取整后的数值都比原来的数值小，因此，也可以说 INT 函数是将数字向下取整到最接近且小于原数值的整数。

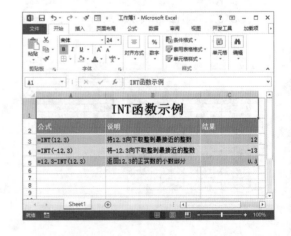

2. TRUNC 函数

TRUNC 函数可将数字的小数部分截去，返回整数。其语法结构为：TRUNC(number,num_digits)。该函数中各参数的含义如下。

🔑 number：表示需要截尾取整的数字，该参数为必须值，不能省略。

🔑 num_digits：用来指定取整精度的数字位数，其默认值为 0；可将该参数省略。

如下图所示即为使用 TRUNC 函数对数值进行取整和保留两位小数的效果。

6.1.4 使用 ABS 函数取绝对值

ABS 函数用来返回数字的绝对值。其语法结构为：ABS(number)。参数 number 表示需要计算其绝对值的数值。如果参数 number 不是数值，而是一些字符，则在计算时，在单元格中返回 #VALUE 或 #NAME? 错误值。

如某企业在下达产品销量目标后，其实际的销量可能比预定的销量多或少，此时使用 ABS 函数即可计算出预计的销量与实际销量的差异。

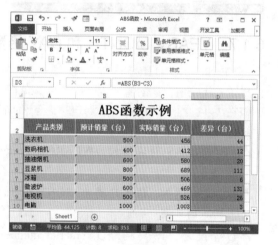

6.1.5 使用 MOD 函数取余数

MOD 函数是一种求余函数，用来返回两个数相除后的余数。其语法结构为：MOD(number,divisor)。该函数中各参数的含义如下。

🔑 number：表示被除数。

🔑 divisor：表示除数，如果其值为 0，则返回 #DIV/0！错误值。

当 number（被除数）大于 divisor（除数）时，使用 MOD 函数可以计算两者之间的中间值，如右图所示。当 divisor 小于时，则回 number。

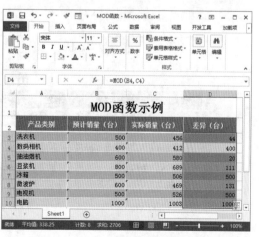

165
72 Hours
62 Hours
52 Hours
42 Hours
32 Hours
22 Hours
12 Hours

6.1.6 NOW 和 TODAY 函数

NOW 函数和 TODAY 函数都用来获取当日的系统日期时间，其中 NOW 函数可以返回电脑系统内部时钟的当前日期和时间，其语法结构为：NOW( )。TODAY 函数可以返回日期格式的当前日期，其语法结构为：TODAY( )。它们都没有参数，可以直接使用。需要注意的是，因为设置的单元格显示格式不同，所以返回的结果也并不相同，在默认情况下，将自动返回日期格式的数据。如下图所示即为默认和设置单元格格式或与其他函数结合使用后返回的结果。

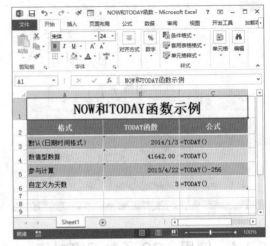

6.1.7 YEAR、MONTH 和 DAY 函数

YEAR、MONTH 和 DAY 函数都是较为常用的日期时间函数。其中，YEAR 函数用于返回日期的年份值，返回值为 1900~9999 之间的整数；MONTH 函数用于返回日期的月份数，返回值在 1~12 之间；DAY 函数则用于返回日期的号数，其值介于 1~31 之间。这 3 种函数的语法结构分别为如下所示。

🔑 YEAR 函数：语法结构为 YEAR(serial_number)，参数 serial_number 表示需要计算的年份数的日期。

🔑 MONTH 函数：语法结构为 MONTH(serial_number)，参数 serial_number 表示需要计算的月份数的日期。

🔑 DAY 函数：语法结构为 DAY(serial_number)，参数 serial_number 表示需要计算号数的日期。如下图所示即为使用这 3 种函数分别获取员工的出生年份、月份和号数的结果。

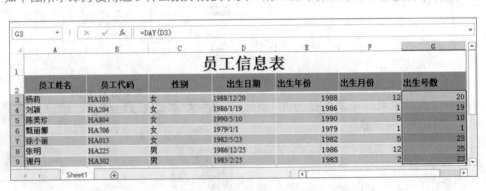

经验一箩筐—— HOUR、MINUTE、SECOND 和 WEEKDAY 函数

HOUR、MINUTE、SECOND 和 WEEKDAY 函数可用于返回时、分、秒和星期几。其语法结构分别为：HOUR(serial_number)、MINUTE(serial_number)、SECOND(serial_number) 和 WEEKDAY(serial_number,[return_type])。其中，参数 serial_number 表示将要返回小时数、分钟数及秒数；return_type 用于确定返回值类型的数字。这几种函数使用方法与 YEAR、MONTH 和 DAY 函数的方法相同，这里不再赘述。

6.1.8 DATE 和 DAYS360 函数

DATE 和 DAYS360 函数是进行日常办公时较为常用的函数，下面分别对其含义和使用方法进行详细介绍。

1. DATE 函数

DATE 函数用于返回代表特定日期的序列号，使用该函数可以方便地将指定的年、月、日合并为日期编号。其语法结构为：DATE(year,month,day)，其中各参数的含义分别介绍如下。

🔑 year：表示年份，可以是 1~4 位的数字。在 Windows 7 操作系统中，Excel 默认使用 1900 日期系统来进行计算。当 year 位于 0~1899 之间时，Excel 自动将该值加上 1900，再计算年份，如 DATE(204,6,8) 将返回 2104/6/8；当 year 位于 1900~9999 之间时，Excel 将直接使用该数值作为年份，如 DATE(2014,6,8) 将返回 2014/6/8；当 year<0 或 >= 10000 时，将返回错误值 #NUM!。

🔑 month：表示月份。如果 month>12，则从指定年份的一月份开始往上累加。

🔑 day：表示天。如果 day 大于该月份的最大天数，则从指定月份的第一天开始往上累加。

2. DAYS360 函数

DAYS360 函数是按照一个月 30 天、一年 12 个月，共计 360 天的算法，返回两个日期之间相差的天数，常用于会计计算。其语法结构为：DAYS360(start_date,end_date,method)，其中各参数的含义分别介绍如下。

🔑 start_date：代表计算期间天数的起始日期。该日期必须为 DATE 函数或其他公式或功能返回的日期型结果，不能采用文本的方式进行输入。

🔑 end_date：代表计算期间天数的终止日期。与 start_date 参数类似，不能采用文本进行输入。

🔑 method：用于指定计算的方法是采用欧洲方法还是美国方法。为 FALSE 或省略，则为美国方法；为 TRUE 则为欧洲方法。

経験一筐筐——不同算法的区别

采用美国算法时，表示起始日期是一个月的 31 号。如果终止日期是一个月的最后一天，且起始日期早于 30 号，则终止日期等于下一个月的 1 号，否则终止日期等于本月的 30 号。采用欧洲算时，如果起始日期与终止日期为一个月的 31 号，都认为其等于本月的 30 号。

上机 1 小时 ▶ 制作员工加班计费表

🔍 掌握获取时、分、秒的函数使用方法。

🔍 掌握四舍五入函数的使用方法。

🔍 巩固求和函数的使用方法。

本例将先创建"员工加班计费表"表格的框架，再在其中输入数据并对表格样式进行设置，然后使用 HOUR、MINUTE 和 SECOND 函数计算出员工加班的小时、分钟和秒的时间，再使用 ROUND 函数对其累计小时数进行计算，最后计算出加班费用，并统计出加班的总时间和总费用，完成后的效果如下图所示。

员工加班计费表

员工编号	员工姓名	下班打卡时间	累计时间			累计小时数	加班费用
			小时	分钟	秒		
cd20081603	李芸芸	19:36:35	1	36	35	1.7	85
cd20082104	赵丽萍	18:50:00	0	50	0	0.83	41.5
cd20071605	洪云霞	20:26:15	2	26	15	2.48	124
cd20061510	赵国维	22:56:20	4	56	20	4.99	249.5
cd20081620	李丹利	18:12:35	0	12	35	0.3	0
cd20072210	刘紫兰	20:18:36	2	18	36	2.4	120
cd20081731	王杰	19:00:00	1	0	0	1	50
cd20061310	吴燕	21:53:36	3	53	36	3.98	199
cd20061011	蔡晓军	22:10:26	4	10	26	4.24	212
cd20071516	邓然	19:58:26	1	58	26	2.04	102
cd20081423	彭国栋	20:29:56	2	29	56	2.64	132
cd20061519	李霞	21:30:50	3	30	50	3.64	182
加班时间统计		30.24				加班费用累计:	1497
备注: 若下班打卡时间在半个小时以内不计入加班费用。若大于半个小时以上，则以50元/小时的标准进行计算							

光盘
文件　效果＼第 6 章＼员工加班计费表.xlsx

　　　　实例演示＼第 6 章＼制作员工加班计费表

STEP 01：　创建表格框架

启动 Excel 2013，新建一个空白工作簿，并将其另存为"员工加班计费表"。在 Sheet1 工作表中输入表格的框架，包括表格标题、表格字段和备注内容，完成后的效果如右图所示。

STEP 02: 填充并设置表格格式

在表格对应的字段中输入内容，然后根据需要对表格的样式进行设置，包括表头合并居中、表格字段合并居中、字体格式，同时添加边框样式等，完成后的效果如右图所示。

> **提个醒** 表头、表格字段和需要重点查看的内容可进行加粗设置。

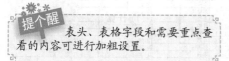

72 ⊠
Hours

STEP 03: 计算小时数

1. 选择 D7 单元格。
2. 将鼠标指针定位在编辑栏中，输入公式 =HOUR(C7-$B$4)。

> **提个醒** 该公式所表示的含义是：计算员工从下班打卡时间与正常下班时间内的小时数。其中，C7 即表示下班打卡的时间，B4 表示正常的下班时间。这里使用绝对引用（$B$4）是因为 B4 的值是固定不变的，便于进行固定引用。

62
Hours

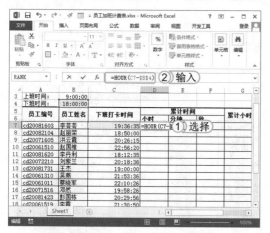

52
Hours

STEP 04: 复制并计算其他小时数

按 Enter 键计算出 D7 单元格所对应的员工加班的小时数，然后将鼠标指针放在 D7 单元格右下角，当鼠标指针变为十形状时，按住鼠标左键不放，拖动到 D18 单元格后释放鼠标，以完成其他单元格小时数的计算。

42
Hours

STEP 05: 计算分钟

1. 选择 E7:E18 单元格区域。
2. 将鼠标指针定位在编辑栏中，输入公式 =MINUTE(C7-$B$4)。

> **提个醒** 公式 =MINUTE(C7-$B$4) 的含义与计算小时数的含义相同，这里用来计算分钟。

32
Hours

22
Hours

12
Hours

STEP 06： 计算秒

1. 按 Ctrl+Enter 组合键计算出分钟。
2. 选择 F7:F18 单元格区域。
3. 将鼠标指针定位在编辑栏中，输入公式 =SECOND(C7-$B$4)。

提个醒 公式 =SECOND(C7-$B$4) 与 =MINUTE(C7-$B$4) 和 =HOUR(C7-$B$4) 的含义相同，这里用来计算秒。

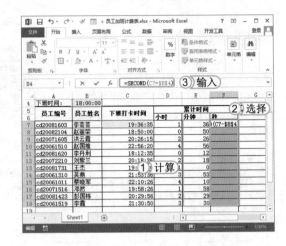

STEP 07： 计算累计小时数

1. 按 Ctrl+Enter 组合键计算出秒。
2. 选择 G7:G18 单元格区域。
3. 将鼠标指针定位在编辑栏中，输入公式 =ROUND(D7+E7/60+F7/360,2)。

提个醒 公式 =ROUND(D7+E7/60+F7/360,2) 表示将小时、分钟和秒以小时进行统计，再对其保留两位小数。

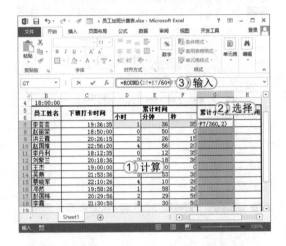

STEP 08： 计算加班费用

1. 按 Ctrl+Enter 组合键计算出累计小时数。
2. 选择 H7:H18 单元格区域。
3. 将鼠标指针定位在编辑栏中，输入公式 =IF(G7>0.5,G7*50,0)。

提个醒 公式 =IF(G7>0.5,G7*50,0) 表示累计小时数大于 0.5 时，加班费用为累计小时乘以50；小于等于 0.5 时，则为 0，不进行加班费用的计算。

读书笔记

STEP 09: 计算累计加班时间

1. 按 Ctrl+Enter 组合键计算出加班费用。
2. 选择 C20 单元格。
3. 将鼠标指针定位在编辑栏中，输入公式 =SUM(G7:G18)。

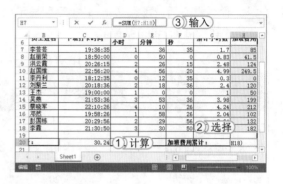

STEP 10: 计算累计加班费用

1. 按 Enter 键计算出累计加班时间。
2. 选择 H20 单元格。
3. 将鼠标指针定位在编辑栏中，输入公式 =SUM(H7:H18)。

	A	B	C	D	E	F	G	H
2								
3	上班时间:	9:00:00						
4	下班时间:	18:00:00						
5	员工编号	员工姓名	下班打卡时间	累计时间			累计小时数	加班费用
6				小时	分钟	秒		
7	cd20081603	李芸芸	19:36:35		36	35	1.7	85
8	cd20082104	赵丽荣	18:50:00	0	50	0	0.83	41.5
9	cd20071605	洪云霞	20:26:15	2	26	15	2.48	124
10	cd20061510	赵国维	22:56:20	4	56	20	4.99	249.5
11	cd20081620	李丹利	18:12:35	0	12	35	0.3	0
12	cd20072210	刘紫兰	20:18:36	2	18	36	2.4	120
13	cd20081731	王杰	19:00:00	1	0	0	1	50
14	cd20061310	吴燕	21:53:36	3	53	36	3.98	199
15	cd20061011	蔡晓军	22:10:26	4	10	26	4.24	212
16	cd20071516	邓然	19:58:26	1	58	26	2.04	102
17	cd20081423	彭国栋	20:29:56	2	29	56	2.64	132
18	cd20061519	李霞	21:30:50	3	30	50	3.64	182
19								
20	加班时间统计:		30.24				加班费用累计:	1497
21								
22	备注：若下班打卡时间在半个小时以内不计入加班费用。若大于半个小时以上，则以50元/小时的标准进							
23	行计算							

STEP 11: 查看效果

按 Enter 键得到累计加班的费用，然后对单元格的样式进行设置，使其效果更为美观，完成后的效果如左图所示。

读书笔记

6.2 使用文本函数获取数据

文本函数主要可用于查找和获取数据，也是 Excel 进行数据处理和分析的主要函数。在日常工作中常使用 TEXT、VALUE、FIND、LEN、LENB、LEFT、RIGHT、MID 和 MIDB 等函数。下面分别对这些常用函数的含义及使用方法进行讲解。

学习1小时

- 🔍 掌握 TEXT 函数的使用方法。
- 🔍 进一步掌握 FIND 函数的使用方法。
- 🔍 掌握 LEFT 和 RIGHT 函数的使用方法。
- 🔍 掌握 VALUE 函数的使用方法。
- 🔍 掌握 LEN 和 LENB 函数的使用方法。
- 🔍 掌握 MID 和 MIDB 函数的使用方法。

62
Hours

52
Hours

42
Hours

32
Hours

22
Hours

12
Hours

6.2.1 TEXT 函数

TEXT 函数用于将数值转换为按指定数字格式表示的文本。其语法结构为：TEXT(value,format_text)，其中各参数的含义分别介绍如下。

🔑 value：表示要进行转换的数值，可以为数值、对包含数字值的单元格的引用或计算结果为数字值的公式。

🔑 format_text：表示要转换的数字格式，可以为"单元格格式"对话框的"数字"选项卡中"分类"列表框中文本形式的数值格式，但不能包含星号"*"。

使用 TEXT 函数进行数值转换后，返回的数据不再作为数字参与计算。如果 format_text 的格式设置得不同，那么 value 转换后所显示出的结果也就不同。如下表所示即为不同 format_text 格式转换后的 value 结果。

TEXT函数常用format_text格式

数 值 (value)	格 式 (format_text)	结 果 TEXT(value_text)	说 明
20	G/ 通用格式	20	常规格式
12.26	000.0	012.3	小数点前面不足三位以 0 补齐，保留 1 位小数，不足一位以 0 补齐
20.00	####	20	没用的 0 一律不显示
1.226	00.##	01.27	小数点前不足两位以 0 补齐，保留两位，不足两位不补位
2	正数；负数；零	正数	大于 0，显示为"正数"
0		零	等于 0，显示为"零"
-2		负数	小于 0，显示为"负数"
20140316	0000-00-00	2014-03-16	按 0000-00-00 形式表示日期
20140316	0000 年 00 月 00 日	2014 年 03 月 16 日	按 0000 年 00 月 00 日形式表示日期
2014-03-16	dddd	Sunday	显示为英文星期几全称
216	[DBNum1][$-804]G/ 通用格式	二百一十六	中文小写数字
216	[DBNum2][$-804]G/ 通用格式元整	贰佰壹拾陆	中文大写数字，并加入"元整"字尾
2160056	0.00,K	216.01K	以千为单位
2160056	#!.0, 万元	216.0 万元	以万元为单位，保留 1 位小数

6.2.2 VALUE 函数

VALUE 函数将代表数字的文本字符串转换成数字。其语法结构为：VALUE(text)。其中参数 text 为代表数字的文本，或对需进行文本转换单元格的引用，该函数可以是 Excel 中可识别的任意常数、日期或时间格式。如果 text 不为这些格式，则函数 VALUE 返回错误值 #VALUE!。

6.2.3 FIND 函数

FIND 函数用于在第二个文本串中求出第一个文本串，并返回第一个文本串的起始位置的值，该值从第二个文本串的第一个字符算起。其语法结构为：FIND(find_text,within_text,start_ num)。其中各参数的含义分别介绍如下。

🔑 find_text：表示需要查找的文本。如果该参数为空文本（""），则 FIND 函数会匹配搜索字符串中的首字符（即编号为 start_num 或 1 的字符），且该参数不能包含任何通配符。

🔑 within_text：表示包含要查找文本的文本，如果 find_text 为空，将返回错误值 #VALUE!。

🔑 start_num：指定要开始进行查找的字符。当其值小于 0 时，将返回错误值 #VALUE!。

在使用 FIND 函数时要区分大小写，且不能使用通配符，如下图所示为该函数的示例效果。

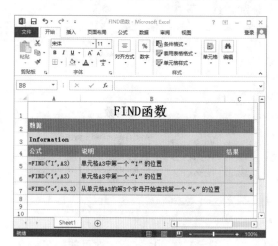

经验一箩筐——FINDB 函数

FINDB 函数的语法结构为 FINDB(find_text,within_text,start_num)，与 FIND 函数的使用方法和含义完全一致。FIND 函数使用的是单字节字符集（SBCS）语言，该函数始终将每个字符按 1 计算，而 FINDB 函数使用的是双字节字符集（DBCS）语言，启用该语言后，将每个双字节字符按 2 计算。用户可笼统地认为 FIND 函数以字符为单位，而 FINDB 函数以字节为单位。

6.2.4 LEN 和 LENB 函数

LEN 函数用于返回文本字符串中的字符数，LENB 函数用于返回文本字符串中用于代表字符的字节数。其语法结构分别为：LEN(text) 和 LENB(text)，其中 text 表示要查找其长度的文本。

函数 LEN 表示面向使用单字节字符集（SBCS）的语言，而函数 LENB 则表示面向使用双字节字符集（DBCS）的语言。函数 =LEN("LEN 函数 ") 返回的结果为 5，而函数 =LENB("LEN 函数 ") 返回的结果则为 7。

6.2.5 LEFT 和 RIGHT 函数

LEFT 和 RIGHT 函数都可以从一个字符串文本中根据所指定的字符数返回其结果。不同的是，LEFT 函数表示返回文本字符串中第一个字符或前几个字符。RIGHT 函数则表示返回文本字符串中最后一个字符或几个字符。其语法结构分别为：LEFT(text,num_chars) 和 RIGHT(text,num_chars)。LEFT 和 RIGHT 函数中各参数的含义完全相同，分别介绍如下。

🔑 text：指包含要提取字符的文本字符串。

🔑 num_chars：指定要由 LEFT 或 RIGHT 函数提取的字符数量，必须大于或等于 0。如果 num_chars 大于文本长度，则返回全部文本。

如下图所示即为分别使用 LEFT 和 RIGHT 函数获取字符的效果。

6.2.6 MID 和 MIDB 函数

MID 和 MIDB 函数都可用于返回指定数目的字符数，其含义有所区别。下面将分别进行介绍。

1. MID 函数

MID 函数用于返回文本字符串中从指定位置开始的指定数目的字符。其语法结构为：MID(text,start_num,num_chars)，其中各参数的含义分别介绍如下。

🔑 text：表示要提取字符的文本字符串。

🔑 start_num：表示文本中要提取的第一个字符的位置。文本中第一个字符为 1，其余依次类推。

🔑 num_chars：表示指定希望 MID 从文本中返回字符的个数。

MID 函数常用于获取中间字符，如右图所示即为使用 MID 函数获取数据的效果。

2. MIDB 函数

MIDB 函数可根据指定的字节数返回文本字符串中从指定位置开始的指定数目的字符。其语法结构为：MIDB(text,start_num,num_bytes)。其中各参数的含义分别介绍如下。

🔑 text：表示要提取字符的文本字符串。

🔑 start_num：表示文本中要提取的第一个字符的位置。文本中第一个字符为 1，依次类推。

🔑 num_bytes：表示指定希望 MIDB 从文本中按字节返回字符的个数。

MIDB 函数与 MID 函数的使用方法完全相同，不同的是 MIDB 函数用于双字节字符。

▌经验一箩筐——SEARCH 和 SEARCHB 函数

SEARCH 和 SEARCHB 函数用于在第二个文本串中定位第一个文本串，并返回第一个文本串起始位置的值，且该值从第二个文本串的第一个字符算起。其语法结构相同，分别为：SEARCH(find_text,within_text,start_num) 和 SEARCHB(find_text,within_text,start_num)，其中参数 find_text 表示要查找的文本，参数 within_text 表示要在其中搜索 find_text 的文本，参数 start_num 表示 within_text 中开始搜索的字符编号。它们与 FIND 和 FINDB 函数类似，不同的是这两个函数可以使用通配符，并不区分大小写。

📖 上机 1 小时 ▶ 制作员工档案表

🔍 掌握文本函数的使用方法。

🔍 进一步巩固常见的日期时间函数的使用方法。

🔍 进一步掌握常见的数学与三角函数的使用方法。

本例将制作"员工档案表 .xlsx"工作簿，首先填充表格的数据，然后使用函数判断员工身份证号码是否正确，再计算出员工的年龄、工龄和基本工资，完成后的效果如下图所示。

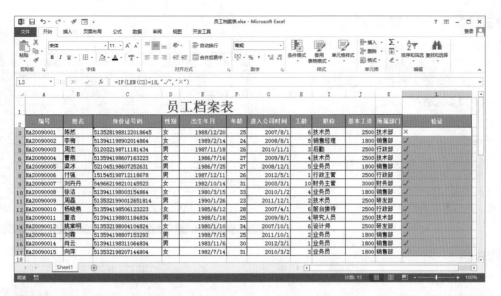

光盘文件
素材\第6章\员工档案表.xlsx
效果\第6章\员工档案表.xlsx
实例演示\第6章\制作员工档案表

72☒
Hours

STEP 01: 输入表格数据

打开"员工档案表.xlsx"工作簿，在 Sheet1
工作表对应字段中输入员工的基本档案信息，
包括编号、姓名、身份证号码、性别、出生年月、
进入公司的时间、职称、和所属部门等信息。

提个醒　用户可根据实际需要填写表格中
的数据，也可使用前面章节中所讲解的填
充数据的方法填充数据，以进行数据编辑
的巩固练习。

62 Hours ▲

52 Hours ▲

42 Hours ▲

STEP 02: 获取员工年龄

1. 选择 F3:F17 单元格区域。
2. 将鼠标指针定位在编辑栏中，输入公式
   =RIGHT(YEAR(NOW()-E3),2)。

提个醒　该公式的含义是先使用目前的
系统日期减去出生日期，得到其中间的
差值，然后通过 YEAR 函数获取其年份，
最后再使用 RIGHT 函数获取年份的最后
两位，即员工的年龄。

32 Hours ▲

22 Hours ▲

12 Hours ▲

STEP 03: 计算工龄

1. 按 Ctrl+Enter 组合键得到员工年龄。
2. 选择 H3:H17 单元格区域。
3. 在编辑栏中输入公式 =TRUNC((DAYS360(G3,TODAY()))/360,0)。

> **提个醒** 该公式的含义是使用 DAYS360 函数按照一年 360 天的规律，得到员工进入公司的时间与当前时间之间的天数，然后除以 360，得到的结果即为员工的工作年限，然后再使用 TRUNC 函数进行取整。

STEP 04: 计算基本工资

1. 按 Ctrl+Enter 组合键得到员工工龄。
2. 选择 J3:J17 单元格区域。
3. 在编辑栏中输入公式 =IF(OR(K3=" 技术部 ",K3=" 行政部 ",K3=" 研发部 "),2500,IF(K3=" 财务部 ",3000,1800))。

> **提个醒** 该公式的含义是：若员工所属部门为技术部、行政部或研发部，基本工资为 2500；财务部为 3000；其他部门为 1800，进行选择性查找。

STEP 05: 判断身份证是否有效

1. 按 Ctrl+Enter 组合键得到员工基本工资。
2. 在 L2 单元格中输入"验证"，然后选择 L3:L17 单元格区域。
3. 在编辑栏中输入公式 =IF(LEN(C3)=18," √ "," × ")。
4. 按 Ctrl+Enter 组合键得到验证结果，完成后保存工作簿即可。

读书笔记

6.3 使用查找与引用函数查找数据

如果需要在工作表中快速查找某一个数据，可通过查找与引用函数来实现，如查找行、列以及查找某个编号对应的产品信息等。下面将对常用的查找与引用函数进行介绍。

🔍 掌握 COLUMN、ROW、COLUMNS 和 ROWS 函数的使用方法。

🔍 熟悉 LOOKUP、HLOOKUP、VLOOKUP 函数的使用方法。

🔍 了解 INDEX 和 MATCH 函数的使用方法。

6.3.1 COLUMN、ROW 函数

COLUMN 函数可用于返回所引用的列标；而 ROW 函数可用于返回引用的行号。这两个函数的语法结构分别为：COLUMN(reference) 和 ROW(reference)。其中，参数 reference 的含义分别代表需要得到其列标、行号的单元格。参数 reference 可以引用单元格，不能引用多个区域，引用的是单元格区域时，返回引用区域第 1 个单元格的列标。如右图所示即为使用这两个函数的效果。

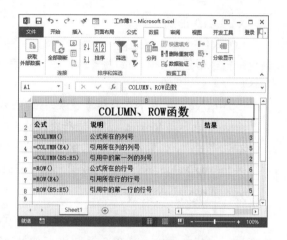

经验一箩筐——COLUMNS、ROWS 函数

COLUMNS 函数或 ROWS 函数分别用于返回引用或数组的列数和行数，其语法结构分别为：COLUMNS(array)、ROWS(array)。其中，参数 array 分别代表需要得到其列数或行数的数组、数组公式或对单元格区域的引用。COLUMNS 函数与 ROWS 函数的使用方法与 COLUMN 函数与 ROW 函数相同，这里不再进行详细讲解。

6.3.2 LOOKUP、HLOOKUP 和 VLOOKUP 函数

LOOKUP、HLOOKUP 和 VLOOKUP 函数都可用于进行数据查找，其查找的方式并不相同。下面将对这 3 个函数的使用方法进行详细讲解。

1. LOOKUP 函数

LOOKUP 函数主要用于查找数据，有向量和数组两种不同的表达形式，并且其语法结构也有所差异。下面对这两种形式的结构和使用方法进行详细介绍。

（1）向量形式

LOOKUP 函数的向量形式是在单行区域或单列区域（向量）中查找数值，然后返回第二个单行区域或单列区域中相同位置的数值。要查找的值列表较大或值可能随时间改变时，

可以使用该向量形式，其语法结构为：LOOKUP(lookup_value,lookup_vector,result_vector)。其中各参数的含义分别介绍如下。

🔑 lookup_value：表示在第1个向量中查找的数值，可以为数字、文本、逻辑值或包含数值的名称和引用。

🔑 lookup_vector：表示第1个包含单行或单列的区域，可以是文本、数字或逻辑值。

🔑 result_vector：表示第2个包含单行或单列的区域，它指定的区域大小与lookup_vector必须相同。

（2）数组形式

LOOKUP的数组形式用于在数组的第一行或第一列中查找指定的数值，然后返回数组的最后一行或最后一列中相同位置的数值。其语法结构为：LOOKUP(lookup_value,array)。其中各参数的含义分别介绍如下。

🔑 lookup_value：表示在数组中搜索的值，可以是数字、文本、逻辑值、名称或绝对值的引用。

🔑 array：表示与lookup_value进行比较的数组。

在该形式中，如果找不到对应的值，则返回数组中小于或等于lookup_value参数的最大值，而如果lookup_value小于第一行或第一列中的最小值，则返回错误值 #N/A。

2. HLOOKUP 函数

HLOOKUP函数可以在数据库或数值数组的首行查找指定的数值，并在表格或数组中指定行的同一列中返回一个数值。其语法结构为：HLOOKUP(lookup_value,table_array,row_index_num,range_lookup)。其中各参数的含义分别介绍如下。

🔑 lookup_value：表示需要在数组第一行中查找的数值，可以为数值、引用或文本字符串。

🔑 table_array：表示需要在其中查找数据的数据表，其第一行的数值可以为文本、数字或逻辑值。

🔑 row_index_num：表示在table_array中待返回的匹配值的行序号。当其小于1时，函数返回错误值 #VALUE!；当其大于table_array的行数时，则返回错误值 #REF!。

🔑 range_lookup：说明HLOOKUP函数在查找时是精确匹配，还是近似匹配。range_lookup参数可以为TRUE或FALSE，也可省略。

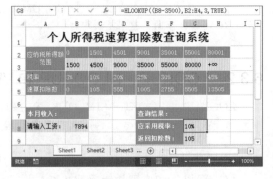

3. VLOOKUP 函数

VLOOKUP函数可以在数据库或数值数组的首列查找指定的数值，并由此返回数据库或数组当前行中指定列处的数值。其语法结构为：VLOOKUP(lookup_value,table_array,col_index_num,range_lookup)。其中各参数的含义分别介绍如下。

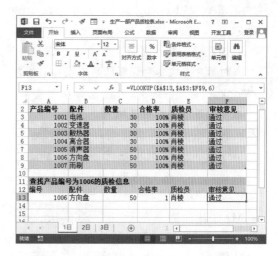

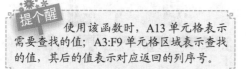

- 🔑 lookup_value：表示需要在数组第 1 列中查找的数值。
- 🔑 table_array：表示需要在其中查找数据的数据表。
- 🔑 col_index_num：表示 table_array 参数中待返回的匹配值的列序号。
- 🔑 range_lookup：指定在查找时使用精确匹配还是近似匹配。

> **提个醒** 使用该函数时，A13 单元格表示需要查找的值；A3:F9 单元格区域表示查找的值，其后的值表示对应返回的列序号。

6.3.3 INDEX 函数

INDEX 函数分为数组型和引用型两种形式，不同形式函数的语法结构也不相同，在使用方法上也有所差异。下面分别进行介绍。

1. 数组形式

INDEX 函数的数组形式常用于返回列表或数组中的指定值。其语法结构为：INDEX(array,row_num,column_num)。其中各参数的含义分别介绍如下。

- 🔑 array：表示单元格区域或数组常量。
- 🔑 row_num：表示数组中的行序号。
- 🔑 column_num：表示数组中的列序号。

如果有一数组为 {5,6,7,8,9}，需要求第二列第三行的值，那么可以输入函数为 =INDEX({5,6,7,8,9},2,3)，返回的值则为 7。

2. 引用形式

INDEX 函数的引用形式也用于返回列表和数组中的指定值，通常返回的是"引用"。其语法结构为：INDEX(reference,row_num,colum_num,area_num)。其中各参数的含义分别介绍如下。

- 🔑 reference：表示对一个或多个单元格区域的引用。如果 reference 参数需要将几个"引用"指定为一个参数时，必须用括号括起来，第一个区域序号为 1，第二个为 2，依次类推。
- 🔑 row_num：表示引用中的行序号。
- 🔑 column_rum：表示引用中的列序号。
- 🔑 area_num：当 reference 有多个引用区域时，用于指定从其中某个"引用"区域返回指定值。该参数如果省略，则默认为第 1 个引用区域。

对于函数 =INDEX((A1:C6,A5:C11),1,2,2)，其中 reference 参数由两个区域组成，等于(A1:C6,A5:C11)，而参数 area_num 的值为 2，指第二个区域(A5:C11)，然后求该区域第一行第二列的值，最终返回的是 B5 单元格的值。

6.3.4 MATCH 函数

MATCH 函数可以在指定方式下返回与指定数值匹配的数组中元素的相应位置。其语法结

62
Hours

52
Hours

42
Hours

32
Hours

22
Hours

12
Hours

构为：MATCH(lookup_value,lookup_array,match_type)。其中各参数的含义分别介绍如下。

🔑 lookup_value：表示需要在数据表中查找的数值，可以是数字、文本、逻辑值或对数字、文本和逻辑值的单元格引用。

🔑 lookup_array：表示可能包含所要查找数值的连续单元格区域。

🔑 match_type：用于指明以何种方式在lookup_array 参数中查找 lookup_value，其值为 -1、0 或 1。其中，-1 表示"大于"，0 表示"精确查找"；1 表示"小于"。

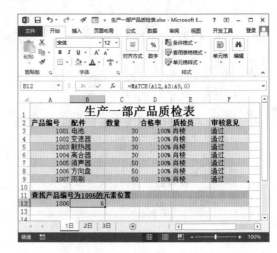

MATCH 函数只能返回 lookup_array 参数中目标值的位置，而不是数值本身。在查找文本值时，不区分大小写字母。如果查找不成功，则返回错误值 #N/A。如果 match_type 参数值为 0 且 lookup_value 为文本时，可以在 lookup_value 中使用通配符、问号和星号。该函数常与 IF 函数结合使用。

6.3.5 OFFSET 函数

OFFSET 函数能够以指定的"引用"为参照系，通过指定的偏移量得到新的"引用"。其语法结构为：OFFSET(reference,rows,cols,height,width)。其中各参数的含义分别介绍如下。

🔑 reference：表示作为偏移量参照系的引用区域。

🔑 rows：表示相对偏移量参照系左上角的单元格上（下）偏移的行数。

🔑 cols：表示相对偏移量参照系左上角的单元格左（右）偏移的列数。

🔑 height：表示返回引用区域的行数。

🔑 width：表示返回引用区域的列数。

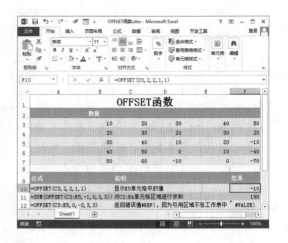

OFFSET 函数常与其他函数结合使用，如函数 =SUM(OFFSET(F7:I10,-3,5,3,4))，在该函数中就是以 F7:I10 单元格区域作为参考的引用区域。在该公式中，OFFSET 函数将引用区域向上移动 1 行，再向右移动 2 列，即返回的单元格区域中的起始单元格为 K4，而返回的单元格区域为 3 行 4 列，得出返回的单元格区域就是 K4:N6，所以该公式返回的是 K4:N6 单元格区域的数据之和，如右图所示。

上机 1 小时 制作个人档案表

🔍 进一步巩固单元格的引用方法。

🔍 巩固 LOOKUP 函数查找数据的方法。

🔍 进一步掌握 VLOOKUP 函数查找数据的方法。

本例将制作个人档案表，主要通过引用"档案信息表"工作表中的编号信息，再根据编号查找档案表中对应人员的信息，将其填写在个人档案表中，完成表格的制作。完成后的效果如右图所示。

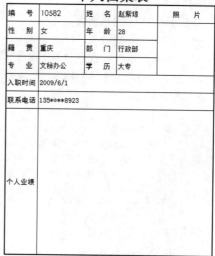

提个醒　通过数据的引用和查找功能制作出第一个个人档案表后可直接复制该工作表，重新引用其他的编号，即可自动取得对应编号的个人档案信息。

光盘文件
素材 \ 第 6 章 \ 档案信息表.xlsx
效果 \ 第 6 章 \ 档案信息表.xlsx
实例演示 \ 第 6 章 \ 制作个人档案表

STEP 01：　引用数据

1. 打开"档案信息表.xlsx"工作簿，选择"个人档案表"工作表标签，并在其中选择 C2 单元格。
2. 在编辑栏中输入公式 = 档案信息表 !A3。

提个醒　用户也可将鼠标指针定位在编辑栏中后单击工作表标签上的"档案信息表"工作表，切换到该工作表中并选择 A3 单元格，再按 Enter 键进行引用。

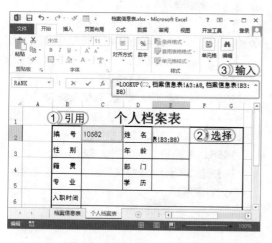

STEP 02：　查找姓名

1. 按 Enter 键引用编号的值。
2. 选择 E2 单元格。
3. 将鼠标指针定位在编辑栏中，输入公式 =LOOKUP(C2, 档案信息表 !A3:A8, 档案信息表 !B3:B8)。

提个醒　该公式表示在"档案信息表"工作表的 A3:A8 单元格区域中查找与 C2 相同的值，并返回"档案信息表"工作表 B3:B8 单元格区域中所对应的值，即编号所对应的姓名。

读书笔记

72 Hours
62 Hours
52 Hours
42 Hours
32 Hours
22 Hours
12 Hours

STEP 03： 查找性别

1. 按 Enter 键查找姓名的值。
2. 选择 C3 单元格。
3. 将鼠标指针定位在编辑栏中，输入公式 =VLOOKUP($C$2, 档案信息表！$A$3:$K$8,3)。

提个醒 该公式与 LOOKUP 函数类似，不同的是第 3 个参数表示在所查找的单元格区域范围内需要查找的数据所在的列号。

STEP 04： 查找年龄

1. 按 Enter 键查找性别的值。
2. 选择 E3 单元格。
3. 将鼠标指针定位在编辑栏中，输入公式 =VLOOKUP($C$2, 档案信息表 !$A$3:$K$8,4)。

提个醒 在进行查找时，需要保证用于进行查找的数据是唯一的，且返回的值只有一个结果值。

提个醒 使用 VLOOKUP 函数查找时，必须知道需要查找的数据所在的列号，以免查找错误。

STEP 05： 查找其他值

1. 按 Enter 键查找年龄的值。
2. 依次在 C4、C5、E4、E5、C6 和 C7 单元格中输入公式 =VLOOKUP($C$2, 档案信息表 !$A$3:$K$8,5)、=VLOOKUP($C$2, 档案信息表 !$A$3:$K$8,7)、=VLOOKUP($C$2, 档案信息表 !$A$3:$K$8,10)、=VLOOKU($C$2, 档案信息表 !$A$3:$K$8,8)、=VLOOKUP($C$2, 档案信息表 !$A$3:$K$8,9) 和 =VLOOKUP($C$2, 档案信息表 !$A$3:$K$8,11)，查找其他的值，完成后的效果如右图所示。

读书笔记

6.4 使用其他常用函数计算数据

除了以上介绍的一些函数外，还有一些较为常用的函数，如统计函数 COUNTIF、排除错误值的函数 ISERROR 和会计中常用的固定资产计算函数等。下面分别进行介绍。

学习 1 小时

- 掌握 COUNTIF 和 DATEIF 函数的使用方法。
- 掌握使用 ISERROR 函数排除错误值的方法。
- 掌握使用 SLN、DB 和 DDB、SYD 函数计算固定资产折旧的方法。

6.4.1 使用 COUNTIF 函数进行统计

COUNTIF 函数可用于对指定区域中符合指定条件的单元格进行计数，其返回的结果为数值型数据。其语法结构为：COUNTIF(range,criteria)，其中各参数的含义介绍如下。

🔑 range：表示要计算其中非空单元格数目的区域。

🔑 criteria：以数字、表达式或文本形式定义的条件。

如右图所示即为使用 COUNTIF 函数统计的面试总成绩大于 200 分的人数。

6.4.2 使用 DATEDIF 函数计算日期差

DATEDIF 函数用于返回两个日期之间的年、月和日间隔数，它是 Excel 的一个隐藏函数，在"帮助"和"插入公式"对话框中无法直接找到该函数，只能手动输入。其语法结构为：DATEDIF(start_date,end_date,unit)，其中各参数的含义分别介绍如下。

🔑 start_date：为一个日期，代表时间段内的第一个日期或起始日期。

🔑 end_date：为一个日期，代表时间段内的最后一个日期或结束日期。其值必须比 start_date 参数的值大，否则返回错误值。

🔑 unit：表示所需信息的返回类型。其中，Y 表示时间段中的整年数；M 表示时间段中的整月数；D 表示时间段中的天数；MD 表示 start_date 与 end_date 日期中天数的差，忽略日期中的月和年；YM 表示 start_date 与 end_date 日期中月数的差，忽略日期中的日和年；YD 表示 start_date 与 end_date 日期中天数的差，忽略日期中的年。

公式 =DATEDIF("1986/4/1",TODAY(),"Y") 返回的值为"27"年；公式 =DATEDIF("1986/4/1",TODAY(),"YM") 返回的值为"10"个月（这里的 TODAY() 返回的日期为 2014/2/10）。

62
Hours

52
Hours

42
Hours

32
Hours

22
Hours

12
Hours

6.4.3 使用 IS 类函数排除错误值

IS 类函数主要用来检验数值或引用类型的工作表函数，可以检验数值的类型并根据参数取值返回 TRUE 或 FALSE。各 IS 类函数的使用方法介绍如下。

🔑 ISBLANK：判断 value 的值是否引用空白单元格，其语法结构为 ISBLANK(value)。参数 value 表示需要进行检验的内容。当参数 value 为无数据的空白时，ISBLANK 函数返回 TRUE，否则返回 FALSE。利用 ISBLANK 函数还可将空白单元格转换为其他的值。

🔑 ISERROR：该函数主要用于检测指定单元格中的值是否为任意错误值，其语法结构为 ISERROR(value)。参数 value 表示需要进行检验的数值。

🔑 ISERR：该函数主要用于检测除 #N/A 错误之外的任何错误值，其语法结构为 ISERR(value)。参数 value 表示要进行检验的内容。

🔑 ISLOGICAL：该函数主要用于判断参数或指定单元格中的值是否为逻辑值，其语法结构为 ISLOGICAL(value)。参数 value 表示需要进行检验的数值。如果值为逻辑值，返回 TRUE，否则返回 FALSE。

🔑 ISNA：该函数主要用于检测参数或指定单元格中的值是否为错误值 #N/A，其语法结构为 ISNA(value)。value 表示需要进行检验的数值。如果值为错误值，返回 TRUE，否则返回 FALSE。

🔑 ISNONTEXT：该函数主要用于判断引用的参数或指定单元格中的内容是否为非字符串，其语法结构为 ISNONTEXT(value)。参数 value 表示需要进行检验的数值。

🔑 ISNUMBER：该函数主要用于判断引用的参数或指定单元格中的值是否为数字，其语法结构为 ISNUMBER(value)。参数 value 表示需要进行检验的内容，如果检验的内容为数字，返回 TRUE，否则返回 FALSE。

🔑 ISREF：该函数主要用于判断指定单元格中的值是否为"引用"，其语法结构为 ISREF(value)。参数 value 表示需要进行检验的内容，如果测试的内容为"引用"，返回 TRUE，否则返回 FALSE。

🔑 ISTEXT：该函数主要用于判断引用的值是否为文本，其语法结构为 ISTEXT(value)。参数 value 表示待测试的内容。如果测试的内容为文本，返回 TRUE，否则返回 FALSE。

6.4.4 使用函数计算固定资产折旧值

"折旧"是固定资产管理的重要组成部分。为了方便企业会计人员对固定资产进行核算，Excel 提供了多种方法进行计算，如 SLN 函数、DB 和 DDB 函数、SYD 函数等。下面分别进行介绍。

1. SLN 函数

SLN 函数是通过线性折旧法计算折旧费用，其语法结构为：SLN(cost,salvage,life)。其中各参数的含义分别介绍如下。

🔑 cost：为资产原值。

🔑 salvage：为资产在折旧期末的价值，也称为资产残值。

🔑 life：为折旧期限，也称作资产使用寿命。

如下图所示即为使用 SLN 函数计算固定资产年折旧额的效果。根据需要也可计算出月折旧额和累计到本月的折旧额。

可使用年限	开始使用日期	资产原值	净残值率	残值	已计提月份	年折旧额	本月计提折旧额	至上月止累计折旧额
10	2005/3/18	¥82,000.00	5.00%	¥4,100.00	85	¥7,790.00	¥649.17	¥55,179.17
20	2006/7/18	¥32,000,000.00	22.00%	¥7,040,000.00	69	¥1,248,000.00	¥104,000.00	¥7,176,000.00
10	2006/3/26	¥1,500,000.00	5.00%	¥75,000.00	61	¥142,500.00	¥11,875.00	¥724,375.00
5	2007/7/15	¥80,000.00	5.00%	¥4,000.00	93	¥15,200.00	¥1,266.67	¥117,800.00
5	2007/5/2	¥130,000.00	8.00%	¥10,400.00	85	¥23,920.00	¥1,993.33	¥169,433.33
5	2008/3/6	¥60,000.00	0.05	¥3,000.00	69	¥11,400.00	¥950.00	¥65,550.00
6	2008/6/21	¥120,000.00	12.00%	¥14,400.00	46	¥17,600.00	¥1,466.67	¥67,466.67

2. DB 和 DDB 函数

DB 和 DDB 函数都是通过余额递减法来计算折旧额的参数，其计算的方法有所区别。下面分别进行介绍。

（1）DB 函数

DB 函数通过固定余额递减法的方法计算固定资产在给定期间的折旧值，其语法结构为：DB(cost,salvage,life,period,month)。其中各参数的含义分别介绍如下。

🔑 cost：表示资产原值。

🔑 salvage：表示资产残值，即资产在折旧期末的价值。

🔑 life：表示资产的使用寿命，即折旧期限。

🔑 period：表示需要计算折旧值的期间，其单位必须与 life 的单位相同。

🔑 month：为第一年的月份数，如省略该参数则默认为 12。

如下图所示即为使用 DB 函数计算固定资产第 1~3 年的折旧值。

固定余额递减法核算固定资产

开始使用日期	可使用年限	第1年使用月数	以后每年使用月数	资产原值	残值	第1年折旧值	第2年折旧值	第3年折旧值
2005/3/18	10	8	12	¥82,000.00	¥4,100.00	¥14,158.67	¥15,737.36	¥11,661.
2006/7/18	20	4	12	¥32,000,000.00	¥7,040,000.00	¥778,666.67	¥2,165,472.00	¥2,007,392.
2006/3/26	10	9	12	¥1,500,000.00	¥75,000.00	¥259,000.00	¥287,878.50	¥213,317.
2007/7/15	5	5	12	¥80,000.00	¥4,000.00	¥12,026.67	¥19,807.92	¥10,874.
2007/5/2	5	7	12	¥130,000.00	¥10,400.00	¥30,105.83	¥31,120.83	¥18,765.
2008/3/6	5	9	12	¥60,000.00	¥3,000.00	¥29,295.00	¥14,855.94	¥8,155.
2008/6/21	6	5	12	¥120,000.00	¥14,400.00	¥14,900.00	¥25,103.52	¥17,622.

（2）DDB 函数

DDB 函数通过双倍余额递减法计算固定资产在给定期间内的折旧值。其语法结构为：DDB(cost,salvage,life,period,factor)，其中参数 cost、salvage、life 和 period 的含义与 DB 函数中相同参数的含义完全相同，而参数 factor 表示余额递减速率，其默认值为 2，即双倍余额递减法。如右图所示即为使用 DDB 函数计算折旧值的效果。

可使用年限	开始使用日期	资产原值	净残值率	残值	已计提月份	年折旧额
10	2005/3/18	¥82,000.00	5.00%	¥4,100.00	85	¥4,299.16
20	2006/7/18	¥32,000,000.00	22.00%	¥7,040,000.00	69	¥2,099,520.00
10	2006/3/26	¥1,500,000.00	5.00%	¥75,000.00	61	¥122,880.00
5	2007/7/15	¥80,000.00	5.00%	¥4,000.00	93	
5	2007/5/2	¥130,000.00	8.00%	¥10,400.00	109	
5	2008/3/6	¥60,000.00	0.05	¥3,000.00	93	
6	2008/6/21	¥120,000.00	12.00%	¥14,400.00	46	¥17,777.78

185

72▣ Hours

62 Hours

52 Hours

42 Hours

32 Hours

22 Hours

12 Hours

VDB 函数可以使用双倍余额递减法或其他指定的方法计算出指定期间内资产的折旧值。其语法结构为：VDB(cost,salvage,life,start_period,end_period,factor,no_switch)。其中参数 start_period 表示需要计算折旧值的起始期间，参数 end_period 表示需要计算折旧值的结束期间。参数 no_switch 为逻辑值，指定当折旧值大于余额递减计算值时，是否采用直线折旧法进行计算。为 TRUE 时，不采用直线法进行计算；值为 FALSE 或被忽略，且折旧值大于余额递减值时，采用直线法进行计算。

3. SYD 函数

SYD 函数主要通过年限总和法来计算某一指定期间的固定资折旧值，其语法结构为：SYD(cost,salvage,life,period)。其中各项参数的值与 DDB 函数的中参数含义相同，这里不再进行赘述。如下图所示即为使用 SYD 函数计算折旧值的效果。

L4					f_x	=IF(ISERROR(SYD(H4,J4,F4,INT(K4/12))),"",SYD(H4,J4,F4,INT(K4/12)))					
	A	B	C	D	E	F	G	H	I	J	K	L
2	核算日期：		2014/4/30									
3	资产编号	资产名称	规格型号	资产类别	使用状况	可使用年限	开始使用日期	资产原值	净残值率	残值	已计提月份	年折旧额
4	22006	挖掘机	1台	运输工具	在用	10	2005/3/18	¥82,000.00	5.00%	¥4,100.00	85	¥5,665.45
5	35884	仓库	1座	房屋	在用	20	2006/7/18	¥32,000,000.00	22.00%	¥7,040,000.00	69	¥1,901,714.29
6	26001	机床	1台	生产设备	在用	10	2006/3/26	¥1,500,000.00	5.00%	¥75,000.00	61	¥155,454.55
7	52147	货车	1辆	运输工具	在用	5	2007/7/15	¥80,000.00	5.00%	¥4,000.00	93	
8	36510	机床	1台	生产设备	在用	5	2007/5/2	¥130,000.00	8.00%	¥10,400.00	109	
9	42558	货车	1辆	运输工具	在用	5	2008/3/6	¥60,000.00	0.05	¥3,000.00	93	
10	65228	吊车	1台	生产设备	在用	6	2008/6/21	¥120,000.00	12.00%	¥14,400.00	46	¥20,114.29

Sheet1

上机 1 小时 计算设备折旧值

🔍 掌握固定资产折旧值的计算方法。

🔍 掌握使用 IF 和 ISERROR 函数排除错误值的方法。

本例将计算设备的折旧值，主要通过 DB、DDB 和 VDB 共 3 种不同的方法进行计算，并结合 IF 和 ISERROR 函数来排除其中的错误值，完成后的效果如右图所示。

光盘文件
素材 \ 第 6 章 \ 设备折旧值.xlsx
效果 \ 第 6 章 \ 设备折旧值.xlsx
实例演示 \ 第 6 章 \ 计算设备折旧值

STEP 01: 计算残值

1. 打开"设备折旧值.xlsx"工作簿，选择 B3 单元格。
2. 在编辑栏中输入公式 =B2*32%，按 Enter 键计算出设置的残值。

提个醒 本例中的残值计算方式为：资产原值 × 残值率，这里的 32% 即为残值率。用户也可根据实际需要填写数据。

STEP 02: 使用 DB 函数计算折旧

1. 选择 B7:B14 单元格区域。
2. 在编辑栏中输入公式 =IF(ISERROR(DB($B$2,$B$3,$D$2,A7,5)),"",DB($B$2,$B$3,$D$2,A7,5))。

提个醒 该公式所表示的意思是：当折旧值返回为错误值时，其结果为空，否则即为计算出的折旧值。

STEP 03: 使用 DDB 函数计算折旧

1. 按 Ctrl+Enter 组合键计算出固定余额递减的折旧值。
2. 选择 C7:C14 单元格区域。
3. 在编辑栏中输入公式 =IF(ISERROR(DDB($B$2,$B$3,$D$2,A7,2)),"",DDB($B$2,$B$3,$D$2,A7,2))。

STEP 04: 使用 VDB 函数计算折旧

1. 按 Ctrl+Enter 组合键计算出双倍余额递减的折旧值。
2. 选择 D7:D14 单元格区域。
3. 在编辑栏中输入公式 =IF(ISERROR(VDB($B$2,$B$3,$D$2,0,A7,$D$3,1)),"",VDB($B$2,$B$3,$D$2,0,A7,$D$3,1))，按 Ctrl+Enter 组合键计算其折旧值即可。

6.5 练习2小时

本章主要介绍各种类型函数的使用方法，包括数学、日期、文本、查找与引用和其他常用的函数。用户要想在日常工作中熟练使用它们，还需再进行巩固练习。下面以制作节假日一览表和统计产品销售额为例，进一步巩固这些知识的使用方法。

1. 练习1小时：制作节假日一览表

本例将制作"节假日一览表.xlsx"工作簿，通过年、月、日来表示节日的具体时间，然后再使用WEEKDAY函数计算节日具体在星期几，完成后的效果如右图所示。

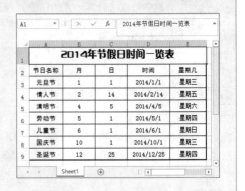

光盘文件
素材\第6章\节假日一览表.xlsx
效果\第6章\节假日一览表.xlsx
实例演示\第6章\制作节假日一览表

2. 练习1小时：统计产品销售额

本例将对"产品销售额.xlsx"工作簿中的数据进行统计，计算出员工销售所有产品的销售额。该例主要使用SUM和INDEX函数进行制作，以巩固这两个函数的使用方法，完成后的最终效果如右图所示。

光盘文件
素材\第6章\产品销售额.xlsx
效果\第6章\产品销售额.xlsx
实例演示\第6章\统计产品销售额

读书笔记

表格
72 HOURS

第 **7** 章

使用图表与
数据透视图表分析数据

学习 **3** 小时

图表是 Excel 中分析数据的主要手段之一，能够通过图形化的界面直观、明了地展现出数据之间的关系，表现表格的内容。数据透视表和数据透视图则能够对表格中的数据进行汇总透视分析，使其在图表的基础上再进一步汇总数据，并从各个方面展示出数据之间的关系，因此称为透视分析。

- 创建图表
- 编辑并美化图表
- 应用数据透视表与数据透视图

上机 **5** 小时

7.1 创建图表

图表是一个重要的数据分析工具，通过它可以将抽象的数据图形化，便于用户查看数据的差异并可预测其发展趋势。下面先认识图表各组成部分及作用，再对图表的创建方法进行介绍。

学习1小时

- 🔍 了解图表各组成部分及作用和常用的图表类型。
- 🔍 熟练掌握创建图表的方法。
- 🔍 熟悉为图表添加标题、坐标轴、数据标签及显示和隐藏各种对象的设置方法。

7.1.1 认识图表各组成部分及作用

利用图表可直观地表现抽象的数据，将表格的数据与图形联系起来，让数据更清楚、更容易理解。图表包含许多元素，在默认情况下只显示其中部分元素，而其他元素则可根据需要添加。图表元素主要包括：图表区、图表标题、网格线、绘图区、数据系列、图例、坐标轴（横坐标轴和纵坐标轴）及坐标轴（水平轴和垂直轴）等。

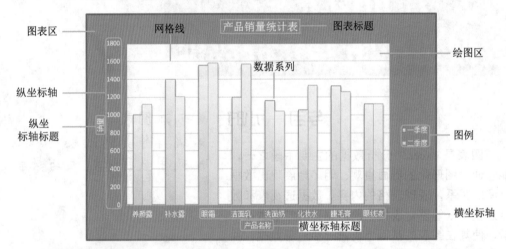

图表主要组成部分的作用介绍如下。

- 🔑 **图表区**：图表区包括整个图表及其他全部元素。
- 🔑 **图表标题**：图表标题是一段文本，主要对图表起补充说明作用。
- 🔑 **网格线**：网格线是坐标轴上刻度线的延伸部分，用于辅助查看图表中的数据。
- 🔑 **绘图区**：绘图区是由坐标轴来界定的区域，在二维图表中，包括所有数据系列。在三维图表中，除了包括所有数据系列外，还包括分类名、刻度线标志和坐标轴标题。
- 🔑 **数据系列**：数据系列即指在图表中绘制的相关数据点，这些数据来源于工作表的行或列。图表中的每个数据系列具有唯一的颜色或图案，并且在图表的图例中表示。可以在图表中绘制一个或多个数据系列。
- 🔑 **图例**：图例是一个方框，用于标识图表中的数据系列或分类指定的图案或颜色，一般都显示在图表区的右侧，不过图表区的位置不是固定不变的，可以根据需要进行移动。

🔑 **坐标轴**：坐标轴用于对数据进行度量和分类，包括水平轴和垂直轴，垂直轴中显示图表数据，水平轴中显示分类。数据通常沿横坐标轴和纵坐标轴绘制在图表中。

🔑 **坐标轴标题**：包括横坐标轴和纵坐标轴标题，用于对坐标轴起标识和说明的作用。

7.1.2 图表的类型

Excel 自带各种各样的图表，包括柱形图、折线图、饼图、条形图、面积图、雷达图、XY（散点图）、曲面图、股价图和组合图 10 种类型。各种图表各有优点，用户可以在"插入图表"对话框中选择所需的图表类型。选择正确的图表类型可使表格中的数据信息突出显示，让图表更具表现力。下面就对每种图表类型进行介绍。

🔑 **柱形图**：柱形图主要用于显示一段时间内的数据变化情况或对数据进行对比分析。在柱形图中，通常沿水平坐标轴显示类别，沿垂直坐标轴显示数值。

🔑 **折线图**：折线图可直观地显示数据的走势情况，适用于显示在相同时间下数据的趋势。在折线图中，沿水平坐标轴均匀分布的是类别数据，沿垂直坐标轴分布的是所有值。

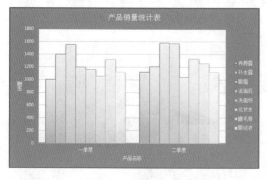

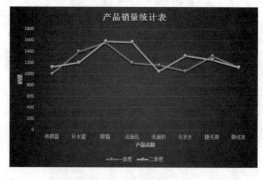

🔑 **饼图**：饼图显示一个数据系列各项的大小，与各项总和成比例。饼图中的数据点显示为数据的占有比例。

🔑 **条形图**：条形图主要显示各项之间的比较情况，若表格中的数据是持续型的，那么选择该图是非常适合的。

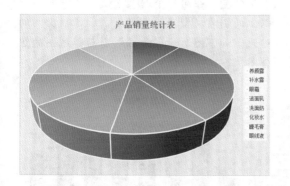

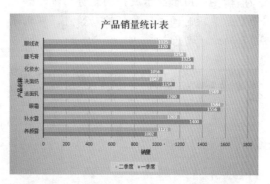

▌ **经验一箩筐——如何选择适合的图表**

Excel 为用户提供了 10 种图表类型，并不是任何数据都适合使用任意一种图表类型来创建。在创建图表前，用户应先考虑图表需要表达的内容，如是需要显示相同产品在不同时间的销量，还是显示不同产品在同一时间的销量，或是查看某一产品在所有产品销量中所占的比例。考虑后，再选择对应的图表类型来进行创建，这样不仅能使数据表达清晰，更能使表格的专业程度得以体现。

191

72⊠
Hours

62
Hours

52
Hours

42
Hours

32
Hours

22
Hours

12
Hours

🔑 **面积图**：用于显示每个数值在某段时间内的变化情况，突出显示该时间内数据的差异和数据随时间变化的程度，通过该图能直观地查看整体的变化趋势。

🔑 **雷达图**：其图形都由中心点向外辐射，并通过折线将同一系列中的数据值连接起来的坐标轴进行描述，用于比较若干数据系列的聚合值，适合于不能直接比较类别的数据。

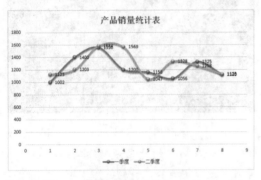

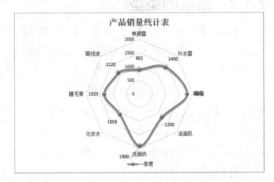

🔑 **XY(散点图)**：用于显示一个或多个数据系列在特定条件下的变化趋势，或将两组数据绘制为XY坐标的一个系列。

🔑 **曲面图**：通过平面来表现数据的变化趋势，不同的颜色和图案表示不同的范围区域。

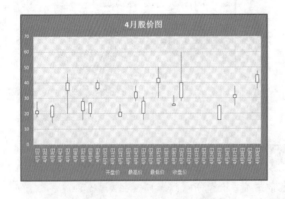

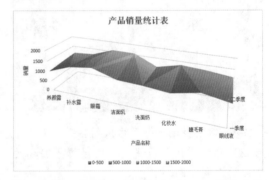

🔑 **股价图**：用于显示股票的走势情况，如用于显示某段时间内股价的波动情况。可用于进行科学数据的表示。

🔑 **组合图**：在同一个图表中使用两种或两种以上的图表类型来显示数据，加强数据间的对比。如下图所示即为柱形图与折线图的组合图。

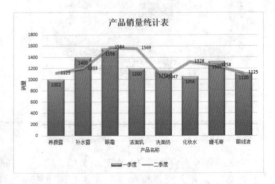

7.1.3 创建图表的几种方法

对图表有了基本的认识后，就可尝试为不同的表格创建合适的图表。在 Excel 2013 中可以通过插入推荐的图表进行图标创建，也可以自行选择需要插入的图表进行创建。

插入推荐的图表: 在工作表中选择需要的数据,选择【插入】/【图表】组,单击"推荐的图表"按钮📊,在打开的对话框中显示出适合所选择数据的所有图表样式,选择一种样式,单击 ▢ 确定 ▢ 按钮即可。该功能是 Excel 2013 的新增功能,为初学 Excel 者或对图表数据与类型还不太熟练的用户提供了极大的方便。

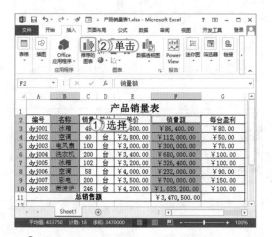

自行选择插入的图表: 除了系统的推荐图表外,用户也可自行选择需要插入的图表,其方法为:选择【插入】/【图表】组,在其中单击任意一种图表类型按钮,在弹出的下拉列表中选择需要的图表类型即可。如下图所示即为单击"条形图"按钮,选择"簇状条形图"的效果。可以单击右下角的"查看所有图表"按钮,打开"插入图表"对话框,在"所有图表"选项卡下选择需要的图表类型。

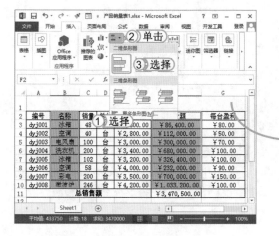
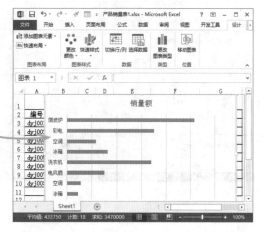

7.1.4 添加或隐藏图表元素

默认创建的图表中包含的元素有限,如只包含坐标轴和数据系列等内容,没有具体标识的说明文字,此时用户可根据需要将图表中的其他元素显示出来,使表格内容丰富,表达清晰。添加或隐藏图表元素都在【图表工具】/【设计】/【图表布局】组中进行。

下面将对"费用预算表.xlsx"工作簿中的图表元素进行编辑,并添加图表标题、图列和数据标签等图表元素,再隐藏横坐标轴的标题。其具体操作如下:

光盘文件
素材\第7章\费用预算表.xlsx
效果\第7章\费用预算表.xlsx
实例演示\第7章\添加或隐藏图表元素

193

72🕐 Hours

STEP 01: 添加图表标题

1. 打开"费用预算表.xlsx"工作簿,选择要编辑的图表,激活"图表工具"选项卡,选择【设计】/【图表布局】组,单击"添加图表元素"按钮 ⊪。
2. 在弹出的下拉列表中选择"图表标题"/"图表上方"选项,为图表添加标题。

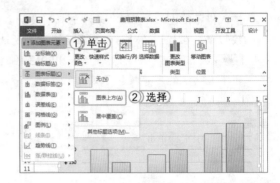

STEP 02: 修改标题名称并添加图例

1. 系统自动在图表上方添加"图表标题"文本框,将鼠标指针定位在其中,将图表标题修改为"费用预算表"。
2. 完成后再次单击"添加图表元素"按钮 ⊪。
3. 在弹出的下拉列表中选择"图例"/"右侧"选项。

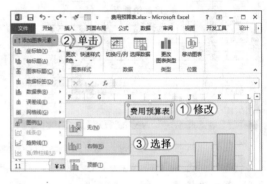

STEP 03: 设置图例的名称

1. 系统自动在图表右侧添加图例,其名称默认为"系列1"和"系列2"。选择图例,单击【设计】/【数据】组中的"选择数据"按钮 ▦。
2. 打开"选择数据源"对话框,在"图例项(系列)"栏中选择"系列1"选项。
3. 单击 编辑(E) 按钮进行编辑。

> **提个醒** 通过选择数据源来更改图表中的内容是通过引用单元格的原理来进行的,图表中的所有内容都可以通过该方法来进行修改。

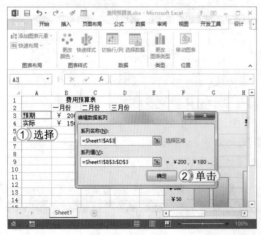

STEP 04: 选择数据源

1. 打开"编辑数据系列"对话框,此时"系列名称"中的内容为空白,使用鼠标在表格中选择需要显示的内容所在的单元格,这里选择 A3 单元格。
2. 单击 确定 按钮,完成设置。

STEP 05： 设置"系列2"图例

1. 返回"选择数据源"对话框，使用相同的方法，选择"系列2"选项，并单击 编辑(E)，在打开的对话框中选择A4单元格。
2. 单击 确定 按钮，返回"选择数据源"对话框。
3. 单击 确定 按钮，返回工作表。

STEP 06： 添加数据标签

1. 此时即可查看到"图例"的名称发生了变化。单击"添加图表元素"按钮。
2. 在弹出的下拉列表中选择"数据标签"/"数据标签外"选项。
3. 系统自动将其显示出来，查看显示后的效果。

提个醒 数据标签是数据系列所对应的数值，显示数据标签可以使表格中的数据显示得更为直观。若数据系列太多，则不建议进行显示。

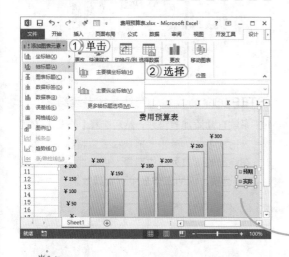

提个醒 添加和隐藏图表元素的方法基本类似，完成上述内容的制作过程后，要学会举一反三，以掌握添加与隐藏的规律。

STEP 07： 隐藏横坐标轴标题

1. 选择图表，单击"添加图表元素"按钮。
2. 在弹出的下拉列表中选择"轴标题"选项。此时可在弹出的子列表中看到"主要横坐标轴"选项处于选中状态。再次选择该选项，取消横坐标轴标题的显示功能。
3. 完成后返回工作表中查看效果即可。

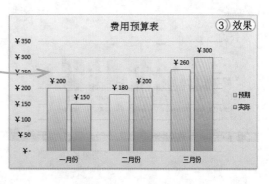

7.1.5 添加并设置趋势线

趋势线以图形的方式表示数据系列的变化趋势并预测以后的数据。如果在实际工作中需要利用图表进行回归分析，就可以在图表中添加趋势线。

下面将在"俊秀园林销售额.xlsx"工作簿中的图表上添加并设置趋势线。其具体操作如下：

STEP 01： 准备添加趋势线

1. 打开"俊秀园林销售额.xlsx"工作簿，选择图表。
2. 选择【设计】/【图表布局】组，单击"添加图表元素"按钮。
3. 在弹出的下拉列表中选择"趋势线"/"指数"选项。

提个醒　趋势线并不是图表中必不可少的部分。在进行数据分析时适当添加趋势线，可以使数据表达得更为清晰。

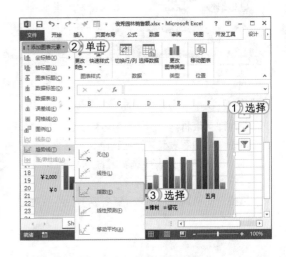

STEP 02： 选择需要添加趋势线的系列

1. 打开"添加趋势线"对话框，在"添加基于系列的趋势线"列表框中选择"樟树"选项。
2. 单击 确定 按钮，进行添加。

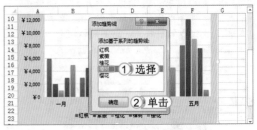

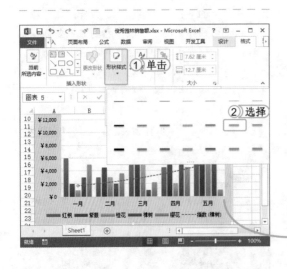

STEP 03： 设置趋势线样式并查看

1. 系统自动添加趋势线，然后选择【格式】/【插入形状】组，单击"形状样式"按钮。
2. 在弹出的下拉列表中选择"中等线-强调效果5"选项，返回工作表中查看其效果。

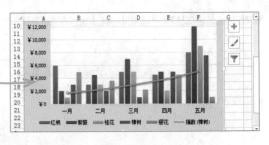

在 Excel 2013 中，用户不仅可以通过【设计】/【图表布局】组添加/隐藏图表元素，还能通过 Excel 2013 新增的"图表元素"按钮 ➕ 来设置其显示功能。其方法为：选择图表，在图表右侧出现"图表元素"按钮 ➕，单击该按钮，在弹出的列表中选中需要进行显示的图表元素前的复选框可显示元素；取消选中复选框可隐藏元素。可将鼠标指针放在需要显示的图表元素上，在弹出的子列表中设置图表元素的显示位置。

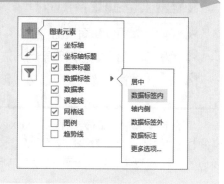

7.1.6 添加并设置误差线

在 Excel 图表中添加误差线的方法与添加趋势线的方法相同，并且添加后的误差线也可进行格式的设置，只要选择【设计】/【图表布局】组，单击"添加图表元素"按钮 ⬛，在弹出的下拉列表中选择"误差线"选项，在弹出的子列表中选择需要添加的误差线类型即可，如下图所示即为添加并设置误差线后的效果。

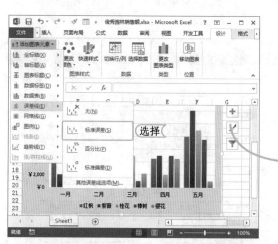

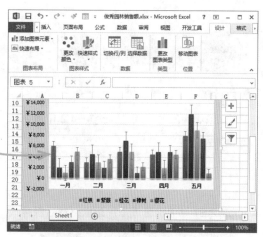

选择需要添加趋势线或误差线的数据系列，再单击"添加图表元素"按钮 ⬛，在弹出的下拉列表中选择对应的选项，在弹出的子列表中还可选择"其他趋势线选项"和"其他误差线选项"选项，此时打开"设置趋势线格式"和"设置误差线格式"窗格，在其中可对其进行更为详细的设置，如可对趋势线的名称进行自定义设置，对趋势预测的周期进行设置，对是否显示公式和 R 平方值等进行设置；对设置误差线的阴影、发光和边缘格式等进行设置。

62
Hours

52
Hours

42
Hours

32
Hours

22
Hours

12
Hours

上机1小时 ▶ 制作产品销售图表

🔍 进一步掌握创建图表的方法。

🔍 巩固添加和隐藏图表元素的方法。

🔍 进一步掌握添加并设置趋势线和误差线的使用方法。

本例将制作"产品销售图表 .xlsx"工作簿,首先在工作表中输入数据,然后创建一个二维的柱形图并添加和隐藏相应的图表元素,最后添加趋势线和误差线,使表格中的数据更加直观地显示在图表中,完成后的效果如下图所示。

光盘
文件

效果 \ 第 7 章 \ 产品销售图表 . x l s x

实例演示 \ 第 7 章 \ 制作产品销售图表

STEP 01: 创建并设置表格格式

1. 启动 Excel 2013,新建一个空白工作簿并将其另存为"产品销量图表 .xlsx"。

2. 在表格中输入所需数据,设置表头"合并后居中",字体格式为"宋体"、"20 号"、"加粗"。

3. 为 A2:E7 单元格区域添加边框,然后保持该区域的选择状态。

4. 选择【插入】/【图表】组,单击"推荐的图表"按钮。

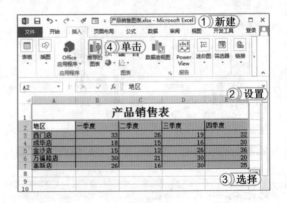

STEP 02: 插入图表

1. 打开"插入图表"对话框,选择"所有图表"选项卡。

2. 在左侧的列表框中选择"柱形图"选项。

3. 在右侧选择"堆积柱形图"选项。

4. 在下方选择第一个选项,单击 确定 按钮,插入图表。

提个醒 堆积柱形图用于比较整体的某些部分,使用它可以显示整体的某些区段如何随时间而发生变化。

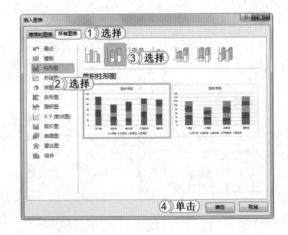

STEP 03： 修改图表标题并设置图例

1. 此时系统自动创建出图表，将默认的图表标题修改为"产品销售图表"。
2. 选择【设计】/【图表布局】组，单击"添加图表元素"按钮 ‖。
3. 在弹出的下拉列表中选择"图例"/"顶部"选项。

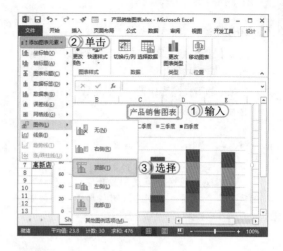

提个醒　创建图表时，图表自动在图表底部显示出图例，这里选择"图例"/"顶部"选项主要是对图表的位置进行修改。

STEP 04： 添加纵坐标轴标题

1. 单击"添加图表元素"按钮 ‖。
2. 在弹出的下拉列表中选择"轴标题"/"主要纵坐标轴"选项。

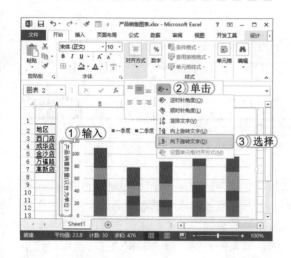

STEP 05： 修改坐标轴标题

1. 将默认的纵坐标轴标题修改为"产品销售数量（以台为单位）"。
2. 选择【开始】/【对齐】组，单击"文字方向"按钮 ≫。
3. 在弹出的下拉列表中选择"向下旋转文字"选项。

提个醒　默认的纵坐标轴标题为"向上旋转"方式，修改其方向后，可以使用户更便于观察。

STEP 06： 添加并设置数据标签

1. 单击"添加图表元素"按钮 ‖。
2. 在弹出的下拉列表中选择"数据标签"/"数据标签内"选项。
3. 系统自动添加数据标签在数据系列内，然后在【开始】/【字体】组中设置标签颜色为白色。

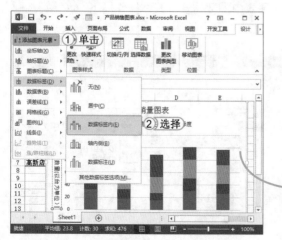

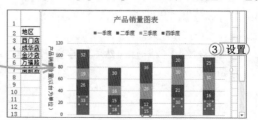

62
Hours

52
Hours

42
Hours

32
Hours

22
Hours

12
Hours

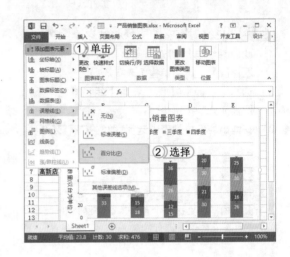

STEP 07: 添加误差线

1. 选择【设计】/【图表布局】组,单击"添加图表元素"按钮 ↓。

2. 在弹出的下拉列表中选择"误差线"/"百分比"选项,完成图表的制作。

> **提个醒** 堆积柱形图是通过部分来查看整体的图表,不适合创建趋势线。因此,"趋势线"选项呈灰色显示。若创建簇状柱形图或条形图等,就可以添加趋势线。

7.2 编辑并美化图表

Excel 不仅能创建图表,还能根据需要对图表进行美化,包括修改图表中的数据、更改图表布局、调整图表的位置和大小、更改图表类型、设置图表的形状样式、设置图表中的文字样式和应用图表样式方案等操作。下面分别进行介绍。

学习1小时

🔍 熟练掌握更改图表布局、调整图表位置和大小的操作方法。

🔍 掌握美化图例、绘图区、坐标轴及网格线的方法。

🔍 熟练掌握修改图表中数据的操作方法。

7.2.1 修改图表中的数据

利用表格中的数据创建图表后,图表中的数据与表格中的数据是动态联系的,在修改表格中数据的同时,图表中相应数据系列会随之发生变化;在修改图表中的数据源时,表格中所选的单元格区域也会发生变化。同时,用户还可对数据进行编辑,如添加图例和修改数据系列的值等,其操作方法主要是通过选择数据源来进行的,与之前介绍的修改图例的名称类似,这里将以编辑"销售额分析.xlsx"工作簿为例,修改图表中的数据。其具体操作如下:

> **光盘文件**
> 素材\第7章\销售额分析.xlsx
> 效果\第7章\销售额分析.xlsx
> 实例演示\第7章\修改图表中的数据

STEP 01: 打开"选择数据源"对话框

1. 打开"销售额分析.xlsx"工作簿,在 Sheet1 工作表中选择图表。

2. 选择【设计】/【数据】组,然后单击"选择数据"按钮 🔲。

STEP 02: 删除图例

1. 打开"选择数据源"对话框，在"图例项（系列）"栏中选择"2010年"选项。
2. 单击 ×删除(R) 按钮，删除该图例。

STEP 03: 编辑图例

1. 在"图例项（系列）"栏中选择"2011年"选项。
2. 单击 编辑(E) 按钮，进行编辑。
3. 此时打开"编辑数据系列"对话框，在"系列值"文本框中可看到系列值为 C3:C4，单击其后的"收缩"按钮。

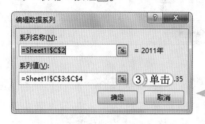

STEP 04: 修改数据源

1. 对话框被缩小，然后返回工作表中选择 C3:C6 单元格区域。
2. 单击"扩展"按钮，确认选择。
3. 单击 确定 按钮，返回"编辑数据系列"对话框，再单击 确定 按钮，返回"选择数据源"对话框。

STEP 05: 添加图列

在"图例项（系列）"栏中单击 添加(A) 按钮，为图表添加图例。

提个醒 图例项增加后，"水平（分类）轴标签"栏中的数据会发生相应的变换。

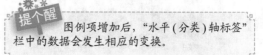

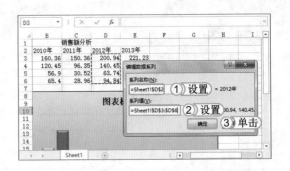

STEP 06： 设置数据源

1. 打开"编辑数据系列"对话框，在"系列名称"中设置引用单元格为 D2。
2. 在"系列值"中设置引用的数据系列区域为 D3:D6 单元格区域。
3. 单击 确定 按钮，完成设置。

STEP 07： 添加其他图例项

1. 返回"选择数据源"对话框，再次单击 添加(A) 按钮。
2. 使用相同的方法添加 2013 年的数据。
3. 返回"选择数据源"对话框，单击"水平(分类)轴标签"栏中的 编辑 按钮。

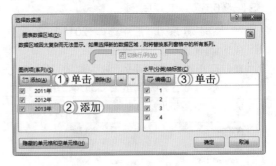

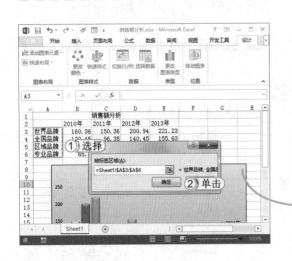

STEP 08： 编辑轴标签

1. 打开"轴标签"对话框，在工作表中选择 A3:A6 单元格区域作为轴标签。
2. 单击 确定 按钮，返回"选择数据源"对话框。
3. 单击 确定 按钮，完成设置。

STEP 09： 查看效果

返回工作表中即可查看到修改数据后的效果。然后将图表标题修改为"销售额分析"，并查看完成后的效果。

提个醒 在"选择数据源"对话框中的"图表数据区域"文本框中可重新选择用于创建图表的数据区域，其值与"图例项(系列)"栏终不改的所有数据相对应，用户可通过设置其值来改变图表的数据源。

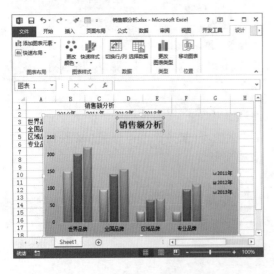

7.2.2 更改图表布局

若对系统默认创建的图表布局不是很满意，可在【设计】/【图表布局】组中选择图表布局样式。更改图表布局的方法为：首先选择需更改图表布局的图表，然后选择【设计】/【图表布局】组，单击"快速布局"按钮，在弹出的下拉列表中选择所需的布局样式即可。

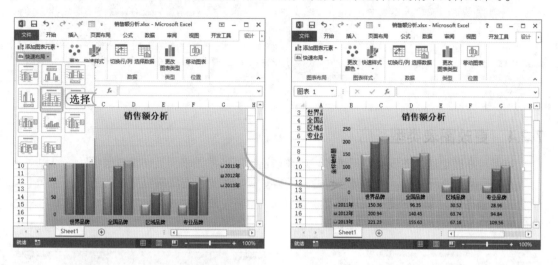

7.2.3 调整图表的位置和大小

利用表格中的数据创建好图表后，有时图表会挡住表格中的部分数据，如果再对数据进行编辑将不是很方便，此时就需要将图表移动至表格中的空白区域或更改图表的大小，改变图表的位置和大小通过鼠标就能快速实现。

🔑 **更改图表位置**：利用鼠标更改图表位置的方法为：将鼠标指针移至图表上稍作停留，当系统显示出的提示信息为"图表区"并且鼠标指针变为形状时，按住鼠标左键不放并拖动，此时鼠标指针变为✛形状，到目标位置后再释放鼠标即可更改图表位置。

🔑 **更改图表大小**：插入的图表有时不符合实际需求，此时可更改图表的大小，其方法为：选择需修改大小的图表，将鼠标指针移至图表4个角的任意一个角上，当鼠标指针变为↖或↗形状时，按住鼠标左键不放进行拖动可沿对角线更改图表大小；将鼠标指针移至上下边框控制点，当其变为↕形状时，拖动鼠标可沿水平方向更改图表大小；将鼠标指针移至左右边框控制点，当其变为↔形状时，拖动鼠标可沿垂直方向更改图表大小。

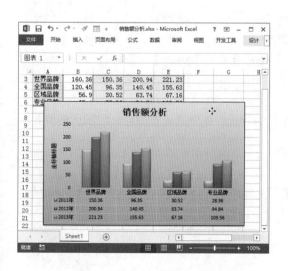

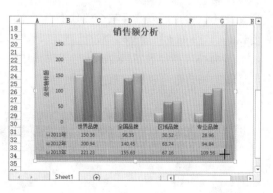

62
Hours

52
Hours

42
Hours

32
Hours

22
Hours

12
Hours

▌经验一箩筐——在新工作表中显示图表

除了上面介绍的在同一工作表中更改图表大小外，还可以利用"移动图表"对话框将创建的图表快速移动到其他工作表中，并且该图表会以大图的形式显示。在新工作表中同样可以更改图表布局和样式等，其方法为：首先选择需移动的图表，然后选择【设计】/【位置】组，单击"移动图表"按钮，打开"移动图表"对话框，选中 ⦿新工作表(N) 单选按钮，并在其右侧的文本框中输入工作表名称，最后单击 确定 按钮即可。

7.2.4 更改图表类型

如果用户对创建的图表类型不满意，或需要通过不同的图表类型来查看数据时，可以对已创建的图表类型进行更改，使其符合用户的需要。其方法为：选择需要更改的图表，选择【设计】/【类型】组，单击"更改图表类型"按钮 ，打开"更改图表类型"对话框，在其中重新选择需要的图表类型后单击 确定 按钮即可。

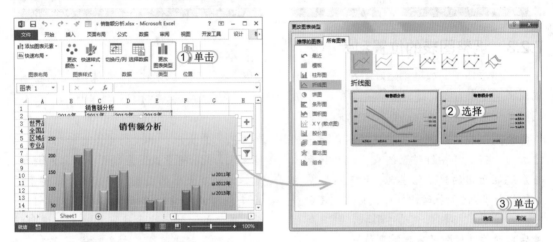

7.2.5 设置图表的形状样式

在 Excel 中，用户可以对图表的形状样式进行设置，使图表效果更为清晰、美观，增加表格的美化程度。在 Excel 2013 中的所有图表元素都可以自定义形状样式，其方法很简单，只需选择需要设置形状样式的元素后，选择【格式】/【形状样式】组，在"形状样式"列表框中预设背景，用户可以选择某个选项进行添加即可。如果对其中的效果不满意，还可通过右侧的 形状填充、 形状轮廓 和 形状效果 进行自定义设置。

下面在"费用预算表 2.xlsx"工作簿中对图表的背景、图例的填充颜色、绘图区的背景、坐标轴的格式进行设置。其具体操作如下：

光盘文件
素材 \ 第 7 章 \ 费用预算表 2.xlsx
效果 \ 第 7 章 \ 费用预算表 2.xlsx
实例演示 \ 第 7 章 \ 设置图表的形状样式

STEP 01: 设置图表的形状样式

1. 打开"费用预算表 2.xlsx"工作簿，选择整个图表。
2. 选择【格式】/【形状样式】组，在其中的下拉列表框中选择一种样式，这里选择"中等效果 - 橄榄色，强调颜色 3"选项，并查看应用后的效果。

> **提个醒** 设置图表样式时，应先对图表的整体效果进行设置，然后再分别设置需要的图表元素的样式。

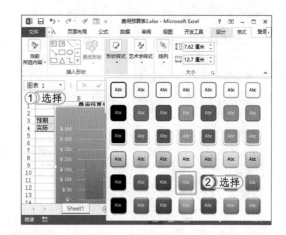

STEP 02: 设置绘图区的形状样式

1. 在绘图区上单击鼠标，选择绘图区。
2. 在【格式】/【形状样式】组的"形状样式"下拉列表框中选择一种绘图区样式，这里选择"彩色轮廓 - 橄榄色，强调颜色 3"选项。

> **提个醒** 当图表的背景与绘图区的背景和图例的背景颜色相近时，可对其进行背景颜色设置，以便于数据的查看。

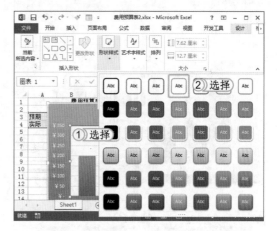

STEP 03: 设置图例的填充颜色

1. 在图表中选择"实际"图例。
2. 在【格式】/【形状样式】组中单击"形状填充"按钮右侧的下拉按钮。
3. 在弹出的下拉列表中选择"橙色"选项。

> **提个醒** 选择"其他填充颜色"选项，在打开的对话框中还可设置更为丰富的颜色。除了纯色外，用户还可设置填充为"图片"、"渐变"和"纹理"，只需选择对应的选项进行设置即可。

读书笔记

205

72图
Hours

62
Hours

52
Hours

42
Hours

32
Hours

22
Hours

12
Hours

STEP 04： 设置网格线的形状轮廓

1. 在网格线上单击鼠标，选择网格线。
2. 在【格式】/【形状样式】组中，单击"形状轮廓"按钮☑右侧的下拉按钮。
3. 在弹出的下拉列表中选择"橄榄色，着色 3，淡色 40%"选项。

提个醒 形状轮廓中的选项与形状填充中的选项类似，其操作方法也类似。

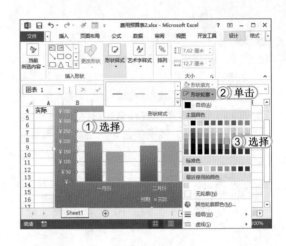

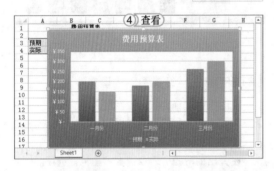

STEP 05： 设置网格线的粗细

1. 保持网格线的选择状态，单击"形状轮廓"按钮☑右侧的下拉按钮。
2. 在弹出的下拉列表中选择"粗细"选项。
3. 在弹出的子列表中选择"1 磅"选项。
4. 完成后返回工作表中查看其效果即可。

读书笔记

7.2.6 设置图表中的文字样式

除了形状外，图表中还包括图表标题、坐标轴标题和数据标签等文本内容，用户也可以对这些文字的样式进行设置，除了最基本的【开始】/【字体】组外，用户还可通过"艺术字样式"功能来进行设置，只要选择需设置的文字对象后，选择【格式】/【艺术字样式】组，在"艺术字样式"下拉列表框中选择一种格式，或单击▲文本填充、▲文本轮廓和▲文本效果按钮进行设置即可，其方法与设置图表的形状样式完全相同，这里不再进行赘述。

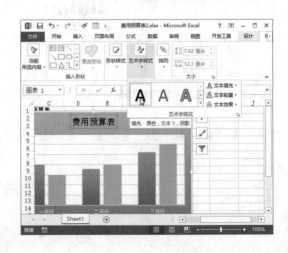

经验一箩筐——设置坐标轴选项格式

除了对坐标轴的形状样式和文字样式进行设置外，用户还可根据需要对坐标轴选项的格式刻度进行设置，以便使刻度显示更为清晰。在 Excel 2013 中，设置坐标轴选项的方法为：在需要设置的坐标轴上单击鼠标右键，在弹出的快捷菜单中选择"设置坐标轴格式"命令，此时在 Excel 窗口右侧打开"设置坐标轴格式"窗格，若选择的坐标轴表示为数值型，可对坐标轴的最大值、最小值、主要刻度、次要刻度和坐标单位等进行设置；选择的坐标轴为文本类型，则可对其编号、分类或坐标轴位置等进行设置。打开该窗格后，直接单击图表元素，也可打开对应的图表元素设置窗格，在其中对其样式进行设置，与在【格式】/【形状样式】中的设置相同。

7.2.7 应用图表样式方案

除了以上介绍的美化图表的方法外，在 Excel 2013 中还可以对某一部分整体的样式和色彩方案进行设置，它们都可在【设计】/【图表样式】组中进行设置，或单击"图表样式"按钮进行设置。其方法分别介绍如下。

🔑 **在【设计】/【图表样式】组中设置**：在【设计】/【图表样式】组中单击"快速样式"按钮，在弹出的下拉列表中可以看到系统提供的一系列图表样式，该样式包括图表的整体效果、图表中各元素的分布位置等；单击"更改颜色"按钮，在弹出的下拉列表中可以设置图表的配色方案，主要对图例的颜色进行设置，包括彩色和单色两种类型，用户可以根据需要进行选择。

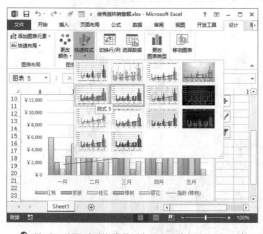 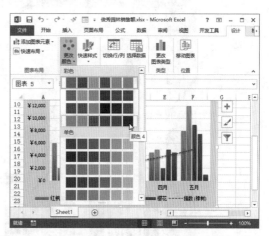

🔑 **单击"图表样式"按钮进行设置**：与"图表元素"按钮类似，也是 Excel 2013 为了方便用户操作图表而开发的新功能，可选择图表后，直接单击图表右侧的"图表样式"按钮，在弹出的列表中选择"样式"选项卡，在其中可设置图表的快速样式；在列表中选择"颜色"选项卡，可在其中设置图表的配色方案。

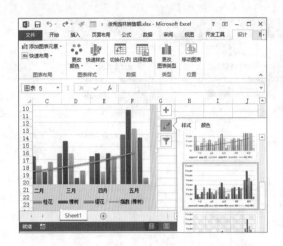
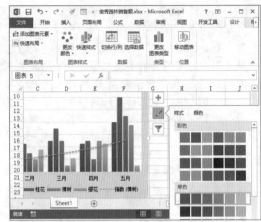

上机1小时 美化销量统计表

🔍 掌握更改数据源的方法。

🔍 巩固图表布局、更改图例和图表位置的方法。

🔍 进一步巩固快速为图表应用样式的方法。

🔍 掌握美化图例、坐标轴、绘图区和文字样式的方法。

🔍 巩固移动图表的方法。

　　本例将对"销售统计表.xlsx"工作簿进行美化，主要对图表样式和配色方案进行设置，然后对图表布局、图例、背景、坐标轴和文字等图表元素的样式进行美化，使整个图表能以最直观的形式反映出当前表格中的数据信息，最后再将图表移动到一个新的工作表中，使其数据能够独立显示。完成后的最终效果如下图所示。

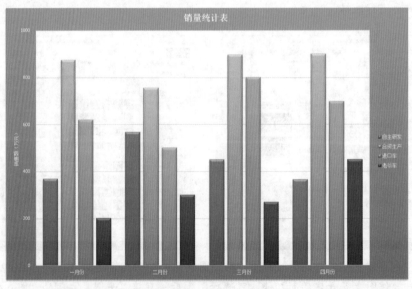

STEP 01: 选择图表

1. 打开"销量统计表.xlsx"工作簿,选择图表。
2. 选择【设计】/【类型】组,单击"更改图表类型"按钮 ,打开"更改图表类型"对话框。

提个醒
单击【设计】/【数据】组中的"切换行/列"按钮 ,在其中还可对图表的行、列进行互换,以便于查看不同分类下的图表数据。

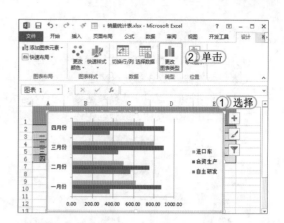

STEP 02: 更改图表类型

1. 选择"所有图表"选项卡。
2. 在左侧的列表框中选择"柱形图"选项。
3. 在右侧选择"簇状柱形图"下的第一个图表类型。
4. 单击 确定 按钮,完成图表类型的更改。

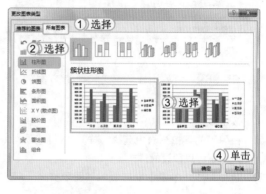

STEP 03: 添加图例

1. 返回工作表中,单击【设计】/【数据】组中的"选择数据"按钮 。
2. 打开"选择数据源"对话框,在"图例项(系列)"栏中单击 添加(A) 按钮,以添加图例。

STEP 04: 编辑数据系列

1. 打开"编辑数据系列"对话框,在"系列名称"文本框中选择 E2 单元格。
2. 在"系列值"文本框中选择 E3:E6 单元格区域。
3. 单击 确定 按钮,返回"选择数据源"对话框。
4. 在"水平(分类)轴标签"栏中单击 编辑(T) 按钮。

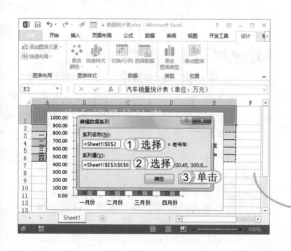

62
Hours

52
Hours

42
Hours

32
Hours

22
Hours

12
Hours

STEP 05： 设置轴标签

1. 打开"轴标签"对话框，在"轴标签区域"文本框中选择 A3:A6 单元格区域。
2. 单击 确定 按钮，返回"选择数据源"对话框。
3. 在其中单击 确定 按钮，以返回工作表。

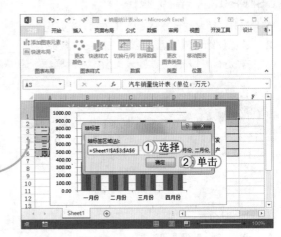

STEP 06： 应用图表样式和色彩方案

1. 选择【设计】/【图表样式】组，单击"快速样式"按钮。
2. 在弹出的下拉列表中选择"样式 14"选项，为图表应用预设的样式。
3. 选择图表，单击图表右侧的"图表样式"按钮。
4. 在弹出的下拉列表中选择"颜色"选项。在下方的列表框中选择"彩色"/"颜色 2"选项。

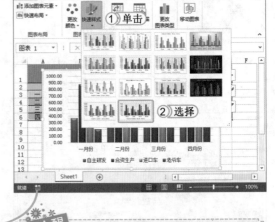

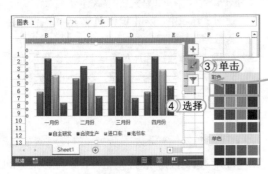

> **提个醒** "彩色"色彩方案中每个数据系列的颜色都不相同；"单色"色彩方案中每个数据系列都属于同一种颜色，选择的透明程度不同，即浓度不相同。

STEP 07： 应用图表形状样式

1. 选择【格式】/【形状样式】组，单击"形状样式"按钮。
2. 在弹出的下拉列表中选择"中等效果，水绿色，强调颜色 5"选项。

> **提个醒** 应用图表形状样式时，要根据数据系列的颜色来选择所需的样式选项，以使数据显示清晰。

STEP 08： 设置绘图区样式

1. 在绘图区上单击鼠标，选择绘图区。
2. 选择【格式】/【形状样式】组，单击"形状填充"按钮 。
3. 在弹出的下拉列表中选择"主题颜色"/"白色，背景色 1"选项。

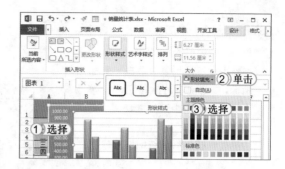

STEP 09： 打开窗格

在纵坐标轴上单击鼠标右键，在弹出的快捷菜单中选择"设置坐标轴格式"命令，打开"设置坐标轴格式"窗格。

提个醒 直接在需要的图表元素上双击鼠标，也可打开其对应的格式设置窗格。

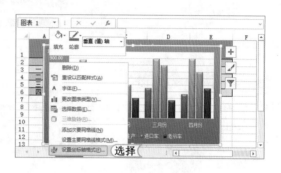

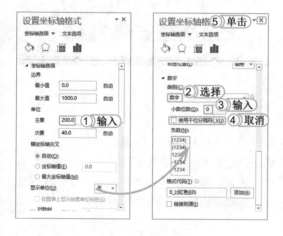

STEP 10： 设置坐标轴格式

1. 在"坐标轴选项"选项卡中的"单位"栏中设置"主要单位"的值为 200.0。
2. 在"数字"栏中的"类别"下拉列表框中选择"数字"选项。
3. 在"小数位数"数值框中输入 0。
4. 取消选中 □ 使用千位分隔符(U) 复选框。
5. 单击"关闭"按钮 关闭窗格。

提个醒 在窗格中单击"坐标轴选项"右侧的按钮，在弹出的下拉列表中选择相应的选项，可切换到其他设置界面进行设置。

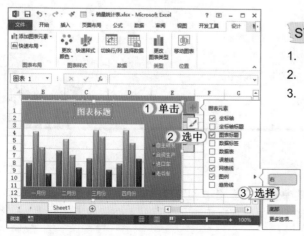

STEP 11： 添加图表元素

1. 单击图表右侧的"图表元素"按钮 。
2. 在弹出的下拉列表中选中 ☑ 图表标题 复选框。
3. 单击"图例"选项后的 按钮，在弹出的下拉列表中选择"右"选项。

提个醒 取消选中图表元素所对应的复选框，隐藏图表元素。如果要彻底删除图表元素，可在图表中选择要删除的图表元素，按 Delete 键。

62
Hours

52
Hours

42
Hours

32
Hours

22
Hours

12
Hours

STEP 12： 添加坐标轴标题

1. 单击"图表元素"按钮 ➕。
2. 在弹出的下拉列表中单击"坐标轴标题"选项后的 ▶ 按钮，在弹出的下拉列表中选中 ☑ 主要纵坐标 复选框。
3. 将图表标题和纵坐标轴标题修改为"销量统计表"和"销售额（万元）"。

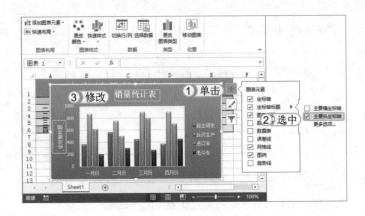

STEP 13： 移动图表

1. 选择【设计】/【位置】组，单击"移动图表"按钮 。
2. 打开"移动图表"对话框，选中 ⊙ 新工作表(S): 单选按钮。
3. 在其后的文本框中输入工作表的名称，这里输入"销量统计图表"。
4. 完成后单击 确定 按钮即可。

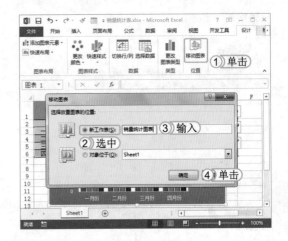

7.3　应用数据透视表与数据透视图

在表格中输入大量数据时，创建的图表显得很拥挤，不能将数据完全显示出来。此时可通过创建数据透视表来分类查看该数据，便于对数据进行分析和处理。数据透视表是一种交互式报表，可以快速合并和比较表格中的大量数据信息，还可以根据需要将这些数据创建为数据透视图，使数据显示更为直观。下面分别介绍数据透视表和数据透视图的操作方法。

▍ 学习1小时 ▶ - - - - -

🔍 掌握数据透视表与透视图的创建方法。

🔍 根据需要对透视表和透视图进行编辑和美化操作。

🔍 掌握清除数据透视表或透视图的方法。

7.3.1　创建数据透视表

数据透视表的创建是以表格中的数据为基础，在表格中创建数据透视表的方法与创建图表的方法类似，分为创建普通的数据透视表和推荐的数据透视表。下面分别介绍其操作方法。

1. 创建普通的数据透视表

采用普通的方法创建数据透视表时，表格中的数据是空白的，需要用户手动添加需要合并的数据。

下面将在"公寓缴费表.xlsx"工作簿中创建数据透视表，并将数据按照业主的楼栋和业主姓名进行合并显示。其具体操作如下：

光盘文件
素材 \ 第7章 \ 公寓缴费表.xlsx
效果 \ 第7章 \ 公寓缴费表.xlsx
实例演示 \ 第7章 \ 创建数据透视表

STEP 01： 设置数据透视表

1. 打开"公寓缴费表.xlsx"工作簿，选择【插入】/【表格】组，单击"数据透视表"按钮 。
2. 打开"创建数据透视表"对话框，在"选择一个表或区域"栏中的"表/区域"文本框中设置数据源为 A2:H17 单元格区域。
3. 选中 现有工作表(E) 单选按钮。
4. 在"位置"文本框中设置数据透视表的存放位置为 A20 单元格。
5. 单击 确定 按钮，完成设置。

STEP 02： 添加行数据

此时激活"数据透视表工具"选项卡，并打开"数据透视表字段"窗格。在窗格中的"选择要添加到报表的字段"栏中选中"业主"和"楼栋"选项前的复选框，此时"在以下区域间拖动字段"栏中的"行"列表框中显示出添加的行元素。

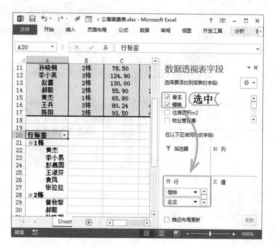

提个醒
行标签即为分类合并的字段，该字段必须具有类别的特效，不能是某一个单一的属性。添加多个行字段时，需要注意添加的字段顺序应该是大类包含小类，否则数据呈现不同的显示方式。

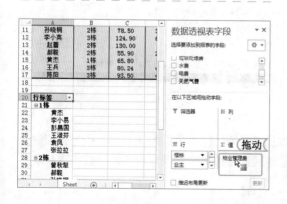

STEP 03： 添加值字段

在"选择要添加到报表的字段"列表框中使用鼠标拖动"物业管理费"选项到"在以下区域间拖动字段"栏中的"值"列表框中。

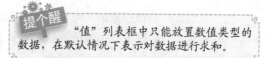

提个醒
"值"列表框中只能放置数值类型的数据，在默认情况下表示对数据进行求和。

213

72区
Hours

62
Hours

52
Hours

42
Hours

32
Hours

22
Hours

12
Hours

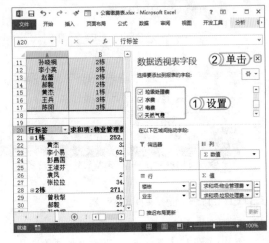

STEP 04： 添加其他字段并查看效果

1. 使用相同的方法，将"垃圾处理费"、"水费"、"电费"和"天然气费"拖动到"值"列表框中。
2. 单击"关闭"按钮，以关闭"数据透视表字段"窗格。

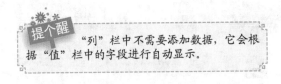

"列"栏中不需要添加数据，它会根据"值"栏中的字段进行自动显示。

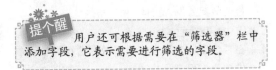

STEP 05： 查看创建的效果

返回表格即可查看创建后的效果。

用户还可根据需要在"筛选器"栏中添加字段，它表示需要进行筛选的字段。

2. 推荐的数据透视表

Excel 2013 还为用户提供了推荐的数据透视表功能，用户可以直接按照系统的推荐选择已有的数据透视表类型。其方法为：选择需要创建数据透视表的单元格区域，选择【插入】/【表格】组，单击"推荐的数据透视表"按钮，打开"推荐的数据透视表"对话框，在其中选择一种系统推荐的数据透视表类型，单击 按钮即可创建数据透视表。

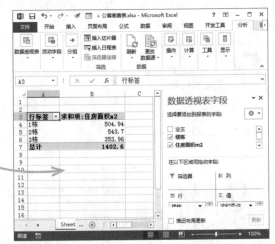

7.3.2 设置数据透视表字段

除了在创建数据透视表时，可以在"数据透视表字段"窗格中添加需要的字段外，用户还可根据实际需求对表格中的字段进行编辑，如移动、设置和删除等操作。下面对数据透视表字段的编辑方法分别进行介绍。

🔑 **添加字段**：添加字段的方法很简单，只要在"数据透视表字段"窗格的"选择要添加到报表的字段"列表框中选中对应字段的复选框，即可在左侧的数据透视表区域显示出相应的数据信息，或直接使用鼠标将其拖动到需要的区域中，如这里选择"业主"、"楼栋"、"水费"、"电费"、"天然气费" 5个字段。

🔑 **移动字段**：移动字段可以通过鼠标拖动和选择命令两种方式来实现。其中，拖动鼠标的方法为：将鼠标指针定位到需移动的字段上，然后按住鼠标左键不放并进行拖动，拖动至所需区域时释放鼠标即可；选择命令的方法为：单击需移动字段中的 ▼ 按钮，在弹出的下拉列表中选择目标区域。Excel中有报表筛选、列标签、行标签和数值4个区域。

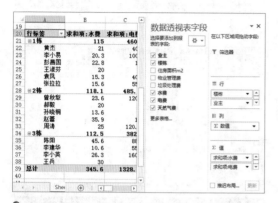

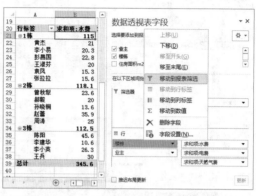

🔑 **设置字段**："设置字段"是指对字段名称、分类汇总、筛选、布局、打印及值汇总方式等进行设置，不同区域中字段的设置方式是不相同的。下面以"数值"区域中的字段为例介绍其设置方法：单击该区域中需设置字段上的 ▼ 按钮，在弹出的下拉列表中选择"值字段设置"选项，打开"值字段设置"对话框，在其中可对名称、值汇总方式和值显示方式等进行设置，完成后单击 确定 按钮。

🔑 **删除字段**：删除字段的操作方法与设置字段的操作方法类似，都是单击"数据透视表字段"窗格中某个区域里的 ▼ 按钮，其方法为：在"在以下区域间拖动字段"栏的字段区域中单击需要进行删除操作字段上的 ▼ 按钮，在弹出的下拉列表中选择"删除字段"选项即可。

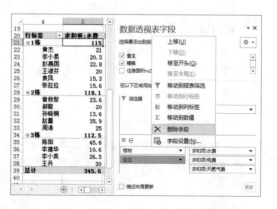

215

72☒
Hours

62
Hours

52
Hours

42
Hours

32
Hours

22
Hours

12
Hours

▌经验一箩筐——创建分组

在数据透视表的数据上单击鼠标右键，在弹出的下拉列表中选择"创建组合"命令，此时可对数据进行分组，使数据按照需要的方式进行显示。

7.3.3　美化数据透视表

如果新建的数据透视表并不美观，可通过对数据透视表的行、列或整个数据透视表进行美化设计，不仅可以使数据透视表更加美观，还可以增强数据的可读性。其方法为：将鼠标指针定位到数据透视表中，选择【设计】/【数据透视表样式】组，在"数据透视表样式"列表框中选择一种样式进行应用即可。

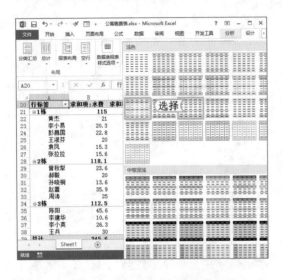
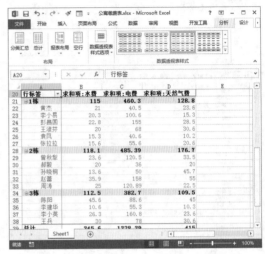

7.3.4　创建与编辑数据透视图

数据透视图以图表的形式表示数据透视表中的数据。与数据透视表一样，在数据透视图中可查看不同级别的明细数据，并且还具有图表直观地表现数据的优点。

下面将在"展会分布表.xlsx"工作簿中创建并编辑数据透视图。其具体操作如下：

STEP 01： 设置数据区域

1. 打开"展会分布表.xlsx"工作簿，选择【插入】/【图表】组，单击"数据透视图"按钮。
2. 打开"创建数据透视表"对话框，在"表/区域"文本框中设置数据源区域。
3. 在"位置"栏中设置存放数据透视表的位置。
4. 单击 确定 按钮，以创建数据透视表和数据透视图。

提个醒　数据透视图是基于数据透视表中的数据而创建的图表，因此，若直接创建数据透视图，会同时创建数据透视表。

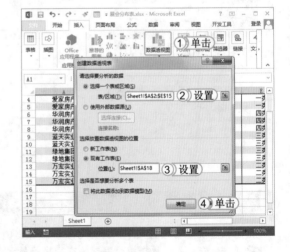

STEP 02： 添加字段

系统自动创建一个空白的数据透视表和数据透视图，并打开"数据透视图字段"窗格。在"选择要添加到报表的字段"栏中依次单击"参展公司"、"参展作品"、"参展位置"和"参展费用（万元）"选项，并将其添加到"在以下区域间拖动字段"栏中，此时数据透视表和数据透视表图中自动显示出对应的内容。

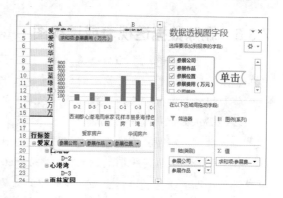

STEP 03： 移动字段

1. 在"轴（类别）"列表框中的"参展公司"字段上单击 ▼ 按钮。
2. 在弹出的下拉列表中选择"移至图例字段（系列）"选项。

❋提个醒
直接使用鼠标拖动的方法也可将一个区域中的字段拖动到另一个区域，其操作方法与移动数据透视表中的字段完全相同。

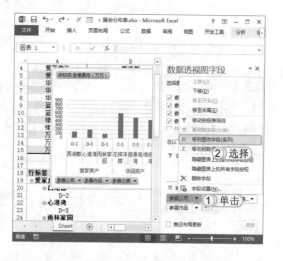

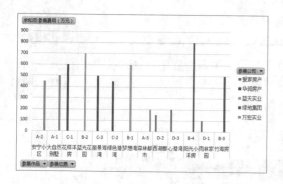

STEP 04： 查看效果

返回工作表中，即可查看创建并设置数据透视图后的效果。

❋提个醒
若工作表中已创建数据透视表，可直接选择【分析】/【工具】组，单击"数据透视图"按钮 可以直接创建与数据透视表中内容相对应的图表。

7.3.5 设置数据透视图的格式

设置数据透视图格式与美化图表的操作是相同的，都可以在"设计"和"格式"组中设置图表的"形状样式"和"快速样式"；可以通过图表右侧的按钮进行设置，这里不再进行重复介绍，用户可自行进行练习以熟练掌握，如右图所示即为通过"格式"组为图表设置背景的效果。

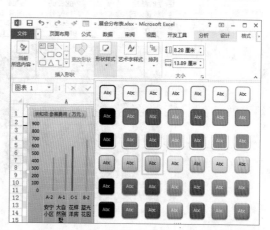

217

72 ☒
Hours

62
Hours
▲

52
Hours
▲

42
Hours
▲

32
Hours
▲

22
Hours
▲

12
Hours

7.3.6 删除数据透视表或透视图

如不需要数据透视表和数据透视图，可将其删除。其方法分别进行如下介绍。

🔑 **删除数据透视表**：在需删除的数据透视表中选择任意一个单元格，然后选择【分析】/【操作】组，并单击"选择"按钮，在弹出的下拉列表中选择"整个数据透视表"选项，最后按 Delete 键即可将其删除。

🔑 **删除数据透视图**：删除数据透视图的方法比删除数据透视表的方法更简单，其方法为：选择需删除的数据透视图的图表区，按 Delete 键即可完成删除操作。

🔑 **消除所有的透视内容**：上面的操作中只是删除工作表中的数据透视表或数据透视图，为删除工作表中的所有透视，可选择数据透视区域中的任意一个单元格，然后选择【分析】/【操作】组，单击"清除"按钮，在弹出的下拉列表中选择"全部清除"选项，即可同时清除数据透视表和数据透视图。

> **经验一箩筐——移动数据透视表和数据透视图**
>
> 数据透视表和数据透视图与普通图表类似，都可以进行移动，只要选择需要移动的对象，在【分析】/【操作】组中单击"移动数据透视表"按钮或单击"移动数据透视图"按钮，在打开的对话框中进行设置即可。

上机 1 小时 ▶ 透视分析订单费用信息表

🔍 巩固创建数据透表和数据透视图的方法。

🔍 掌握添加、移动和设置数据透视表字段的方法。

🔍 进一步熟悉数据透视表和数据透视图的美化方法。

本例将创建产品订单费用信息表的汇总透视图表，该图表主要由数据透视图和数据透视表组成，通过在工作表中创建交互式报表方式，可以更方便地查看表格中的数据信息，以达到对数据进行分析和处理的目的。完成后的效果如下图所示。

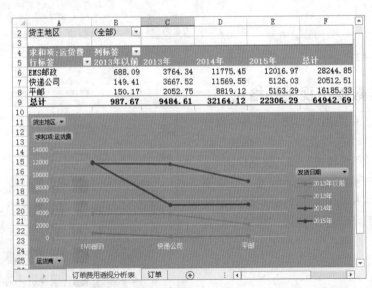

素材 \ 第 7 章 \ 订单信息表.xlsx
效果 \ 第 7 章 \ 订单费用透视分析表.xlsx
实例演示 \ 第 7 章 \ 透视分析订单费用信息表

STEP 01： 创建数据透视表

1. 打开"订单信息表.xlsx"工作簿，选择【插入】/【表格】组，单击"数据透视表"按钮圖。
2. 打开"创建数据透视表"对话框，在"选择一个表或区域"栏中的"表/区域"文本框中设置数据源为 A1:K831 单元格区域。
3. 选中 ⊙新工作表(N) 单选按钮。
4. 单击 确定 按钮，完成设置。

72图
Hours

STEP 02： 添加字段

Excel 自动新建一个工作表，并创建一个空白数据透视表，打开"数据透视表字段"窗格，在其中将"选择要添加到报表的字段"栏中的"运货商"字段添加到"行"列表框中，将"发货日期"字段添加到"列"列表框在中，将"运货费"字段添加到"值"列表框中，将"货主地区"添加到"筛选器"列表框中。

62
Hours

52
Hours

STEP 03： 创建组合

任意选择一个列字段，这里选择 B5 单元格，在其上单击鼠标右键，在弹出的快捷菜单中选择"创建组"命令。

42
Hours

提个醒　若需要取消组合，可选择"取消组合"命令，以恢复数据透视表的原始状态。

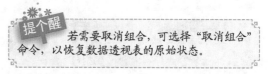

读书笔记

32
Hours

22
Hours

12
Hours

STEP 04： 设置组合条件

1. 打开"组合"对话框，选中 ☑起始于(S): 和 ☑终止于(E): 复选框，并分别设置其值为 1999/5/6 和 2015/5/7。
2. 在"步长"列表框中选择"年"选项。
3. 单击 确定 按钮，完成设置。

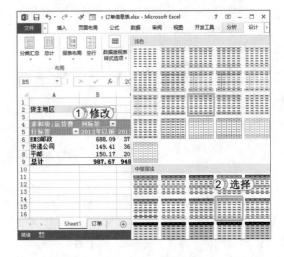

STEP 05： 为数据透视表应用样式

1. 返回数据透视表中，将 B5 单元格的值修改为"2013 年以前"。
2. 选择【设计】/【数据透视表样式】组，在其中的列表框中选择"数据透视表样式中等深线 11"选项，以美化数据透视表的样式。

提个醒 修改数据透视表中列字段的值时，只能将鼠标指针定位在编辑栏中进行修改，而不能通过双击鼠标进行定位的方法修改。

STEP 06： 打开"插入图表"对话框

选择【分析】/【工具】组，单击"数据透视图"按钮，打开"插入图表"对话框。

读书笔记

STEP 07： 选择图表的类型

1. 在"所有图表"选项卡中选择"折线图"选项。
2. 在右侧选择"带数据标记的折线图"选项。
3. 单击 确定 按钮，插入选择的图表类型。

提个醒 数据透视图与普通图表的类型完全相同，其操作方法也相同，用户可参照前面介绍的方法进行选择与操作。

STEP 08: 应用图表形状样式

选择【格式】/【形状样式】组，在弹出的下拉列表中选择"浅色1轮廓，彩色填充-橄榄色，强调颜色3"选项。

提个醒　用户也可通过【设计】/【图表样式】组中的"快速样式"来设置图表的整体风格。

STEP 09: 修改图表配色方案

选择【设计】/【图表样式】组，在"更改颜色"下拉列表中选择"彩色"栏的"颜色4"选项，修改图表的配色方案。完成后将工作表的名称修改为"订单费用透视分析表"，并将工作簿进行另存。

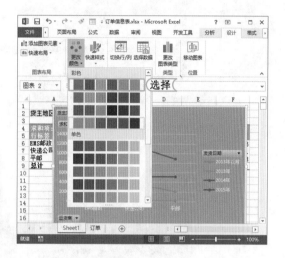

读书笔记

221

72⊠
Hours

62
Hours

52
Hours

42
Hours

32
Hours

22
Hours

12
Hours

7.4　练习2小时

本章主要介绍图表、数据透视表和数据透视图的基本操作、编辑和美化方法，通过为数据创建图表可以使数据显示更为直观、清晰。用户为熟练使用它们，还需再进行巩固练习。下面以制作水果销量统计表和分析服装销售业绩表为例，进一步巩固这些知识的使用方法。

1. 练习1小时：制作水果销量统计表

本例将在"水果销量统计表.xlsx"工作簿中创建图表，通过创建图表来显示每种水果每月份的销量，然后对图表的样式进行美化，在制作时应注意图表的色彩统一和样式美观，完成后的效果如右图所示。

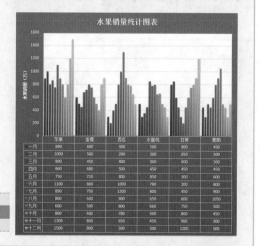

光盘文件　素材\第7章\水果销量统计表.xlsx
效果\第7章\水果销量统计表.xlsx
实例演示\第7章\制作水果销量统计表

2. **练习1小时：分析服装销售业绩表**

　　本例将在"服装销售业绩表.xlsx"工作簿中练习数据透视图、数据透视表的创建、编辑和美化的操作方法。再通过这些操作能够较快地分析出各种类型的服装销售业绩，并查看其整体的销售水平，其最终效果如下图所示。

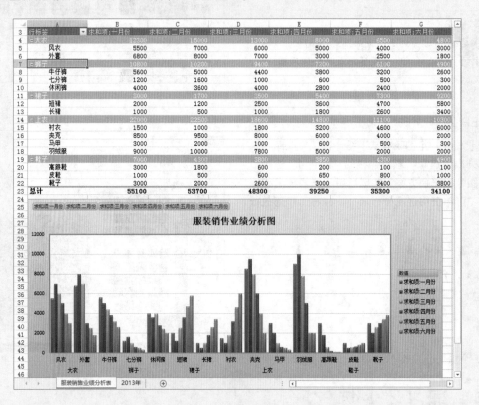

读书笔记

表格

72 HOURS

图表和函数的高级应用

第 8 章

学习 3 小时

● 动态图表的制作
● 函数在办公中的高级应用
● 图表与公式的使用技巧

熟练掌握图表和函数的使用方法是进行数据分析与处理最基本的前提，用户除了掌握前面章节中介绍的方法外，还要在学习和使用过程中不断总结经验，提高熟练程度。同时，要掌握一些图表、函数的使用技巧和方法，以加深对知识的理解程度，并制作出最能体现需要表达效果的表格。

上机 3 小时

8.1 动态图表的制作

所谓动态图表，是指表格中的数据能够进行实时更新，能够根据用户的具体需要而自动发生变化。在 Excel 中可以通过使用滚动条、公式与函数等方法创建出各种不同类型的动态图表。下面介绍几种常用的创建动态图表的方法。

学习1小时

- 掌握通过公式创建动态图表的方法。
- 进一步掌握通过组合框创建动态图表的方法。
- 了解掌握通过定义名称创建动态图表的方法。
- 掌握创建动态对比图的方法。

8.1.1 通过公式创建动态图表

通过公式创建动态图表必须结合单元格的数据验证功能才能实现，它需要先设置某个具有类别属性的单元格的数据验证为序列，然后再通过公式将序列与表格中的内容联系起来，最后再将其创建为动态筛选的图表。

下面将在"产品销量分析表.xlsx"工作簿中创建一个动态图表，再通过选择不同的年份，使图表中动态显示出其对应的销量情况。其具体操作如下：

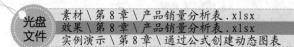

光盘
文件

素材 \ 第 8 章 \ 产品销量分析表.xlsx
效果 \ 第 8 章 \ 产品销量分析表.xlsx
实例演示 \ 第 8 章 \ 通过公式创建动态图表

STEP 01： 准备设置数据验证

1. 打开"产品销量分析表.xlsx"工作簿，选择 A2:A9 单元格区域，将其按照原格式粘贴到 A11:A18 单元格。
2. 选择 B11 单元格。
3. 选择【数据】/【数据工具】组，单击"数据验证"按钮。

STEP 02： 设置数据验证

1. 打开"数据验证"对话框，在"允许"下拉列表框中选择"序列"选项。
2. 在"来源"文本框中设置数据的引用区域为 B2:H2 单元格。
3. 单击 确定 按钮，完成设置。

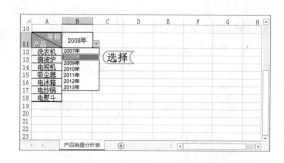

STEP 03： 设置序列的值

返回工作表中即可看到 B11 单元格右侧有一个 下拉按钮。单击该按钮，在弹出的下拉列表中选择一个选项进行填充，这里选择"2008 年"选项。

STEP 04： 输入公式

选择 B12 单元格，在编辑栏中输入公式 =OFFSET(A3,,MATCH($B$11,$B$2:$H$2))。

> **提个醒** 该公式的作用是将 B11 单元格所关联的产品销量的值引用到 B12 单元格中。

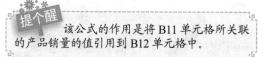

STEP 05： 复制公式

按 Enter 键得到结果，然后将鼠标指针放在 B12 单元格右下角。当鼠标指针变为 + 形状时，拖动鼠标到 B18 单元格后释放鼠标，以得到其他产品对应的销量值。

> **提个醒** 当 B11 单元格的值为"2008 年"时，B12:B18 单元格区域的值就为各种产品在 2008 年的销量值；同理，若为 2010 年，则为 2010 年的销量。

经验一箩筐——MATCH 函数的作用

MATCH 函数用于返回指定数值在指定数组区域中的位置，语法结构为：MATCH(lookup_value,lookup_array,match_type)。其中，各参数的含义介绍如下。

- 🔑 lookup_value：需要在数据表（lookup_array）中查找的值。
- 🔑 lookup_array：可能包含有所要查找数值连续的单元格区域。
- 🔑 match_type：为 1 时，查找小于或等于参数 lookup_value 的最大值，而且该参数必须按升序排列；为 0 时，查找等于 lookup_value 的第一个数值，并且该参数按任意顺序排列；为 -1 时，查找大于或等于 lookup_value 的最小值，该参数必须按降序排列。

225

72 Hours

62 Hours

52 Hours

42 Hours

32 Hours

22 Hours

12 Hours

STEP 06： 插入图表

1. 选择 B11:B18 单元格区域。
2. 选择【插入】/【图表】组，单击"柱形图"按钮 ▥。
3. 在弹出的下拉列表中选择"簇状柱形图"选项。

提个醒　图表的类型可根据用户的需要进行选择，这里就以簇状柱形图为例进行介绍。

STEP 07： 编辑数据源

1. 系统自动创建所选择数据的图表。选择该图表，并选择【设计】/【数据】组，单击"选择数据"按钮 ▦。
2. 打开"选择数据源"对话框，单击"水平（分类）轴标签"栏中的 按钮。

读书笔记

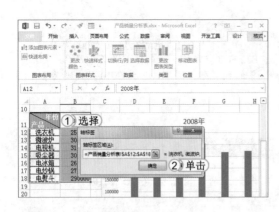

STEP 08： 编辑轴标签

1. 打开"轴标签"对话框，返回工作表中选择 A12:A18 单元格区域为数据源区域。
2. 单击 按钮，完成数据源的选择。

提个醒　这里的 A12:A18 单元格区域与 A3:A9 单元格区域的值完全相同。用户也可选择 A3:A9 单元格区域作为轴标签的数据源。

STEP 09： 确认设置

返回"选择数据源"对话框，在"水平（分类）轴标签"列表框中即可查看到编辑数据源后的轴标签效果，然后单击 按钮，以完成设置。

STEP 10： 编辑图表

使用第7章介绍的方法添加图表的纵坐标轴标题、图例，并对图表进行美化操作，完成后的效果如右图所示。

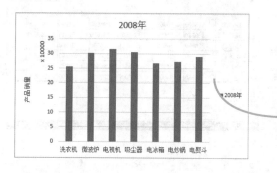

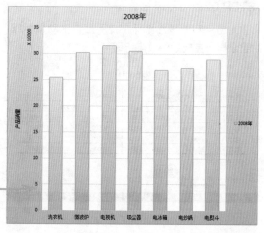

STEP 11： 预览动态效果

此时工作表中显示的数据为 2008 年的销售额，设置 B11 单元格的值为"2011 年"，此时即可查看到数据全部发生变化。

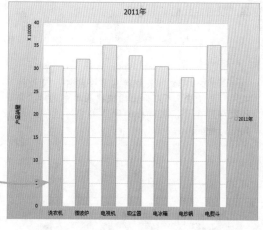

8.1.2　通过组合框创建动态图表

组合框与下拉列表框类似，用户可将需要动态显示的数据类别以组合框的形式进行显示，选择组合框中的某个数据时，表格中的数据对应发生变化。

下面将在 Excel 中绘制组合框，并将数据与其进行关联，再通过定义名称的方法创建出动态图表。其具体操作如下：

光盘文件
素材＼第 8 章＼产品销量分析表 2.xlsx
效果＼第 8 章＼产品销量分析表 2.xlsx
实例演示＼第 8 章＼通过组合框创建动态图表

STEP 01： 准备绘制组合框

1. 打开"产品销量分析表 2.xlsx"工作簿，选择【开发工具】/【表单控件】组，单击"插入"按钮。
2. 在弹出的下拉列表中选择"表单控件"栏中的"组合框"选项。

227

72图
Hours

62
Hours

52
Hours

42
Hours

32
Hours

22
Hours

12
Hours

STEP 02： 绘制组合框

在单元格空白处按住鼠标左键不放，拖动鼠标绘制组合框，完成后释放鼠标即可。

STEP 03： 选择"设置控件格式"命令

在组合框上单击鼠标右键，在弹出的快捷菜单中选择"设置控件格式"命令。

提个醒 如果工作表中存在多个控件，且控件之间容易重叠，可在弹出的快捷菜单中选择"叠放次序"命令，在弹出的子菜单中对控件的排列进行控制。

STEP 04： 设置组合框格式

1. 打开"设置对象格式"对话框，选择"控制"选项卡。
2. 在"数据区域"文本框中设置组合框包含的数据源，这里设置为 A3:A9 单元格区域。
3. 在"单元格链接"文本框中设置组合框的逻辑值，这里设置为 A12 单元格。
4. 保持其他设置不变，单击 确定 按钮。

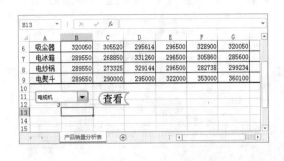

STEP 05： 查看组合框效果

返回工作表中，单击组合框右侧的▼按钮，在弹出的下拉列表中选择一个选项，这里选择"电视机"选项，此时 A12 单元格中显示的值为 3。

STEP 06： 定义"每年销量"名称

1. 选择【公式】/【定义的名称】组，单击"定义名称"按钮 ⊟。在打开的"新建名称"对话框中的"名称"文本框中输入"每年销量"。

2. 在"引用位置"文本框中输入公式 =OFFSET (产品销量分析表!$B$2:$H$2，产品销量分析表!$A$12,)。

3. 单击 确定 按钮，关闭对话框，完成名称的定义。

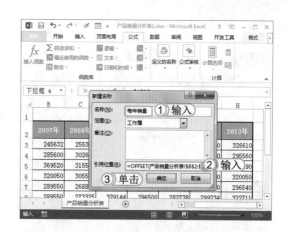

STEP 07： 定义"年份"名称

1. 使用相同的方法，打开"新建名称"对话框，在"名称"文本框中输入"年份"。

2. 在"引用位置"文本框中输入公式 =OFFSET (产品销量分析表!$A$2，产品销量分析表!$A$12,)。

3. 单击 确定 按钮，关闭对话框，完成名称的定义。

229

72⊠
Hours

62
Hours

52
Hours

42
Hours

32
Hours

22
Hours

12
Hours

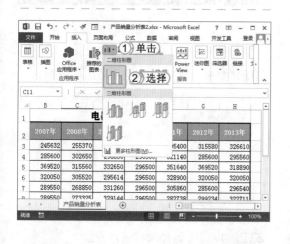

STEP 08： 创建图表

1. 在工作表中选择任意一个空白单元格，选择【插入】/【图表】组，单击"插入柱形图"按钮 ᵢᵢ。

2. 在弹出的下拉列表中选择"二维柱形图"栏中的第一个选项。此时，在工作表中创建一个空白内容的图表。

问题小贴士

问： 定义名称时，"引用位置"文本框中两个公式的含义分别是什么？

答： 它们都是用来进行单元格的引用，其中公式 =OFFSET(Sheet1!$B$2:$H$2,Sheet1!$A$12,) 表示在工作表的 B2:H2 单元格区域中获取 A12 单元格的值，在 B2:H2 单元格区域中向上偏移 A12 的值的行数，并返回其值。公式 =OFFSET(Sheet1!$A$2,Sheet1!$A$12,) 则表示在 A2 单元格的位置上向右偏移 B12 的值的列数，并返回其值。

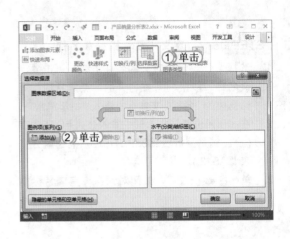

STEP 09： 添加数据源

1. 在【设计】/【数据】组中单击"选择数据"
   按钮。
2. 打开"选择数据源"对话框，单击"图例项
   （系列）"栏中的 添加(A) 按钮。

> **提个醒**
> 用户也可选择【公式】/【定义的名称】
> 组，单击"用于公式"按钮，在弹出的下拉
> 列表中可直接选择需要应用的公式。

STEP 10： 编辑数据源

1. 打开"编辑数据源"对话框，在"系列名称"
   文本框中输入"=产品销量分析表2.xlsx!
   年份"。
2. 在"系列值"文本框中输入"=产品销量分析
   表2.xlsx!每年销量"。
3. 单击 确定 按钮，关闭对话框。

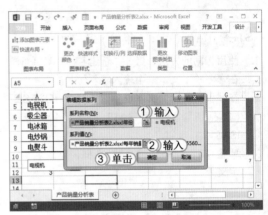

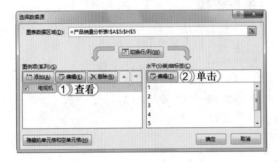

STEP 11： 查看编辑图例项后的效果

1. 返回"选择数据源"对话框中即可看到显示
   为"电视机"。
2. 单击"水平（分类）轴标签"栏中的 编辑(E)
   按钮。

STEP 12： 选择轴标签数据源

1. 打开"轴标签"对话框，在"轴标签区域"
   文本框中输入其值为B2:E2单元格区域。
2. 单击 确定 按钮，关闭对话框。

读书笔记

STEP 13： 确认数据源选择

返回"选择数据源"对话框，在其中即可看到设置后的效果，然后单击 确定 按钮，完成设置。

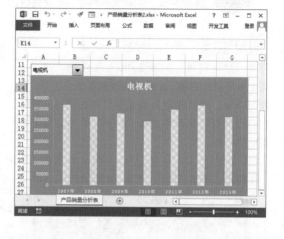

STEP 14： 查看并美化图表

返回工作簿中即可查看到设置后的效果，其默认显示为组合框中的内容，此时图表标题显示为"电视机"，图例项显示为其对应的销量，轴标签显示为对应的年份。使用第 7 章介绍的方法，适当移动图表的位置，并对图表进行美化操作，使其效果更为美观。

STEP 15： 查看动态效果

在组合框中选择不同的产品类别，观察图表显示的效果。如左图所示即为选择"电炒锅"和"吸尘器"选项后的效果。

提个醒 根据需要，用户还可调整组合框的大小或拖动组合框位置，使其容易查看和操作。

读书笔记

62
Hours

52
Hours

42
Hours

32
Hours

22
Hours

12
Hours

8.1.3 创建动态对比图

　　动态图表也可以根据需要再对其添加数据系列，通过对不同类型的数据进行对比，查看数据之间的差异，使数据表达更为明确和智能。

　　下面将在"产品销量分析表 3.xlsx"中添加一个数据系列，以创建出动态的对比图表。其具体操作如下：

光盘文件

素材 \ 第 8 章 \ 产品销量分析表 3.xlsx
效果 \ 第 8 章 \ 产品销量分析表 3.xlsx
实例演示 \ 第 8 章 \ 创建动态对比图

STEP 01： 复制并粘贴组合框

打开"产品销量分析表 3.xlsx"工作簿，在组合框上单击鼠标右键，在弹出的快捷菜单中选择"复制"命令，然后在空白单元格处单击鼠标右键，在弹出的快捷菜单中选择"粘贴"命令，复制并粘贴组合框。

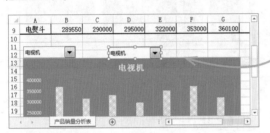

STEP 02： 修改组合框逻辑值

1. 在组合框上单击鼠标右键，在弹出的快捷菜单中选择"设置控件格式"命令。打开"设置控件格式"对话框，选择"控制"选项卡。
2. 在"单元格链接"文本框中修改组合框的逻辑值，这里设置为 B12 单元格。
3. 保持其他设置不变，单击 确定 按钮。

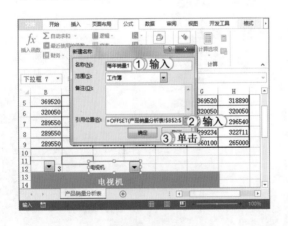

STEP 03： 新建"每年销量 1"名称

1. 选择【公式】/【定义的名称】组，单击"定义名称"按钮 ，在打开的"新建名称"对话框中设置其名称为"每年销量 1"。
2. 在"引用位置"文本框中输入公式 =OFFSET(产品销量分析表 !$B$2:$H$2, 产品销量分析表 !$B$12,)。
3. 单击 确定 按钮，完成设置。

STEP 04： 定义"年份1"名称

1. 使用相同的方法，打开"新建名称"对话框，在"名称"文本框中输入"年份1"。
2. 在"引用位置"文本框中输入公式 =OFFSET (产品销量分析表 !$A$2, 产品销量分析表 !$B$12,)。
3. 单击 确定 按钮，关闭对话框。

> **提个醒** 重新定义名称后，再通过图表将数据源与组合框链接起来，使其达到对比的效果。

STEP 05： 添加图例项

1. 返回工作表中并选择图表，在【设计】/【数据】组中单击"选择数据"按钮。
2. 打开"选择数据源"对话框，单击"图例项 (系列)"栏中的 添加(A) 按钮。

> **提个醒** "图例项 (系列)"栏中的数据系列可根据用户的需要进行添加。

STEP 06： 编辑数据源

1. 打开"编辑数据源"对话框，在"系列名称"文本框中输入"= 产品销量分析表 3.xlsx! 年份 1"。
2. 在"系列值"文本框中输入"= 产品销量分析表 3.xlsx! 每年销量 1"。
3. 单击 确定 按钮，关闭对话框。

STEP 07： 查看编辑图例项后的效果

1. 返回"选择数据源"对话框中即可看到显示为"电视机"。
2. 单击"水平 (分类) 轴标签"栏中的 编辑(E) 按钮。

62
Hours
▲

52
Hours
▲

42
Hours
▲

32
Hours
▲

22
Hours
▲

12
Hours
▲

STEP 08: 选择轴标签数据源

1. 打开"轴标签"对话框,在"轴标签区域"文本框中设置其值为 B2:H2 单元格区域。
2. 单击 确定 按钮,关闭对话框。

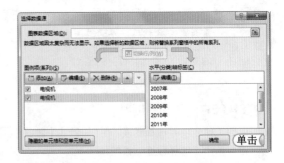

STEP 09: 确认数据源选择

返回"选择数据源"对话框,在其中即可看到设置后的效果,然后单击 确定 按钮,完成设置。

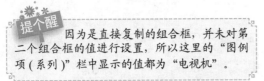

STEP 10: 设置图表和组合框

1. 返回工作表中即可查看到设置后的效果。然后为图表添加标题,并设置其标题为"动态对比分析图"。
2. 选择两个组合框,在其上单击鼠标右键,在弹出的快捷菜中选择【置于顶层】/【置于顶层】命令,将组合框放置在最上层。

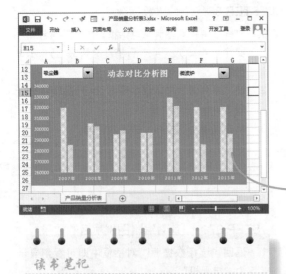

STEP 11: 查看对比效果

将组合框拖动到图表标题的两侧,然后适当调整其位置,并分别在两个组合框中选择不同的选项,查看图表的动态效果。

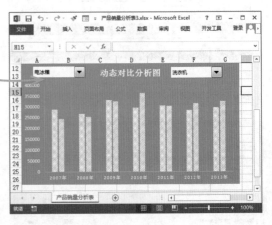

读书笔记

8.2　函数在办公中的高级应用

　　函数是 Excel 进行数据处理与分析的主要功能之一，除了对常用的一些函数进行了解外，用户还需掌握一些函数在办公中的高级应用，从而提高办公水平。下面具体介绍一些办公中较为常用的函数实例应用。

学习1小时

- 掌握获取空白单元格个数的方法。
- 学习通过身份证获取生日、性别的方法。
- 认识人民币金额大写的转换方法。
- 进一步掌握其他的常用函数与公式案例。

8.2.1　获取表格中空白单元格的个数

　　在进行数据统计与分析的过程中，经常会由于各种各样的原因而导致无数据填充的情况：因学生缺考，造成成绩表中某些学生某科目没有成绩，导致对应单元格为空白；因工作人员疏忽而有遗漏的数据等情况。此时就可以对表格中的空白单元格个数进行统计，并查看是否存在这种情况。此时，用户可通过 COUNTIF 和 COUNTBLANK 函数进行统计，分别介绍如下。

1. 使用 COUNTIF 函数统计空白单元格个数

　　对于使用 COUNTIF 函数统计空白单元格的个数，主要对空白单元格的条件进行设置，表达方式为 =COUNTIF(A:A,"=")，其中条件 "=" 表示单元格为真空。若使用 =COUNTIF(A:A,"")，则表示统计的内容为真空和假空。

姓名＼科目	理论	上机	印象分	综合素质	
张军华	65	50	5	60	
王婷婷		64	6	57	
李啸	60	86	7	81	
张健	50		9	62	
汪秋月	60	70	4	55	
陈强	55	75	6	46	
王小州	87	62	9	63	
欧阳		60	8	40	
总成绩平均分					
空单元格:	3				

B13　=COUNTIF(B3:D10,"=")

2. 使用 COUNTBLANK 函数统计空白单元格个数

　　COUNTBLANK 函数用于统计指定单元格区域中空白单元格的个数。其语法结构为COUNTBLANK(range)，其中参数 range 表示需要进行统计空白单元格个数的区域。该公式在统计空白单元格时，会将返回值为空文本 ("") 的结果也包含在内，但包含零值的单元格不计算在内。如下图所示即为使用该函数进行统计的效果。

62
Hours

52
Hours

42
Hours

32
Hours

22
Hours

12
Hours

B14 =COUNTBLANK(B3:E10)

姓名 科目	理论	上机	印象分	综合素质	总成绩
张军华	65	50	5	60	
王婷婷	78	64	6	57	
李啸	60	86	7	81	
张健		55	9	62	
汪秋月	60	70	4	55	
陈强	55	75	6	46	
王小州		62	9	63	
欧阳	63		8	40	
总成绩平均分					
空白单元格:	3				

8.2.2 通过身份证提取生日

在进行员工信息表和员工档案表等的编辑时，经常会输入员工的生日，此时可以直接通过身份证号码来计算出员工的生日，使数据自动提取，不必进行手动计算，以减少数据的错误。用户可以通过 MID 函数来获取身份证的第 11~14 位数字，若身份证号码位于 C3 单元格，则可通过公式 =MID(C3,11,2)&" 月 "&MID(C3,13,2)&" 日 " 来得到生日，其中符号 & 主要是用来连接文本“月”和“日”。

D3 =MID(C3,11,2)&"月"&MID(C3,13,2)&"日"

编号	姓名	身份证号码	生日	出生年月	年龄	进入公司时间	工龄
HA20090001	陈然	513528198812201864	12月20日	1988/12/20	25	2007/8/1	6
HA20090002	李梅	513941198902014864	02月01日	1989/2/14	25	2008/8/1	5
HA20090003	周杰	512032198711181434	11月18日	1987/11/18	26	2010/11/1	3
HA20090004	曹燕	513594198607163223	07月16日	1986/7/16	27	2009/8/1	4
HA20090005	梁冰	521045198607252631	07月25日	1986/7/25	27	2008/12/1	5
HA20090006	付强	151545198712118678	12月11日	1987/12/11	26	2012/5/1	1
HA20090007	刘丹丹	549662198210145523	10月14日	1982/10/14	31	2003/3/1	10
HA20090008	徐洁	513941198003154864	03月15日	1980/3/15	33	2010/1/2	4
HA20090009	周磊	513532199001265181	01月26日	1990/1/26	24	2011/12/1	2
HA20090010	杨晓燕	513594198506123223	06月12日	1985/6/12	28	2007/4/1	6
HA20090011	董浩	513941198801184834	01月18日	1988/1/18	26	2009/8/1	4

8.2.3 通过身份证判断性别

身份证号码的倒数第 2 位数字为偶数时，其性别为女；为奇数时，性别为男。因此，可通过 IF 函数、MOD 函数、RIGHT 和 LEFT 函数的结合使用来进行判断，如下图所示。

D3 =IF(MOD(RIGHT(LEFT(C3,17)),2),"男","女")

编号	姓名	身份证号码	生日	出生年月	年龄	进入公司时间	工龄	职称
HA20090001	陈然	513528198812201864	女	1988/12/20	25	2007/8/1	6	技术员
HA20090002	李梅	513941198902014864	女	1989/2/14	25	2008/8/1	5	销售经理
HA20090003	周杰	512032198711181434	男	1987/11/18	26	2010/11/1	3	后勤
HA20090004	曹燕	513594198607163223	女	1986/7/16	27	2009/8/1	4	技术员
HA20090005	梁冰	521045198607252631	男	1986/7/25	27	2008/12/1	5	业务员
HA20090006	付强	151545198712118678	男	1987/12/11	26	2012/5/1	1	行政主管
HA20090007	刘丹丹	549662198210145523	女	1982/10/14	31	2003/3/1	10	财务主管
HA20090008	徐洁	513941198003154864	女	1980/3/15	33	2010/1/2	4	业务员
HA20090009	周磊	513532199001265181	女	1990/1/26	24	2011/12/1	2	技术员
HA20090010	杨晓燕	513594198506123223	女	1985/6/12	28	2007/4/1	6	前台接待
HA20090011	董浩	513941198801184834	男	1988/1/18	26	2009/8/1	4	研究人员

在该公式中，先通过 LEFT(C3,17) 排除可能存在的校验码，再通过 RIGHT 函数获得身份

证号码的末尾数，最后再用 MOD 函数来判断其奇偶。

8.2.4 转换人民币大写金额

在制作某些特殊的表格时，可能需要将小写的金额转换为大写的金额，如在财务和会计报表中，为了防止他人修改数据或是使表格更为规范，一般会对人民币进行大写金额转换。在 Excel 中可以通过 SUBSTITUTE、ABS、INT、TEXT、RIGHT、ROUND 等函数的结合使用来进行金额的转换。

假设需要进行转换的数值位于 A3 单元格，则在 Excel 中将小写金额转换为大写金额的公式 为：=SUBSTITUTE(SUBSTITUTE(IF(ROUND(A3,2),TEXT(A3,"; 负 ")&TEXT(INT(ABS(A3)+0.5%),"[dbnum2]G/ 通用格式圆 ;;")&TEXT(RIGHT(TEXT(A3,".00"),2),"[dbnum2]0 角 0 分 ;; 整 "),)," 零角 ",IF(A3^2<1,," 零 "))," 零分 "," 整 ")，如下图所示。

该公式中除 SUBSTITUTE 函数外，其余函数已在前面的章节中进行了介绍，这里不再赘述。SUBSTITUTE 函数主要是用于在某一文本字符串中替换指定的文本，语法结构为：SUBSTITUTE(text,old_text,new_text,instance_num)；ABS 函数用于返回数值的绝对值，其语法结构为：ABS(number)。这两个函数各项参数的含义分别如下。

🔑 text：表示需要替换其中字符的文本。

🔑 old_text：表示需要替换的旧文本。

🔑 new_text：表示用于替换参数 old_text 的文本。

🔑 instance_num：用来指定以 new_text 被替换几次时出现的 old_text。如果指定 instance_num 的值，则只有满足要求的 old_text 被替换，否则用 new_text 替换 text 中出现的所有 old_text。

🔑 number：表示需要计算其绝对值的实数。

进行金额转换公式中各部分的含义如下：

🔑 ROUND(A3,2) 函数用于对数值进行四舍五入，其保留的小数位数为两位。

🔑 TEXT(A3,"; 负 ") 函数用于判断数值是否小于 0，如果小于 0，则需在字符前添加"负"。

🔑 TEXT(INT(ABS(A3)+0.5%),"[dbnum2]G/ 通用格式圆 ;;") 用于对四舍五入后被保留的整数部分进行中文大写转换。其中，dbnum2 即表示"中文大写"的意思。

🔑 TEXT(RIGHT(TEXT(A3,".00"),2),"[dbnum2]0 角 0 分 ;; 整 ") 用于对进行四舍五入后被保留的小数部分进行中文大写转换。

8.2.5 随机座位编排

在进行考试安排时，座位顺序一般是最麻烦的。此时用户就可以在 Excel 中通过函数来进

237

72回
Hours

62
Hours

52
Hours

42
Hours

32
Hours

22
Hours

12
Hours

行随机排序，以减轻工作的负担。

下面将对一组学生名单的座位进行随机编排，使3个不同班级的学生分配到6×4教室中，要求每一竖排中前后邻桌的考生不能来自一个班级。其具体操作如下：

素材 \ 第8章 \ 学生考试座位安排表.xlsx
效果 \ 第8章 \ 学生考试座位安排表.xlsx
实例演示 \ 第8章 \ 随机座位编排

STEP 01： 数据排序

1. 打开"学生考试座位安排表.xlsx"工作簿，选择A1单元格。
2. 选择【数据】/【排序和筛选】组，单击"降序"按钮进行数据排序。

> 提个醒 用户也可根据需要，对数据进行升序排序操作。

STEP 02： 填充随机数

1. 选择D2:D24单元格区域。
2. 在编辑栏中输入公式=RAND()，按Ctrl+Enter组合键获得结果。

> 提个醒 该公式主要用于产生一组与学生人数相同的随机数。

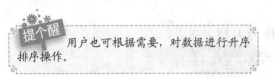

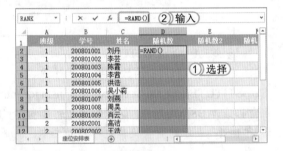

STEP 03： 填充随机数

1. 选择E2:E4单元格区域。
2. 在编辑栏中输入公式=RAND()，按Ctrl+Enter组合键获得结果。

> 提个醒 该公式主要用于产生一组与班级个数相同的随机数。

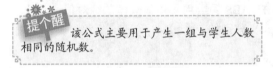

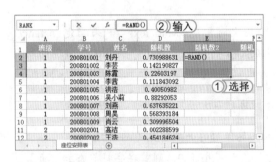

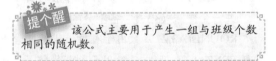

STEP 04： 计算随机加权

1. 选择F2:F24单元格区域。
2. 在编辑栏中输入公式=RANK(D2,OFFSET($D$1,MATCH(A2,$A$2:$A$24,),,COUNTIF($A$2:$A$24,A2)))*200+RANK(INDEX($E$2:$E$4,A2),$E$2:$E$4)，按Ctrl+Enter组合键获得结果。

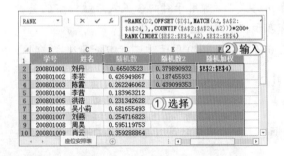

问题小贴士

问：这个公式的含义是什么？

答：这个公式对相同班级中 D 列随机数进行排名，所得到的结果乘以 200 加权后与 E 列的随机数排名相加，相同的班级所加的数值相同。加权处理后，F 列的数值中末两位代表班级的随机编号，首位代表班级内的不重复随机编号，对这组数据进行排序，可以保证相邻顺序的数据分别位于不同的班级中，以此保证前后邻座不同班。

STEP 05： 计算排名

1. 在 G1 单元格中输入"排名"。
2. 选择 G2:G24 单元格区域。
3. 在编辑栏中输入公式 =RANK(F2,$F$2:$F$24)，按 Ctrl+Enter 组合键获得结果。

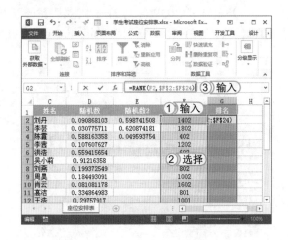

提个醒 该公式主要用于对 F 列的数据进行排名。

STEP 06： 随机分配座位

1. 制作一个 6 行 4 列的单元格区域，在左上角输入公式 =INDEX($C$2:$C$24,MATCH(ROW(1:1)+(COLUMN(A:A)-1)*6,$G$2:$G$24,))。
2. 通过拖动控制柄的方法填充剩余的区域，得到随机的座位排序。

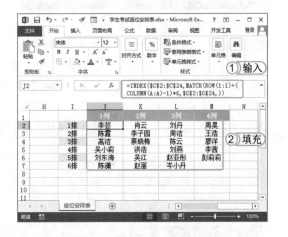

提个醒 该公式通过将行号与列号组合相加，生成一组按照先列后行顺序排序的数字顺序，然后将学生的姓名依次按照 G 列的数字顺序排入其中。每操作一次工作簿，数据都自动更新。

经验一箩筐——设置其他的分配方式

在公式 =INDEX($C$2:$C$24,MATCH(ROW(1:1)+(COLUMN(A:A)-1)*6,$G$2:$G$24,)) 中，若将 C2:C24 单元格区域换为 A2:A24 单元格区域，可查看其班级分配，以验证是否正确；可将其换为 B2:B24 单元格区域，查看学号分配。若将 (COLUMN(A:A)-1)*6 中的 6 换为其他数值，则可按照其他区域进行划分。

239

72☒
Hours

62
Hours

52
Hours

42
Hours

32
Hours

22
Hours

12
Hours

8.2.6　批量生成工资条

　　财务部门每月结算工资时，都会把员工的工资制作成明细表，以便单独发放给每位员工。此时，制表人员就可以通过 Excel 中的函数来批量生成工资条，以在提高工作效率的同时，保证数据不发生错误。

　　如下图所示为存储在名称为"员工薪酬表"工作表中的数据，若要在另一张工作表中通过引用其中的数据制作工资条，可在新工作表中选择 A1:H1 单元格区域，输入公式 =CHOOSE(MOD(ROW(1:1),3)+1,"", 员工薪酬表 !$A$1:$H$1,OFFSET(员工薪酬表 !$A$1:$H$1,INT(ROW(1:1)/3)+1,))，按 Ctrl+Shift+Enter 组合键得到结果，然后再将公式填充到其他单元格中。

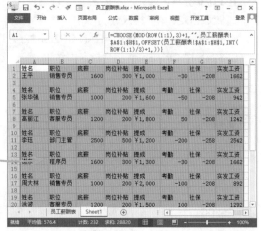

　　该公式由 MOD 函数根据所在行号计算得到 1~3 的循环序列数，并将其结果作为 CHOOSE 函数的第一个参数；对应生成工资条的标题行、工资记录和间隔空行。然后在通过 INT 函数部门获得公式所在的每隔 3 行，引用"员工薪酬表"中下一行的数据，将其作为第二个参数，由此来固定行间隔连续引用工作表中的各条记录。

8.3　图表和公式的使用技巧

　　图表和公式是 Excel 中最重要的分析与处理数据的工具，用户在使用它们时，应多加总结经验并敢于创新，以提高熟练程度。下面介绍一些图表和公式的使用方法和技巧，以提高用户在这方面的体验。

学习 1 小时

- 掌握图表的应用技巧。
- 学习公式的使用方法和技巧。

8.3.1　明确数据系列与图表类型的关系

　　在创建图表时，首先要思考需要创建的图表所表达的内容，即通过哪种类型的图表来表现数据之间的关系。Excel 丰富的图表类型为用户提供了自由发挥的空间，但很多用户在创建图表时盲目选择，使图表所表现的内容与数据所呈现的关系不同，造成用户难以理解。因此，用户应先熟悉每种图表类型的特点，以此来选择正确的图表类型，以使表达信息引人注目、表现形式更加清晰。

如下图所示即为使用不同的图表类型来表达不同产品上半年销量之间的数据关系。

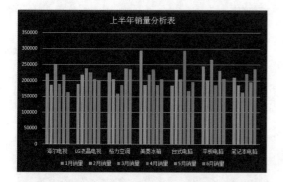
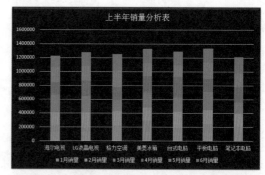
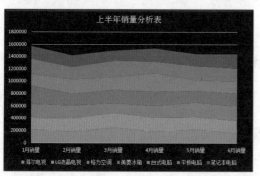
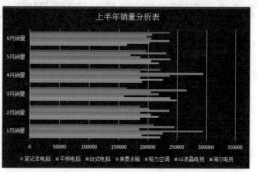

从图中即可看出不同类型的图表所传达的信息有区别，其中簇状柱形图是最能表现数据之间关系的一个图表，它将每个产品在每月的销量直观地呈现并表达出来，使用户能够一目了然地进行比较与分析。

需要注意的是，明确图表的类型后，用户还需对其子图表类型的特点进行了解，因为不同的图表类型所表达的含义不相同，如上述第二个图即为堆积柱形图，它适合描绘几个系列的数据比例和总额随时间的变化，其表现的效果就不如簇状柱形图的效果直观。

8.3.2 图表内容清晰、主题明确

选择需要创建的图表类型并创建图表后，图表中显示的内容可能并不明确，此时就需要对图表的数据源进行编辑，使图表直观地呈现在用户眼前，一般来说，可以从以下几个方面进行设置：

🔑 显示出图表的标题，并将图表需要表达的内容以简洁、明确的语言描述出来，使用户第一眼就看到其主题。

🔑 对数据系列和图例项的内容进行编辑，确保内容表达完整。

🔑 对横坐标轴的数据进行编辑，最好通过引用源数据的方法来进行关联。

🔑 对纵坐标轴的刻度和单位等进行设置，使其表达清晰。

🔑 对图表的样式进行设置，不要设置为太花哨的效果，只要保证图表区与数据区之间清晰即可。

🔑 根据需要，可对图表的布局进行调整，使图表外形美观。

241

72☒
Hours

62
Hours
▲

52
Hours
▲

42
Hours
▲

32
Hours
▲

22
Hours
▲

12
Hours

如下所示的左图即为未调整前的效果，右图即为调整后的效果。从中即可看出右图的内容表达更为明确，效果更为美观。

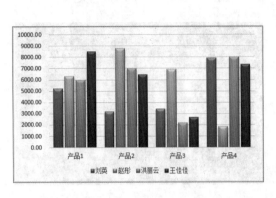
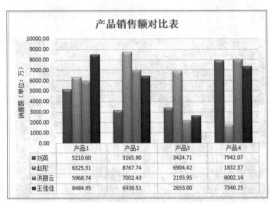

8.3.3 明确判断数据之间的逻辑关系

使用公式与函数进行数据分析与计算时，要先对数据之间的逻辑关系进行分析，以明确数据的关系，以选择适合的函数来进行计算。一般情况下可以从以下几个方面来进行提高。

1. 善用 IF 函数

有些用户在计算数据时，常遇到多种需要进行判断的情况，此时即可使用 IF 函数来进行真（TRUE）、假（FALSE）的判断，并对判断返回的内容进行计算。IF 函数的语法结构为：IF(logical_test,value_if_true,value_if_false)，明确各个参数的含义，并结合 IF 函数的嵌套方法，即可用于判断多种条件。

2. 合理嵌套逻辑关系

合理嵌套逻辑关系，可以使公式更加简化、明确，使用户的操作更为简单。以 IF 函数为例，当第 1 个参数为真时返回第 2 个参数，为假时则返回第 3 个参数。如果第 2、3 个参数包含另外的逻辑判断，即可采用新的逻辑判断作为参数来嵌套于原有判断，如要计算分数位于 90~100 为优、80~89 为良、60~79 为及格、60 以下为不及格，可以采用以下两个公式：

=IF(E2<60," 不 及 格 ",IF(AND（E2>=60,E2<80)," 及 格 ",IF(AND(E2>=80,E2<90)," 良 ",IF(AND(E2>=90,E2<100)," 优 "))))

=IF(E2<60," 不及格 ",IF(E2<80," 及格 ",IF(E2<90," 良 "," 优 ")))

从这两个公式中可以看出，第 1 个公式中包含多个冗余的嵌套关系，而第 2 个公式逻辑关系明确，公式更为简明，其表达的含义为：如果 E2 单元格小于 60 的条件不成立，则第 1 个参数为假，已经包含 E2>=60 为真的判断。因此，可以简化第 1 个公式中嵌套的 AND 函数的第 1 个条件。

3. 防止逻辑关系嵌套错误

当公式在设计上存在逻辑缺陷时，虽然算法能够正确被编辑和运算，但运行后的结果可能不正确。产生这种情况的原因有以下两种。

🔑 **逻辑关系顺序错乱**：当嵌套的内层逻辑条件包含于外层逻辑条件中时，函数无法返回嵌套部分的结果，如公式 =IF(E2>=10000," 不及格 ",IF(E2>=30000," 优秀 "," 良好 ")) 中的第一个判断条件 E2>=10000 包含了嵌套层中的 E2>=30000，因此，当 E2 单元格中的数值大于等于 10000 时，均返回为"不及格"，此时嵌套的关系就变得混乱，无法正确通过嵌套函数来返回对应条件的结果。该公式应修改为：=IF(E2>=30000," 优秀 ", IF(E2>=10000," 良好 "," 不及格 "))。

🔑 **逻辑条件不完全封闭**：指对于未包含在现有逻辑判断中的条件，没有给予相应的结果设定，导致返回的结果不正确。对于公式 =IF(E2<60," 不及格 ",IF(E2>90," 优秀 "))，未考虑位于 60~90 之间的情况，公式应修改为：=IF(E2<60," 不及格 ",IF(E2<90," 及格 "," 优秀 "))。

8.3.4 了解功能相似的函数或组合

Excel 中的函数种类很多，有很多函数的功能较为相似，此时用户可对这些功能相似的函数进行分析和总结，将其归纳到一起，以便通过它们来实现类似的效果。下面介绍几个功能类似的函数或组合。

🔑 **IF、CHOOSE 函数**：它们都可用于对数据进行判断并返回需要的值，CHOOSE 函数的第 1 个参数必须是正整数。

🔑 **最大、最小值函数**：MAX、MIN 函数的功能可以通过 LARGE 和 SMALL 等函数来实现。其中，LARGE 函数用于返回数据集中的第 k 个最大值，其语法结构为 LARGE(array,k)，参数 array 为需要找到第 k 个最大值的数组或数字型数据区域，k 为返回的数据在数组或数据区域里的位置 (从大到小)；SMALL 函数用于返回数据组中的第 k 个最小值，其语法结构为 SMALL(array,k)，参数含义与 LARGE 函数类似。

🔑 **SUMIF 函数**：可以通过 SUM 函数与 IF 函数的嵌套来实现某些功能。

🔑 **EDATE、EMONTH 函数**：可以通过 DATE 函数来实现其功能，其中 EDATE 函数返回在开始日期之前或之后指示的月数日期；EMONTH 函数返回指定月份数之前或之后月份最后一天的日期，该日期采用 datetime 格式。

🔑 **SUMPRODUCT 函数**：当该函数进行条件求和时，可使用 SUMIFS 函数和 COUNTIFS 函数来替代。

🔑 **RAND、RANDBETWEEN 函数**：RAND 函数用于产生介于 0~1 之间的均匀分布随机数；RANDBETWEEN 函数用于产生介于指定数之间的随机数，其语法结构为 RANDBETWEEN(bottom,top)，其中 bottom 表示产生的最小整数，top 表示产生的最大整数。INT(RAND()×20) 表示为 0~19 之间的整数；RANDBETWEEN(0,20) 表示获取 0~20 之间的整数。

在 Excel 中类似于上面的情况还有很多，用户可根据实际需要来进行总结，在使用时，也要根据具体的条件来进行筛选。

8.3.5 合理使用嵌套函数

函数是 Excel 进行数据计算与处理最重要的工具之一，合理使用函数并搭配函数的嵌套，可以大大提高工作效率，使数据结果更为准确。下面介绍一些使用嵌套函数需要注意的问题。

🔑 **明确计算的步骤**：使用嵌套函数很重要的是抓住问题的关键，明确需要计算的步骤，把握住解决问题的方向，这样才能更好地思考函数的嵌套问题。

🔑 **选择合适的函数**：在使用嵌套函数时，要先确定需要进行嵌套的函数，此时可以先考虑要达到需要的效果，需要采取哪些函数进行搭配，常见的有 IF 和 IF 函数、IF 和 SUM 函数、TEXT 和 DATE 函数以及 INDEX、MATCH 和 SMALL 函数等。

🔑 **了解函数的嵌套结构**：嵌套函数时，需对函数的语法结构十分熟悉，明确哪一个参数是能够进行嵌套的，每一个函数能够嵌套的层数是多少，如 IF 函数的第 2、3 个参数能够使用

243

72 ☒
Hours

62
Hours

52
Hours

42
Hours

32
Hours

22
Hours

12
Hours

嵌套函数，最多能够嵌套7个函数。

8.3.6 善于应用辅助列简化操作

在实际进行计算的过程中，可以适当采用辅助列来简化复杂的公式与函数，以达到快速高效地解决问题的目的。在如下图所示的表格中，A列表示“原料名称”，B列表示“采购日期”，C列表示“单价”，D列表示“数量”，E列表示“单位”，F列表示“费用”。如果要通过原料名称来统计其费用，则可在表格中添加辅助列，先在其中输入需要统计的各项原料的名称，然后在对应的单元格中输入公式，即可直接获得对应的总费用。

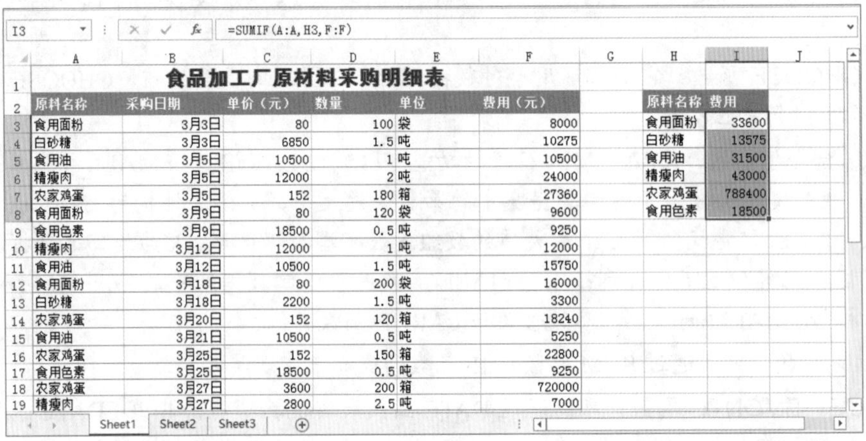

I3 =SUMIF(A:A,H3,F:F)

食品加工厂原材料采购明细表

原料名称	采购日期	单价（元）	数量	单位	费用（元）
食用面粉	3月3日	80	100	袋	8000
白砂糖	3月3日	6850	1.5	吨	10275
食用油	3月5日	10500	1	吨	10500
精瘦肉	3月5日	12000	2	吨	24000
农家鸡蛋	3月5日	152	180	箱	27360
食用面粉	3月9日	80	120	袋	9600
食用色素	3月9日	18500	0.5	吨	9250
精瘦肉	3月12日	12000	1	吨	12000
食用油	3月12日	10500	1.5	吨	15750
食用面粉	3月18日	80	200	袋	16000
白砂糖	3月18日	2200	1.5	吨	3300
农家鸡蛋	3月20日	152	120	箱	18240
食用油	3月21日	10500	0.5	吨	5250
农家鸡蛋	3月25日	152	150	箱	22800
食用色素	3月25日	18500	0.5	吨	9250
农家鸡蛋	3月27日	3600	200	箱	720000
精瘦肉	3月27日	2800	2.5	吨	7000

原料名称	费用
食用面粉	33600
白砂糖	13575
食用油	31500
精瘦肉	43000
农家鸡蛋	788400
食用色素	18500

8.4 练习3小时

本章主要介绍图表和函数的高级应用方法，包括动态图表的创建、函数在日常办公中的使用，以及图表和函数的使用技巧等。下面以动态查看员工档案表、分析员工档案表和制作员工工资表为例，进一步巩固这些知识的使用方法。

1. 练习1小时：动态查看员工档案表

本例将在“员工档案表.xlsx”工作簿中通过筛选数据的方法来动态查看表格中的数据，用户可根据需要设置筛选的条件。这里主要筛选性别为“男”、工龄大于“10年”，以及部门为“技术部”、“销售部”和“研发部”的员工信息，完成后的效果如右图所示。

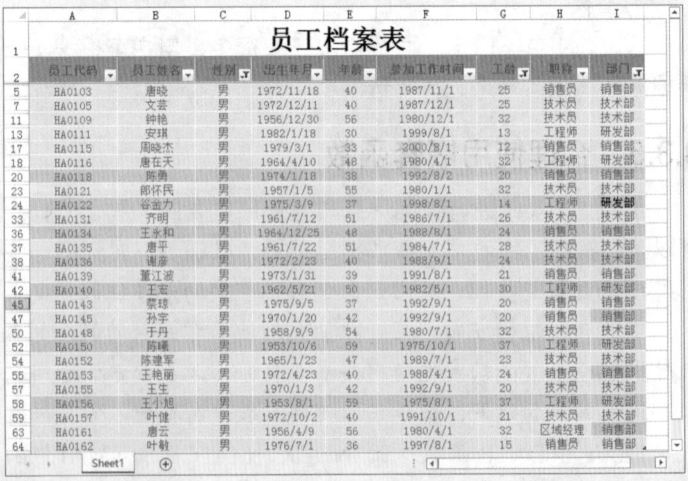

员工档案表

员工代码	员工姓名	性别	出生年月	年龄	参加工作时间	工龄	职称	部门
HA0103	唐晓	男	1972/11/18	40	1987/11/1	25	销售员	销售部
HA0105	文芸	男	1972/12/11	40	1987/12/1	25	技术员	技术部
HA0109	钟艳	男	1956/12/30	56	1980/12/1	32	技术员	技术部
HA0111	安琪	男	1982/1/18	30	1999/8/1	13	工程师	研发部
HA0115	周晓杰	男	1979/3/1	33	2000/8/1	12	销售员	销售部
HA0116	唐在天	男	1964/4/10	48	1980/4/1	32	工程师	研发部
HA0118	陈勇	男	1974/1/18	38	1992/8/2	20	销售员	销售部
HA0121	郎怀民	男	1957/1/5	55	1980/1/1	32	技术员	技术部
HA0122	谷金力	男	1975/3/9	37	1998/8/1	14	工程师	研发部
HA0131	齐明	男	1961/7/12	51	1986/7/1	26	技术员	技术部
HA0134	王永和	男	1964/12/25	48	1988/8/1	24	销售员	销售部
HA0135	唐平	男	1961/7/22	51	1984/7/1	28	技术员	技术部
HA0136	谢彦	男	1972/2/23	40	1988/9/1	24	技术员	技术部
HA0139	董江波	男	1973/1/31	39	1991/8/1	21	销售员	销售部
HA0140	王宏	男	1962/5/21	50	1982/5/1	30	工程师	研发部
HA0143	蔡琼	男	1975/9/5	37	1992/9/1	20	销售员	销售部
HA0145	孙宇	男	1970/1/20	42	1992/9/1	20	销售员	销售部
HA0148	于丹	男	1958/9/9	54	1980/7/1	32	技术员	技术部
HA0150	陈曦	男	1953/10/6	59	1975/10/1	37	工程师	研发部
HA0152	陈建军	男	1965/1/23	47	1989/7/1	23	技术员	技术部
HA0153	王艳丽	男	1972/4/23	40	1988/4/1	24	销售员	销售部
HA0155	王生	男	1970/1/3	42	1992/9/1	20	技术员	技术部
HA0156	王小旭	男	1953/8/1	59	1975/8/1	37	工程师	研发部
HA0157	叶健	男	1972/10/2	40	1991/10/1	21	技术员	技术部
HA0161	唐云	男	1956/4/9	56	1980/4/1	32	区域经理	销售部
HA0162	叶敏	男	1976/7/1	36	1997/8/1	15	销售员	销售部

光盘文件

素材\第8章\员工档案表.xlsx

效果\第8章\员工档案表.xlsx

实例演示\第8章\动态查看员工档案表

② 练习1小时：分析员工档案表

本例将在"员工档案分析表.xlsx"工作簿中先通过辅助列统计出每个部门的人数、男性员工的人数和女性员工的人数，然后再创建对应的图表，查看不同部门和性别的人数分布情况，完成后的最终效果如下图所示。

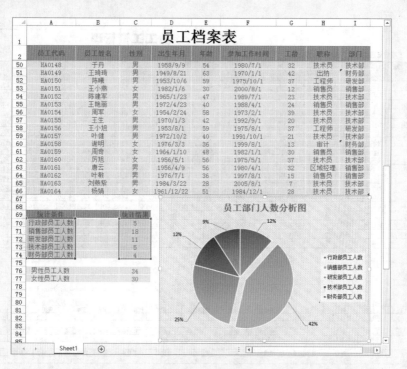

245

72图
Hours

62
Hours

52
Hours

42
Hours

32
Hours

22
Hours

12
Hours

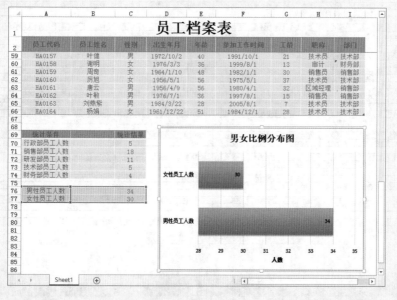

光盘文件	素材 \ 第8章 \ 员工档案分析表.xlsx
	效果 \ 第8章 \ 员工档案分析表.xlsx
	实例演示 \ 第8章 \ 分析员工档案表

3. 练习1小时：制作员工工资表

本例将在"员工工资表.xlsx"工作簿中练习使用函数计算员工的奖金、代扣个税和实发工资等数据，然后再新建"工资条"工作表，通过函数的嵌套来制作员工工资条，完成后的最终效果如下图所示。

光盘
文件

素材\第8章\员工工资表.xlsx
效果\第8章\员工工资表.xlsx
实例演示\第8章\制作员工工资表

表格

72 HOURS

第 **9** 章

VBA 的高级应用
与表格输出

学习 **3** 小时

- 在 Excel 中使用宏
- 在 Excel 中自定义 VBA
- 打印表格

　　对于一些经常使用的操作，用户可以在 Excel 中启用宏，将其录制并进行保存，需要使用时再进行调用，以提高工作效率。VBA 是 Excel 中的编程语言，用户可以在 VBA 编辑器窗口中自定义函数，以实现一些特殊的功能。制作完表格后，还可以将表格打印出来，以便查看。

上机 **4** 小时

9.1 在 Excel 中使用宏

宏是一种自动化的工具，能将一些列的命令组织到一起，作为独立的命令来使用，以提高日常工作的效率。下面先对宏的基础知识进行了解，再掌握录制、查看、调试和编辑等方法。

学习 1 小时

- 🔍 认识宏的基本知识。
- 🔍 进一步掌握调试与运行宏的方法。
- 🔍 掌握录制并查看宏的方法。
- 🔍 了解编辑与删除宏的方法。

9.1.1 认识宏

"宏"的英文名称为 Macro，是指由用户定义好的操作。宏实际上是一种预设的 VBA 编程语言，是能完成某项任务的一组键盘和鼠标操作结果或一系列的命令和函数。学习、工作或生活中需要经常重复某一项表格制作的操作时，反复并大量操作不仅花费过多的时间，而且也增加出错的概率。此时若利用宏来自动执行重复的任务，使频繁执行的动作自动化，就可极大地提高工作速度和准确率。

9.1.2 录制并查看宏

要使用宏，需要先在 Excel 中进行录制，录制完成后即可以进行查看。下面分别对其方法进行介绍。

1. 录制宏

要使用宏的自动化功能，先将这些须转化为自动化的操作进行录制。录制宏的操作就是利用鼠标和键盘向电脑传达操作指令，并以此来代替使用 VBA 语言编写宏代码的过程。下面详细介绍录制宏的方法，其具体操作如下：

> **光盘**
> **文件**
> 素材 \ 第 9 章 \ 销量报告.xlsx
> 效果 \ 第 9 章 \ 销量报告.xlsm
> 实例演示 \ 第 9 章 \ 录制宏

STEP 01： 开始录制宏

1. 启动 Excel 2013，选择【开发工具】/【代码】组，单击"录制宏"按钮 🔲。
2. 打开"录制宏"对话框，在"宏名"文本框中输入名称，这里为"表格格式"。
3. 在"快捷键"栏中设置快捷键，这里设置为 Ctrl+9 组合键。
4. 在"说明"文本框中输入对应的说明文本，保持其他设置不变。
5. 单击 确定 按钮，开始进行录制。

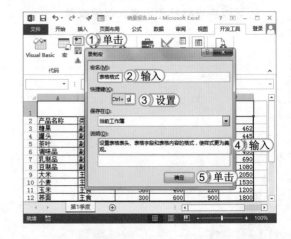

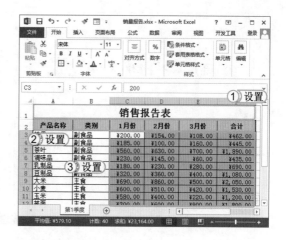

STEP 02： 设置表格格式

1. 选择【开始】/【字体】组，在其中设置表格表头的字体为"宋体、18、加粗"。

2. 选择 A2:F2 单元格区域，在【开始】/【字体】组中加粗表格字段的字体，设置其对齐方式为"居中对齐"，设置其填充颜色为"橙色，着色 6，淡色 60%"，并适当调整其行高。

3. 选择 C3:F12 单元格区域，设置其数据类型为"货币"，并适当调整其列宽。

STEP 03： 停止录制

1. 完成格式设置后，再次选择【开发工具】/【代码】组，单击"停止录制"按钮■。

2. 然后按 Ctrl+S 组合键，在打开的提示对话框中单击否(N)按钮。

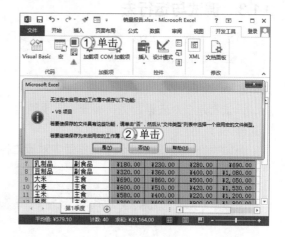

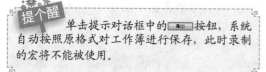
单击提示对话框中的是(Y)按钮，系统自动按照原格式对工作簿进行保存，此时录制的宏将不能被使用。

STEP 04： 保存录制的宏

1. 打开"另存为"对话框，在"保存类型"下拉列表框中选择"Excel 启用宏的工作簿"选项。

2. 单击保存(S)按钮，完成保存操作，此时工作簿的后缀名变为".xlsm"。

提个醒　若录制的宏使用频繁，可将其存储为启动宏的模板（.xlsm）格式，用户可通过模板新建工作簿的方法来使用宏。

2. 查看宏

当工作簿中存在宏时，可以查看这些宏的名称和其详细的说明信息。其方法为：选择【开发工具】/【代码】组，单击"宏"按钮，打开"宏"对话框，在其中可查看到目前工作簿中存在的所有宏，选择某个宏，单击选项(O)...按钮，可打开"宏选项"对话框，在其中即可查看到宏的相关信息。

249

72 ⊠
Hours

62
Hours

52
Hours

42
Hours

32
Hours

22
Hours

12
Hours

9.1.3　调试与运行宏

对于录制的宏，Excel 允许对其进行调试后再运行，以便顺利地完成操作。下面分别对调试宏和运行宏的操作进行讲解。

1. 调试宏

调试宏是指对宏语言进行检查，以明确语句是否正确，能否正常运行。此操作是成功运行宏的前提。

下面将在"成绩表 xlsm"工作簿中对宏进行调试，其具体操作如下：

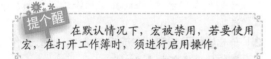

光盘文件

素材 \ 第 9 章 \ 成绩表 . xlsm
效果 \ 第 9 章 \ 成绩表 . xlsm
实例演示 \ 第 9 章 \ 调试宏

STEP 01： 启用宏

打开"成绩表 .xlsm"工作簿，单击 启用内容 按钮启用宏。

提个醒 在默认情况下，宏被禁用，若要使用宏，在打开工作簿时，须进行启用操作。

STEP 02： 选择宏

1. 选择【开发工具】/【代码】组，单击"宏"按钮 。
2. 打开"宏"对话框，在其中可查看到目前工作簿中存在的所有宏，选择"成绩表"选项。
3. 单击 编辑(E) 按钮。

提个醒 从这里可看到，"宏"对话框中显示打开的工作簿中的所有宏。

STEP 03： 逐步调试宏

在打开的 VBA 程序窗口中按 F8 键对程序进行逐句调试。当语句出现错误时，打开提示对话框，单击其中的 <u>确定</u> 按钮进行确认。

STEP 04： 更改错误

此时选择错误的语句，取消其选择状态，语句呈红色显示，并中断逐句调试。此时须将错误语句更正，这里直接将该语句删除即可。

STEP 05： 继续调试

修改后继续按 F8 键进行调试，完成后保存修改并退出 VBA 程序窗口即可。

> **提个醒** 在 VBA 程序窗口中，选择【调试】/【逐句式】命令，也可对宏进行逐句调试；选择【调试】/【逐过程】命令则将按宏的操作过程进行调试。

2. 运行宏

运行宏的常用方法有通过录制宏时设置的快捷键和利用对话框两种，各方法的操作分别如下。

🔑 **利用快捷键运行：** 在包含该宏的工作簿中新建一个空白工作表，然后按录制时设置的快捷键即可运行宏。

🔑 **利用对话框运行：** 忘记运行宏的快捷键时，可在【开发工具】/【宏】组中单击"宏"按钮，打开"宏"对话框，在其中选择需要运行的宏，单击 <u>执行(R)</u> 按钮即可。

9.1.4 编辑与删除宏

根据需要，用户还可对宏进行编辑与删除操作。下面分别对编辑和删除宏的操作进行讲解。

62
Hours

52
Hours

42
Hours

32
Hours

22
Hours

12
Hours

1. 编辑宏

编辑已录制的宏涉及 VBA 语言的编写，此处仅简单介绍实现的方法，其具体操作如下：

光盘文件
素材\第9章\销售记录.xlsm
效果\第9章\销售记录.xlsm
实例演示\第9章\编辑宏

STEP 01： 选择宏

1. 打开"销售记录.xlsm"工作簿，单击 启用内容 按钮启用宏。然后选择【开发工具】/【代码】组，单击"宏"按钮 。
2. 打开"宏"对话框，在其中可查看到目前工作簿中存在的所有宏，选择"销售表"选项。
3. 单击 编辑(E) 按钮。

提个醒 在"位置"下拉列表框中可以设置工作表范围，以筛选宏。

STEP 02： 打开"查找"对话框

打开 VBA 程序窗口，在其中显示所选宏的所有 VBA 语言内容。在窗口中按 Ctrl+F 组合键，打开"查找"对话框，然后单击 替换(R) 按钮。

STEP 03： 编辑宏

1. 打开"替换"对话框，在"查找内容"文本框中输入文本"黑体"。
2. 在"替换为"文本框中输入文本"华文中宋"。
3. 单击 全部替换(A) 按钮，以进行替换。

STEP 04： 完成编辑

打开提示对话框，提示替换完成，并单击其中的 确定 按钮。返回 VBA 程序窗口中即可看到修改后的效果，完成后进行保存即可。

提个醒 替换操作表示的含义：将该窗口中的所有"黑体"文本修改为"华文中宋"，表示修改标题文本的字体格式。

2. 删除宏

为了便于管理,可将不需要的宏及时删除,其方法为:在"宏"对话框中选择须删除的宏,单击 删除(D) 按钮,然后在打开的提示对话框中单击 是(Y) 按钮即可。

上机 1 小时 ▶ **制作销售日报表**

🔍 巩固录制宏的操作。

🔍 进一步掌握运行宏的方法。

本例将在新建的工作簿中录制宏,然后在该工作簿的 Sheet2 工作表中运行录制的宏,完成后的效果如下图所示。

光盘文件

效果\第9章\销售日报表.xlsm

实例演示\第9章\制作销售日报表

STEP 01: 选择"录制宏"命令

1. 启动 Excel 2013 并新建一个空白工作簿,选择【开发工具】/【宏】组,单击"录制宏"按钮📖。
2. 打开"录制宏"对话框,在"宏名"文本框中输入名称为"日报表"。
3. 在"快捷键"栏中设置运行宏的快捷键为 Ctrl+b 组合键。
4. 单击 确定 按钮。

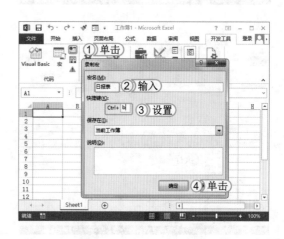

提个醒

选择【视图】/【宏】组,单击"录制宏"按钮📖也可进行宏的录制操作。

STEP 02： 输入表格数据

进入宏录制状态，在表格中输入各种需要的数据。

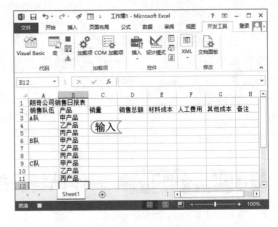

STEP 03： 设置格式

为输入的数据适当进行美化。这里将 A1:H1 单元格区域合并后应用"标题"样式；为 A2:H2 单元格区域应用"标题 2"样式；合并 A3:A5、A6:A8 及 A9:A11 单元格区域，并应用"标题 4"样式，最后适当调整列宽。

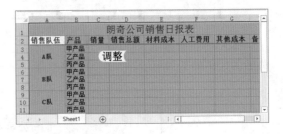

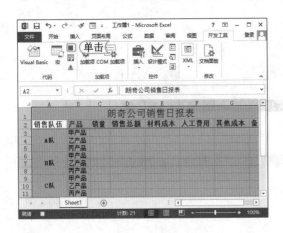

STEP 04： 停止录制

在【开发工具】/【代码】组中单击"停止宏"按钮■，以停止录制。

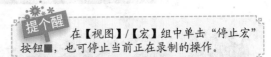

提个醒　在【视图】/【宏】组中单击"停止宏"按钮■，也可停止当前正在录制的操作。

STEP 05： 运行宏

单击工作表标签上的"新建工作表"按钮⊕，新建 Sheet2 工作表，按 Ctrl+b 组合键即可快速制作出相同的表格，最后将工作簿保存为包含宏的类型即可。

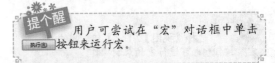

提个醒　用户可尝试在"宏"对话框中单击 执行(R) 按钮来运行宏。

9.2 在 Excel 中自定义 VBA

VBA 的英文全称为 Visual Basic for Applications，是一种 Visual Basic 的宏语言，主要用于扩展 Office 软件应用程序的功能。下面对 VBA 功能的基础知识进行讲解。

学习 1 小时

- 认识 Visual Basic 编辑器各组成部分。
- 熟悉 VBA 的语法结构。
- 学会使用 VBA 自定义函数。

9.2.1 认识 Visual Basic 编辑器

Visual Basic 编辑器是 VBA 编写程序的主要场所，也可以称作 VBA 编辑窗口。用户可以在 Excel 2013 中选择【开发工具】/【代码】组，单击 Visual Basic 按钮 ，即可打开 Visual Basic 编辑器窗口，其工作界面主要由标题栏、菜单栏、工具栏、工程资源管理窗口、属性窗口和代码窗口组成。

Visual Basic 编辑器中各个组成部分的功能各不相同，下面对其进行介绍。

- 🔑 **标题栏**：显示当前工作簿对应的工作表的名称。
- 🔑 **菜单栏**：菜单栏由多个下拉菜单组成，菜单栏是 Visual Basic 编辑器中最主要的组成部分，几乎所有命令都包含在菜单栏中。
- 🔑 **工具栏**：工具栏包含编写 VBA 程序常用的功能按钮。
- 🔑 **工程资源管理窗口**：该窗口显示当前工作簿的树形图，罗列 Excel 工作簿和加载程序的工程。
- 🔑 **属性窗口**：该窗口主要用于设置各种对象的属性，该窗口的左侧显示的是对象的各种属性名称，右侧显示的是对象属性名称对应的值。
- 🔑 **代码窗口**：该窗口是 Visual Basic 编辑器中使用最频繁的窗口之一，该窗口主要用于编写和修改 VBA 代码。

62
Hours

52
Hours

42
Hours

32
Hours

22
Hours

12
Hours

9.2.2 VBA 的语法结构

在使用 VBA 自定义函数前，需要先了解 VBA 中的一些基本语法，只有了解了 VBA 的语法后，才能更好地使用 VBA 语言创建需要的图表与函数。

1. VBA 的数据类型

VBA 可使用的数据类型非常丰富，数据类型为用户实现复杂的应用程序编写提供便利条件。常用的数据类型有 Integer、Boolean、Long、Single、Double、Currency、Date 和 String 等，其具体的数据类型名称、使用的内存空间和使用范围如下表所示。

VBA数据类型

关键字	数据名称	占用内存空间	使用范围
Boolean	布尔型	16 位（2 个字节）	只能是 True 或是 False 值
Byte	字节型	8 位（1 个字节）	0 至 255 之间，在存储二进制数据时很有用
Date	日期型	64 位（8 个字节）浮点数值	从 100 年 1 月 1 日到 9999 年 12 月 31 日，而时间可以从 0:00:00 到 23:59:59
Decimal	十进制小数型	96 位（12 个字节）带符号的整型形式	没小数时：+/-79,228,162,514,264,337,593,543,950,335 而在有 28 个小数位的最大值为 +/-7.9228162514264337593543950335，而最小的非零值为 +/-0.0000000000000000000000000001
Double	双精度浮点型	64 位（8 个字节）浮点数值	负数时从 -1.79769313486231E308 到 -4.94065645841247E-324，而正数时从 4.94065645841247E-324 到 1.79769313486232E308
Integer	整型	16 位（2 个字节）的数值	从 -32,768 到 32,767 之间
Long	长整型	32 位（4 个字节）的数值	从 -2,147,483,648 到 2,147,483,647
Object	对象	32 位（4 个字节）的地址形式	任何 Object 对象
Single	单精度浮点型	32 位（4 个字节）浮点数值	负数时是从 -3.402823E38 到 -1.401298E-45，而正数时是从 1.401298E-45 到 3.402823E38
String	字符型	10 字节 + 字符串长	变长字符串最多可包含大约 20 亿（2^31）个字符。定长字符串可包含 1 到大约 64K（2^16）个字符
Variant	变体型	数字是 16 字节，文本是 22 字节 + 字符串长	负数时范围从 -1.797693134862315E308 到 -4.94066E-324，正数时则从 4.94066E-324 到 1.797693134862315E308。
Type	用户定义数据类型	不定	例如：Type MyType MyName As String '定义字符串变量 MyBirthDate As Date '定义日期 MySex As Integer '定义整型变量 End Type

2. 常量与变量

常量是指在程序执行的过程中始终保持不变的量，常用于保存固定的数据，如 6、5.2、ABC 等都是常量，它们在使用时不会变成其他的数据。

变量是指在程序执行的过程中值可以改变的量，常用于在程序运行时临时保存的数据。变量名称用于在程序中引用该变量，变量的数据类型则决定该变量应该如何存放、可参与的运算，以及如何参与运算等。变量在命名时，应遵循如下规则：

🔑 必须以字母开头。

🔑 变量名中第 2 个字符及其后的各个字符可以是字母、数字或下划线。

🔑 不能包含空格。

🔑 不能包含嵌入的标点符号或类型声明字符（%、&、!、#、@ 或 $）。

🔑 变量名长度范围为 1~255 个字符。

🔑 不应该使用 VBA 的保留字作变量名，如 Integer 等不能作为变量名。

🔑 根据以上原则，ab、x1、Xyz 和 Jake 等都是合法的变量名，而 3abc、ab.ee 和 k-jike 等都是不合法的变量名。

在 VBA 中，变量又分为局部变量、模块变量和全局变量，下面分别进行介绍。

（1）局部变量

一般来讲，用户使用最多的便是局部变量。在不同过程中的局部变量可以同名，它们相互独立而不干扰。局部变量只在其声明它的过程中有效，通常可以使用 Dim 和 Static 语句声明局部变量。Dim 和 Static 语句声明变量类型的语法格式为：

Dim< 变量名 >[AS< 数据类型 >[, < 变量名 > AS< 数据类型 >]]

Static< 变量名 > AS< 数据类型 >[, < 变量名 > AS< 数据类型 >]

其中，Dim 语句声明的是动态变量，即在过程结束时其值不被保留，并且每次调用时都需要重新初始化；Static 语句声明的是静态变量，即执行的过程结束时，过程中用到的 Static 变量值保留，这样在下次调用此过程时，该变量的初值是上次调用结束时被保留的值。

（2）模块变量

在同一个窗体或模块的不同过程中使用同一个变量时就需要用到模块变量。模块变量的作用域是整个窗体或模块，该窗体或模块中的所有过程都可以访问这个模块变量。在 VBA 编写环境中，选择【插入】/【模块】命令，在打开的窗口中即可使用 Private 或者 Dim 语句声明模块变量。

（3）全局变量

全局变量是指可以被应用程序中的所有模块和窗体访问的变量，它不能在过程中声明，只能在模块的说明部分声明，即在模块代码窗口中的"对象"下拉列表框中选择"通用"选项，在"事件"下拉列表框中选择"声明"选项，然后使用 Public 语句按照局部变量的方法声明，如右图所示为声明一个全局整型变量 NumberAll。

257

72☒
Hours

62
Hours

52
Hours

42
Hours

32
Hours

22
Hours

12
Hours

9.2.3 VBA 的运算符

VBA 中有多种运算符，包括算术运算符、比较运算符、连接运算符和逻辑运算符等。参与运算的数据称为操作数。下面进行分别介绍。

1. 算术运算符

VBA 中的算术运算及运算符号与数学中相应的运算基本相同，如下表所示 VBA 的算术运算。

VBA中的算术运算

运 算 符	含 义	例 子
^	乘方	5^2，求 5 的平方
-	取负	-x，求 x 的负数
*	乘法	2*5
浮点除法	/	5/2，结果为 2.5
整数除法	\	5\2，结果为 2
求模运算	mod	5 mod 2，结果为 1
加法	+	5+2
减法	-	5-1

2. 比较运算符

比较运算符用来对两个数据类型相同或相容的表达式进行大小和等与不等的比较。如下表所示即为 VBA 中的比较运算符。

VBA中的比较运算符

运 算 符	含 义	例 子
=	判断两个表达式是否相等	3=5
>	判断表达式 1 是否大于表达式 2	3>5
<	判断表达式 1 是否小于表达式 2	3<5
>=	判断表达式 1 是否不小于表达式 2	3>=5
<=	判断表达式 1 是否不大于表达式 2	3<=5
<> 或 ><	判断两个表达式是否不相等	3<>5

3. 连接运算符

在 VBA 中，符号 + 和 & 都可作为字符串连接运算符，常用于把两个字符串直接连接成一个字符串。其使用方法如下：

abc & def 结果为 abc def

abc + def 结果为 abc def

符号 + 即可作为加法运算符，又可作为字符串连接运算符。当符号 + 连接的全部数据为字符串时，才执行字符串连接；只要数据是数值型就会执行加法运算。

4. 逻辑运算符

逻辑运算符也称为布尔运算符，用于对两个逻辑值进行逻辑运算，逻辑运算的结果仍为逻辑值，即 True 或 False。如下表所示即为 VBA 中可用的逻辑运算符。

VBA中的逻辑运算符

运 算 符	含 义	说 明
Not	非	真取非为假，假取非为真
And	与	操作数都为真时结果才为真
Or	或	操作数都为假时结果才为假
Xor	异或	操作数不相同时结果才为真
Eqv	等价	操作数都为假时结果才为真
Imp	蕴含	第一操作数为真，第二操作数为假时结果才为假

经验一箩筐——运算符的优先级

各种不同类型运算符的计算优先级从高到低排列为：算术运算→关系运算→逻辑运算。算术运算符的优先顺序按从高到低排列为：括号→乘方（＾）→取负（-）→乘法（＊）和除法（/）→整除（\）→求模运算（Mod）→加减法（+、-）。所有比较运算符的优先级相同。逻辑运算的优先顺序从高到低排列为：Not → And → Or → Xor → Eqv → Imp。

9.2.4　VBA 程序控制语句

语句是程序的基本组成部分，每一个程序都由许多的基本语句按照一定的逻辑规则排列出来，而控制语句又是将各个语句按规则联系在一起的纽带，如 IF 语句、For 语句和 Next 语句等。下面具体讲解 VBA 中的程序控制语句。

1．If 语句

If 语句用于条件的判断，意思为"如果……就……"，其语法格式如下：

If 条件 Then
　语句组 1
End If
　语句组 2

If 语句在执行时，先判断条件是否成立，如果条件成立则执行语句组，否则执行 End If 后面的语句，即语句组 2。

2．If…Else 语句

If…Else 语句是 If 语句的扩充用法，意思为"如果……就……否则……"，其语法格式为：

If 条件 Then
　语句组 1
Else
　语句组 2
End If
　语句组 3

条件成立时执行语句组 1，接着跳出 If 语句执行 End If 后面的语句，即语句组 3。

259

72⊠
Hours

62
Hours

52
Hours

42
Hours

32
Hours

22
Hours

12
Hours

3. 多重 If 语句

当某个应用程序中有多个条件式需要判断时，可以使用多重 If 语句来完成，其语法结构为：

If 条件 1 Then

　语句组 1

Else If 条件 2 Then

　语句组 2

Else If 条件 3 Then

　语句组 3

…

Else

　语句组 n

End If

　语句组 n+1

在多重 If 语句中，当条件 1 成立时则执行语句组 1，执行后跳出 If 语句，执行语句组为 n+1。如果条件 1 不成立，则判断条件 2，依次类推，直到找到一个成立的条件。当它找到一个成立的条件时，则执行相应的语句组，然后执行 End If 后面的语句。如果条件都不成立，则执行 Else 后的语句组，结束判断式。

4. Select 和 Case 语句

多重 If 语句固然好，但当用到的条件判断式太多时，很容易在逻辑上产生混乱。VBA 程序提供了另一个较为简单的语句，那就是 Select…Case 语句，在进行多重判断时能够很清楚地执行哪些程序，其语法结构为：

Select Case 测试表达式

　Case 值列表 1

　　语句组 1

　Case 值列表 2

　　语句组 2

　　…

　Case Else

　　语句组 n

End Select

Select 语句执行时，首先计算测试表达式的值，然后用该值依次测试各个 Case 值列表。如果某个值列表找到匹配的值，则执行该 Case 语句之后的语句组，然后执行 End Select 之后的语句。如果所有的值列表都没有找到匹配值，则执行 Case Else 之后的语句组。

Case 语句中的值列表可以是用逗号分隔的多个表达式。值列表表达式有下列几种形式：

🔑 单独的常量。例如：Case 1,3,5, "a","b","c"。

🔑 用 To 指定范围。例如：Case 2 To10, "abc" To "Xyz"。

🔑 用 Is 指定条件。例如：Case Is <60,Is >90。

🔑 前面 3 种方式混合使用。例如：Case 1,3,5,10 To 50,Is >=60。

当 Case 语句中包含多个表达式时，应注意各个表达式之间不能出现包含或相交的情况。因为只要有一个表达式匹配测试表达式的结果，就会执行该 Case 语句后的语句。例如，下列代码使用 Select Case 语句实现多分支选择：

```
Dim Score As Single
Score = InputBox(" 请输入成绩 ")
Select Case Score
    Case Is < 60
        MsgBox (" 不及格 ")
    Case Is < 70
        MsgBox (" 及格 ")
    Case Is < 80
        MsgBox (" 中等 ")
    Case Else
        MsgBox (" 优秀 ")
End Select
```

5. For…Next 循环语句

前面所讲解的都属于分支结构。需要在指定次数的情况下执行某一段程序时，就可以使用
For…Next 循环语句，其语法结构为：

For 循环变量 = 初值 To 终值 Step 步长
    循环体
Next 循环变量

VBA 按照以下步骤执行 For 循环：

（1）将循环变量设置为初值。

（2）判断循环变量是否超过终值，若是则结束循环。

（3）执行循环体中的语句。

（4）遇到 Next 语句，循环计数器加上一个步长。

（5）重复步骤（2）到步骤（4）。

使用 For 循环需注意以下事项：

🔑 循环变量用于控制循环，也称为循环控制变量或循环计数器，是数值型变量，不能使用自
定义类型变量或数组元素。

🔑 初值、终值和步长都是数值型表达式，并且只在循环开始时计算一次。

🔑 步长如果省略，则默认值为 1。

🔑 如果步长为正数，初值必须小于或等于终值，否则不能执行循环体中的语句。如果步长为
负数，初值必须大于或等于终值。

Next 之后的循环变量可以省略。

例如，要计算 1+2+…+ 100 相加后的结果，可用如下代码：

```
Dim n As Integer
Dim s As Integer
 s = 0
For i = 1 To 100
 s = s + i
Next i
MsgBox ("1+2+…+100 相加的结果等于：" & s)
```

261

72⊠
Hours

62
Hours
▲

52
Hours
▲

42
Hours

32
Hours
▲

22
Hours
▲

12
Hours
▲

9.2.5 VBA 对象

在了解了 VBA 的基础语法后，还需要了解 Excel 中 VBA 的对象模型，包括 Application 对象、Workbooks 对象和 Worksheets 对象，下面分别进行讲解。

1. Application 对象

Application 对象是指整个应用程序，也就是在 VBA 中的应用程序本身。该对象常用的属性和方法如下表所示。

Application对象的属性

属　性	含　义
ActiveCell	表示目前工作表中被选定的单元格
ActiveSheet	表示目前正在使用的工作表
ActiveWorkbook	表示目前正在使用的工作簿
Caption	设置标题栏名称
Height	设置高度
Left	设置左方的坐标位置
Top	设置顶端的坐标位置
Width	设置宽度
DisplayAlert	设置宏执行时是否要出现特定的警告窗口，默认值为 True
StatusBar	返回或者设置状态列上的文字
WindowState	设置应用程序的窗口状态，可设置的值有 xlMaximized、xlNormal 和 xlMinimized，分别代表"最大化"、"正常"和"最小化"

Application对象的方法

方　法	含　义
Quit	退出该应用程序

2. Workbooks 对象

Workbooks 是一个集合对象，包含许多的 Workbook（工作簿）。若 Workbook 是一本书，Workbooks 则是书框。现介绍这两个对象的属性及方法，如下表所示。

Workbook对象的属性和方法

属　性	含　义
ActiveSheet	返回目前的工作表，此为只读属性
Author	返回或者设置摘要信息中的用户名称
Path	返回目前打开文件的完成路径，但是不包括文件名称
Saved	检查工作簿中是否有未保存的变更项目
方　法	**含　义**
Active	将指定的工作簿激活
Close	将指定的工作簿关闭
Save	将指定的工作簿保存
SaveAs	设置宏执行时是否要出现特定的警告窗口，默认值为 True

Workbooks对象的属性和方法

属 性	含 义
Count	目前打开工作表的数量
Item	可用来指定工作表，指定的方式可以是索引值或工作表名称，索引值由 1 开始计算，并且最先被打开的工作表的索引值为 1
方 法	含 义
Add	增加一个工作簿
Close	关闭指定的工作簿
Open	打开已经存在的工作簿

3. Worksheets 对象

Worksheets 也是一个集合对象，其中包含许多的 Worksheet 工作表。现介绍 Worksheet 和 Worksheets 对象所具有的属性及方法，如下表所示。

Worksheet对象的属性

属 性	含 义
Cells	选取指定的单元格
Columns	选取指定的列
Name	取得或者设置工作表的名称
Names	取得工作表集合的名称
Range	返回 Range 对象，用来选取指定的单元格
Rows	选取指定的行
Visible	设置是否显示工作表
Activate	将工作表激活
Copy	复制单元格
Delete	删除单元格
Move	移动单元格
Select	选择单元格

Worksheets对象的属性和方法

属 性	含 义
Count	显示目前工作簿中已经打开的工作表的数量
Item	以工作表名称或者索引值返回指定的工作表对象
Visible	设置是否显示工作表
方 法	含 义
Add	增加一个工作表
Copy	复制工作表
Delete	删除工作表
Move	移动工作表

9.2.6 使用 VBA 自定义函数

对以上知识充分了解并掌握后，用户即可根据需要来自定义函数，使数据处理更为方便。

263

72
Hours

62
Hours

52
Hours

42
Hours

32
Hours

22
Hours

12
Hours

下面在"学生成绩表.xlsx"工作簿中自定义一个 Max 函数，通过该函数来查找数据区域中的最大值，并选择该单元格。其具体操作如下：

STEP 01： 插入模块

1. 启动 Excel 2013，打开"学生成绩表.xlsx"工作簿，选择【开发工具】/【代码】组，单击 Visual Basic 按钮。
2. 打开"Microsoft Visual Basic for Applications-学生成绩表.xlsx"窗口，选择【插入】/【模块】命令。

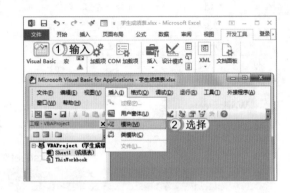

STEP 02： 输入代码

打开"学生成绩表.xlsx – 模块 1（代码）"窗口，在其中输入如下图所示的代码。

STEP 03： 运行宏

1. 关闭 VBA 的编写窗口，返回 Excel 2013 的工作界面。选择【开发工具】/【代码】组，单击"宏"按钮。
2. 打开"宏"对话框，在"宏名"文本框中输入 Max。
3. 在"位置"下拉列表框中选择"学生成绩表.xlsx"选项。
4. 单击 执行(R) 按钮，执行宏。

读书笔记

STEP 04: 查看效果

此时即可看到系统自动选择了 G5 单元格，表示在该工作表中 G5 单元格的值最大。

提个醒

　　用户也可选择插入类模块来自定义函数，或在单元格中通过输入公式并引用单元格区域的方法来进行数据的计算。

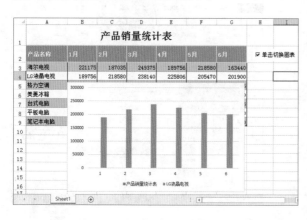

上机 1 小时 ▶ 制作动态切换图表

🔍 巩固 VBA 的语法结构和变量类型。

🔍 巩固 VBA 中对象的使用方法。

🔍 进一步掌握自定义 VBA 函数的方法。

　　本例将在"产品销量统计表 .xlsx"工作簿中添加一个复选框，然后为其添加相应的代码，使用户在选中复选框时，可以通过单击选中需要显示数据图表的单元格达到自动切换图表的目的。完成后的最终效果如下图所示。

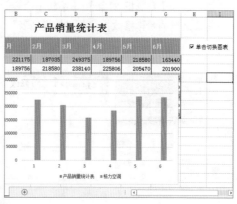

光盘
文件

素材 \ 第 9 章 \ 产品销量统计表 .xlsx
效果 \ 第 9 章 \ 产品销量统计表 .xlsm
实例演示 \ 第 9 章 \ 制作动态切换图表

STEP 01: 创建图表

打开"产品销量统计表 .xlsx"工作簿，在其中选择 A2:G3 单元格区域，并基于该区域创建一个图表。

读书笔记

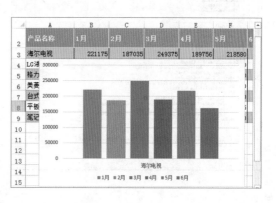

62
Hours

52
Hours

42
Hours

32
Hours

22
Hours

12
Hours

STEP 02： 插入控件

1. 选择【开发工具】/【控件】组，单击"插入"按钮。
2. 在弹出的下拉列表中选择"ActiveX 控件"栏中的"复选框"选项。
3. 此时鼠标指针变成十形状，在空白单元格处拖动鼠标绘制出一个复选框。

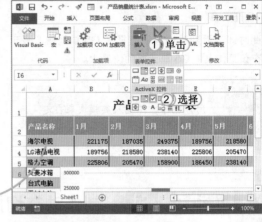

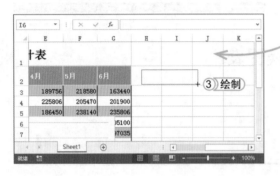

> **提个醒**
> ActiveX 是 Microsoft 对于一系列面向对象程序技术和工具的策略称谓，其中主要的技术是组件对象模型（COM）。

STEP 03： 修改控件名称

1. 在复选框上单击鼠标右键，在弹出的快捷菜单中选择【复选框 对象】/【编辑】命令。
2. 将复选框的名称修改为"单击切换图表"。

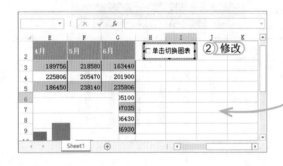

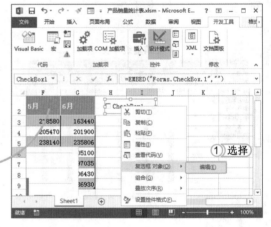

STEP 04： 输入代码

在按钮上双击鼠标，打开代码输入窗口，在其中输入相应的代码。

> **提个醒**
> 在复选框上单击鼠标右键，在弹出的快捷菜单中选择"查看代码"命令也可打开代码窗口。在这段代码中，当用户单击复选框时，程序将调用自定义函数 switch。

STEP 05： 保存代码

单击窗口上方的"保存"按钮 📙，在打开的提示
对话框中单击 [否(N)] 按钮。

STEP 06： 另存工作簿

1. 打开"另存为"对话框，并在"保存类型"
   下拉列表框中选择"Excel 启用宏的工作簿"
   选项。
2. 单击 [保存(S)] 按钮保存工作簿。
3. 在打开的提示对话框中单击 [确定] 按钮。

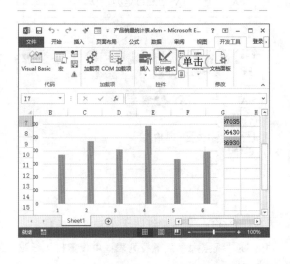

STEP 07： 查看切换效果

返回工作表，选择【开发工具】/【控件】组，单
击"设计模式"按钮 📐，切换到编辑完成后的模式。
此时在选中复选框后，单击单元格即可自动切换
图表中的数据。

提个醒

　　单击选中某一行的单元格，即可对应
显示出图表中的内容，若选中的单元格行中不
对应任何数据，则不会显示图表。

62
Hours

52
Hours

42
Hours

9.3　打印表格

　　制作好的电子表格可根据实际需要打印出来。在进行打印操作前，还需对表格进行打印设
置。下面对其方法进行具体介绍。

 学习 1 小时

🔍 熟悉设置页面和页边距的操作。

🔍 了解、熟悉并掌握插入页眉页脚及自定义页眉页脚的方法。

🔍 学习设置打印属性和预览打印效果的方法。

🔍 认识并掌握如何打印电子表格。

32
Hours

22
Hours

12
Hours

9.3.1 设置页面和页边距

通过对表格的页面进行设置可以控制表格打印出来的方向、缩放比例、纸张大小、打印质量和起始页码等内容；通过对页边距进行设置，则可增强表格数据的可读程度和美观程度。

下面对工作表的页面和页边距进行设置，其具体操作如下：

光盘文件　实例演示\第9章\设置页面和页边距

STEP 01： 设置页面方向

1. 打开需进行页面设置的工作簿，在【页面布局】/【页面设置】组中单击右下角的 按钮。
2. 在打开的"页面设置"对话框的"页面"选项卡中可设置打印方向，这里选中 横向(L) 单选按钮。

STEP 02： 设置缩放比例

1. 选中 缩放比例(A)： 单选按钮。
2. 在右侧的数值框中设置页面缩放比例，这里设置为 130。

> **提个醒** 在"调整为"选项中可手动设置页面的宽度和高度。

STEP 03： 设置纸张大小和打印质量

1. 在"纸张大小"下拉列表框中设置打印纸张大小。
2. 在"打印质量"下拉列表框中设置打印效果。

> **提个醒** 在【页面布局】/【页面设置】组中直接单击"纸张方向"按钮 或"纸张大小"按钮，可在弹出的下拉列表中选择需要的纸张大小或方向。

读书笔记

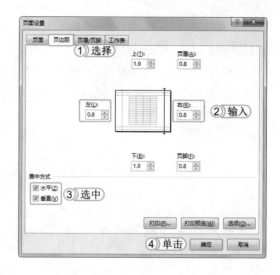

STEP 04： 修改数据源

1. 选择"页边距"选项卡。
2. 在打开的界面中输入上下左右的页边距。
3. 在"居中方式"栏中可设置表格数据的对齐方式，这里选中两个复选框。
4. 单击 确定 按钮。

> **提个醒** 在【页面布局】/【页面设置】组中单击"页边距"按钮 。在弹出的下拉列表中选择"自定义边距"选项，也可打开"页面设置"对话框的"页边距"选项卡。

9.3.2 在工作表中插入页眉和页脚

页眉与页脚可以辅助显示表格数据，如显示表格的制作者、制作日期和当前页码等。Excel预置多种页眉与页脚格式，允许用户在设置时快速选择这些已有的样式、自定义页眉和页脚内容。其具体操作如下：

> **光盘文件** 实例演示 \ 第9章 \ 在工作表中插入页眉和页脚

STEP 01： 进入自定义页面界面

1. 打开需要设置页眉和页脚的工作簿，在【页面布局】/【页面设置】组中单击右下角的 按钮。
2. 打开"页面设置"对话框，选择"页眉/页脚"选项卡。
3. 在打开的界面中单击 自定义页眉(C)... 按钮。

STEP 02： 设置页眉

1. 打开"页眉"对话框，在"中"列表框中输入页眉的内容，如这里输入"维维服装-石门店"。
2. 单击 确定 按钮，完成页眉设置。

> **提个醒** 单击 A 按钮，可对页眉的字体格式进行设置；依次单击 各按钮，可插入页码、页数、日期、时间、文件路径、文件名、数据表名称和图片等内容。

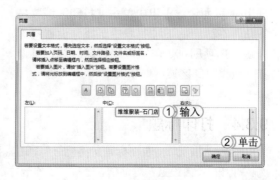

269

72 Hours

62 Hours

52 Hours

42 Hours

32 Hours

22 Hours

12 Hours

STEP 03： 设置页脚和首页

1. 返回"页面设置"对话框，在"页脚"下拉
   列表框中选择"第1页"选项。
2. 选中☑首页不同(I)复选框。
3. 再次单击 自定义页脚(C)... 按钮。

提个醒　若需要对页脚进行自定义设置，可直接单击"页脚"栏上方的 自定义页眉(U)... 按钮进行设置。

STEP 04： 设置首页页眉

1. 打开"页眉"对话框，选择"首页页眉"选项卡。
2. 在"中"列表框中输入需要的内容，这里输入"服装年销量"。
3. 单击 确定 按钮，完成首页页眉设置。
4. 返回"页面设置"对话框中，单击 确定 按钮，确认完成页面设置。

读书笔记

9.3.3　设置打印区域

通过对打印区域进行设置，可以打印需要的数据，其设置方法非常简单：只需在打开的工作表中拖动鼠标，以选择需打印的数据所在的单元格区域，然后在【页面布局】/【页面设置】组中单击"打印区域"按钮，在弹出的下拉列表中选择"设置打印区域"选项即可。若需取消打印区域，可选择"取消打印区域"选项。

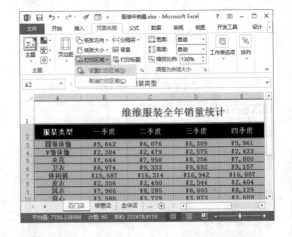

9.3.4　打印标题

在默认情况下，表格标题是不能被打印的。若需打印表格标题，还需对其进行设置，其方法为：打开"页面设置"对话框，选择"工作表"选项卡，在"打印标题"栏中单击"顶端标题行"

或"左端标题列"文本框右侧的"收缩"按钮 ，返回工作中选择需要显示的标题行或标题列，然后返回该对话框，并单击 [确定] 按钮即可。

9.3.5 预览并设置打印参数

为避免打印出的效果与预期的效果有出入，可在打印之前对打印效果进行预览，以便及时更正设置错误的地方。同时，还可对打印的参数进行设置，使其符合实际的需要。预览打印效果的方法为：在需打印预览的工作表中单击"文件"选项卡，在弹出的下拉列表中选择"打印"选项。此时在界面右侧显示当前工作表打印出来的效果，在该界面中还能对打印的参数进行设置，如在"份数"数值框中设置打印的份数，在"打印机"下拉列表框中选择需要的打印机，在"设置"下拉列表框中选择打印的范围，包括"打印活动工作表"、"打印整个工作表"、"打印选定区域"3个选项。完成设置后，单击"打印"按钮 即可进行打印。

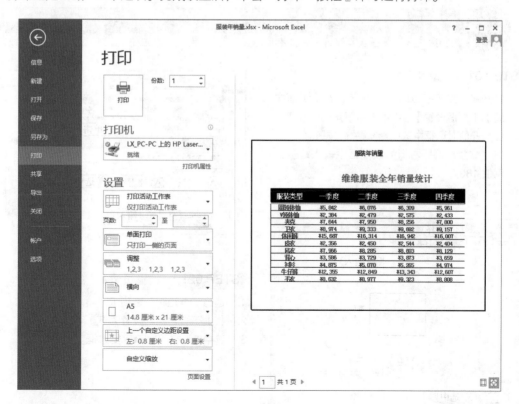

271

72
Hours

62
Hours

52
Hours

42
Hours

32
Hours

22
Hours

12
Hours

上机1小时 ▶ 打印员工工资表

- 🔍 巩固打印方向、页边距和缩放比例的设置方法。
- 🔍 进一步掌握为工作表添加页眉和页脚的方法。
- 🔍 巩固如何预览打印效果。
- 🔍 进一步熟悉并掌握设置打印任务和打印工作表的操作。

本例首先对员工工资表进行适当的页面设置，并为其添加页眉和页脚辅助信息，然后预览打印效果并设置打印任务，最后将其打印出来，并查看预览效果。

柯煌实业员工工资.xlsx						
姓名	部门	基本工资	提成	奖金	社保	实发工资
李丽	财务部	¥3,000	¥900	¥1,000	¥150	¥4,750
张树华	销售部	¥2,000	¥1,900	¥1,000	¥150	¥4,750
陈宏	销售部	¥2,000	¥1,200	¥1,000	¥150	¥4,050
蔡佳文	技术部	¥2,000	¥1,000	¥1,000	¥150	¥3,850
何凯	财务部	¥3,000	¥1,400	¥1,000	¥150	¥5,250
邓冲	销售部	¥2,000	¥1,400	¥1,000	¥150	¥4,250
宋菲菲	技术部	¥2,000	¥2,000	¥1,000	¥150	¥4,850
吴莉莉	销售部	¥2,000	¥1,600	¥1,000	¥150	¥4,450
陈荣	技术部	¥2,000	¥2,000	¥1,000	¥150	¥4,850
宋玲玲	销售部	¥2,000	¥1,800	¥1,000	¥150	¥4,650
曾华	销售部	¥2,000	¥2,800	¥1,000	¥150	¥5,650
陈文丽	财务部	¥3,000	¥1,000	¥1,000	¥150	¥4,850
王鸿	技术部	¥2,000	¥1,700	¥1,000	¥150	¥4,550

第 1 页，共 1 页

光盘文件

素材\第9章\员工工资.xlsx

实例演示\第9章\打印员工工资表

STEP 01： 设置页面

1. 打开"员工工资.xlsx"工作簿，在【页面布局】/【页面设置】组中单击右下角的 按钮。
2. 在打开的对话框中选中 横向(L) 单选按钮。
3. 在"缩放比例"右侧的数值框中输入缩放比例值180。

STEP 02： 设置页边距

1. 选择"页边距"选项卡。
2. 将上下页边距均设置为3。
3. 选中 ☑水平(Z) 和 ☑垂直(V) 复选框。

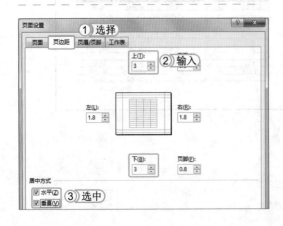

STEP 03： 设置页眉

1. 选择"页眉/页脚"选项卡。

2. 在打开的界面中单击 自定义页眉(C)... 按钮。

3. 打开"页眉"对话框，在"中"列表框中输入页眉的内容，如这里输入"柯煌实业"。

4. 单击"插入文件名"按钮 ，在文本后自动添加文件名称，此时列表框中将自动添加"&[文件]"信息。

5. 单击 确定 按钮，完成页眉设置。

STEP 04： 设置页脚

1. 返回"页眉/页脚"选项卡，在"页脚"下拉列表框中选择"第1页，共? 页"选项。

2. 保持其他设置不变，单击 确定 按钮，以完成设置。

> **提个醒** 选择【插入】/【文本】组，单击"页眉和页脚"按钮 ，此时进入页眉和页脚编辑状态，直接在工作表中输入需要的内容，或插入相应的对象，也可执行为工作表添加页眉页脚的操作。

STEP 05： 设置打印区域

1. 返回工作表即可看到表格中的虚线，虚线范围即表示1页的内容,适当调整G列的列间距，使其完整打印，然后选择A2:G15单元格区域。

2. 单击【页面布局】/【页面设置】组中的"打印区域"按钮 。

3. 在弹出的下拉列表中选择"设置打印区域"选项。

273

72図
Hours

62
Hours

52
Hours

42
Hours

32
Hours

22
Hours

12
Hours

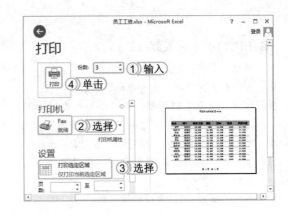

STEP 06： 设置打印参数并进行打印

1. 选择【文件】/【打印】命令，在界面右侧预览工作表的打印效果。
2. 设置打印的份数为3。
3. 在"打印机"下拉列表框中选择需要的打印机。
4. 在"设置"下拉列表框中选择"打印选定区域"选项。
5. 单击"打印"按钮🖨️即可进行打印。

9.4 练习1小时

本章主要介绍宏、VBA、工作表的打印等知识，用户为熟练使用它们，还需再进行巩固练习。下面以录制并打印表格为例，进一步巩固这些知识的使用方法。

录制并打印表格

本例将新建一个工作簿，并通过录制宏操作来制作一个销售业绩表，然后对表格进行打印操作，制作完成的表格效果如下图所示。用户可在"宏"对话框中查看已经录制的宏，也可以对其进行编辑。

光盘
文件

效果 \ 第9章 \ 销售业绩统计.xlsm

实例演示 \ 第9章 \ 录制并打印表格

读书笔记

表格

72 HOURS

综合实例演练

第 **10** 章

上机 **5** 小时

● 制作员工考勤表
● 制作产品销量分析表

　　本书主要对使用 Excel 制作与处理、分析电子表格的知识进行详细介绍。用户为通过本书所介绍的知识制作出符合实际需要的表格，还需要不断上机实践，以熟练掌握 Excel 的各种知识。本章通过两个实例制作进一步巩固本书知识，使用户对这些操作有一个较为综合的练习。

10.1　上机 1 小时：制作员工考勤表

考勤表主要用来统计员工每月的考勤情况，是公司员工每天上班的凭证，其奖惩结果直接关系到员工当月的工资。考勤表包括员工的迟到、早退、旷工、病假和事假等情况，是统计员工每天上班情况的一种工作表。

10.1.1　实例目标

本例将制作一个公司的考勤表，该表可以实现显示当月公司所有员工的出勤情况、考勤赏罚结果及统计当月各种出勤情况所占比例等作用，制作的最终效果如下图所示。

编号	姓名	迟到	早退	事假	病假	旷工	合计
							艾申企业2014年9月考勤表
AS001	张浩	3	0	1	0	0	¥-80
AS002	刘明亮	2	0	1	0	0	¥-70
AS003	郭佳歆	0	0	0	0	0	¥200
AS004	邹文龙	1	2	0	0	0	¥-30
AS005	陈凯	2	3	0	1	0	¥-55
AS006	朱丽梅	1	1	1	2	0	¥-80
AS007	王洪	0	1	0	0	0	¥-10
AS008	孙瑞	1	1	1	0	0	¥-70
AS009	何雯惠	3	0	0	1	0	¥-35
AS010	赵华	4	0	0	0	0	¥-40
AS011	李琦	1	1	2	1	0	¥-125
AS012	邓明明	1	1	1	0	0	¥-70
AS013	周琳	0	0	0	0	1	¥-210
AS014	于嘉文	0	0	0	0	0	¥200
AS015	万涛	1	0	1	1	0	¥-65
	合计	20	11	8	6	1	

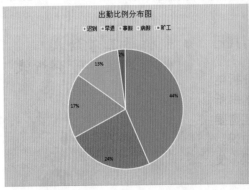

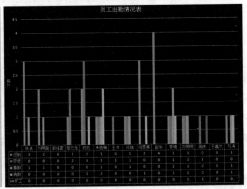

10.1.2　制作思路

制作此表格的过程可大致分为 4 个部分：第 1 部分主要是数据的输入与编辑；第 2 部分主要是对表格的美化；第 3 部分是数据的计算与分析；第 4 部分是图表的创建与编辑。其主要流程如右图所示。

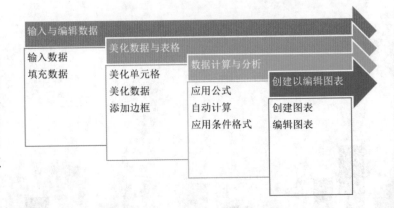

10.1.3 制作过程

下面详细讲解员工考勤表的制作过程。

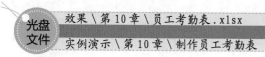

光盘
文件

效果\第10章\员工考勤表.xlsx

实例演示\第10章\制作员工考勤表

1. 输入与编辑考勤表数据

启动 Excel 2013，并新建一个空白的工作簿，在其中输入并编辑与考勤表相关的数据，其具体操作如下：

STEP 01： 新建工作簿

在"开始"菜单的快速启动栏中选择 Excel 2013 命令，启动 Excel 2013。在打开的界面中选择"空白工作簿"选项，新建一个空白的工作簿。

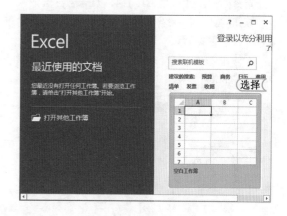

提个醒

用户也可直接在表格中搜索考勤表，根据搜索到的结果新建并编辑考勤表。

STEP 02： 重命名工作表

1. 在 Sheet1 工作表名称上单击鼠标右键，在弹出的快捷菜单中选择"重命名"命令。
2. 将工作表名称修改为"9 月"。

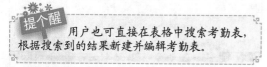

STEP 03： 输入年份

1. 选择 B2 单元格，在【数据】/【数据工具】组中单击"数据验证"按钮。
2. 打开"数据验证"对话框，在"设置"选项卡的"允许"下拉列表框中选择"序列"选项。
3. 在"来源"文本框中输入可供选择的年份值，这里输入 2010,2011,2012,2013,2014,2015,2016。
4. 单击 确定 按钮，完成设置。

277

72⊠
Hours

62
Hours

52
Hours

42
Hours

32
Hours

22
Hours

12
Hours

STEP 04: 填充年份

1. 返回工作表中，单击 B2 单元格右侧的▼按钮，在弹出的下拉列表中选择需要的年份，这里选择 2014 选项。
2. 在 C2 单元格中输入文本"年"。
3. 选择 D2 单元格。

STEP 05: 设置月份的数据源

1. 选择【数据】/【数据工具】组，单击"数据验证"按钮☰。
2. 打开"数据验证"对话框，在"设置"选项卡的"允许"下拉列表框中选择"序列"选项。
3. 在"来源"文本框中输入可供选择的月份值，这里输入 1,2,3,4,5,6,7,8,9,10,11,12。
4. 单击 确定 按钮，完成设置。

提个醒 月份的值固定为 1~12，设置后无须再对其进行修改。

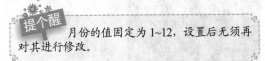

STEP 06: 填充月份值

1. 返回工作表中，单击 D2 单元格右侧的▼按钮，在弹出的下拉列表中选择需要的年份，这里选择 9 选项。
2. 在 C2 单元格中输入文本"月"。

STEP 07: 输入表格标题

选择 A1 单元格，在编辑栏中输入公式 ="艾申企业"&TEXT(DATE(B2,D2,1),"yyyy 年 M 月考勤表")，按 Enter 键自动得到表格标题。

提个醒 该公式的含义是：使用 DATE 函数获取日期的年份和月份，将其以"yyyy 年 M 月考勤表"的格式显示，并使用 TEXT 函数转换为文本，并将其与由&符号相连的文本"艾申企业"组合起来。这样做的目的是为了使用户可以自动选择考勤表的日期，使表格标题自动变化。

STEP 08： 输入表头和编号

1. 在A3:H3单元格区域中输入相应的表头项目。
2. 在A4单元格中输入编号。
3. 将鼠标指针移至A4单元格右下角的填充柄上，按住鼠标左键不放并向下拖动。将鼠标指针移至A18单元格上时释放鼠标，以快速填充员工编号。

STEP 09： 输入其他数据

在B4:B18单元格区域中输入公司每位员工的姓名。继续在其他单元格中输入每位员工的出勤情况等相关数据，最后在表格底部输入相应的考勤规定。

读书笔记

2. 美化数据与单元格

下面将利用所学的美化单元格的方法对工作表中的数据和单元格本身进行一系列的设置，其具体操作如下：

STEP 01： 调整表格标题的行高

1. 将鼠标指针放在第1行的行标上，单击选择第1行。然后选择【开始】/【单元格】组，单击"格式"按钮。
2. 在弹出的下拉列表中选择"行高"选项。
3. 打开"行高"对话框，在其中输入行高的值，这里输入40.5。
4. 单击 确定 按钮。

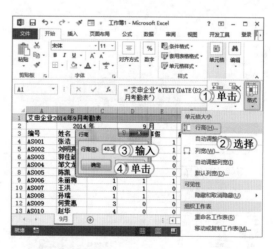

STEP 02： 调整表格行高

将鼠标指针移至第2行和第3行行号的分割线上，按住鼠标左键不放向下拖动。在弹出的提示框显示为需要的行高时释放鼠标增加表格字段的行高。

62
Hours
▲

52
Hours
▲

42
Hours
▲

32
Hours
▲

22
Hours
▲

12
Hours

STEP 03： 调整其他的行高与列宽

使用相同的方法调整表格中其他行的行高，然后再根据需要调整其列宽，调整完成后的效果如右图所示。

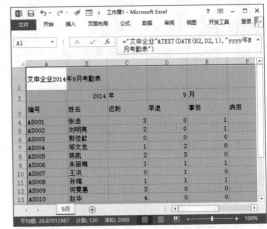

STEP 04： 设置标题单元格

1. 选择 A1:H1 单元格区域，单击【开始】/【对齐方式】组中的"合并后居中"按钮，然后在【开始】/【样式】组中单击"单元格样式"按钮。
2. 在弹出的下拉列表中选择"主题单元格样式"栏中的"金色，着色 4"选项。
3. 再在【开始】/【字体】组中设置单元格的字体为"华文细黑，24 号，加粗"。

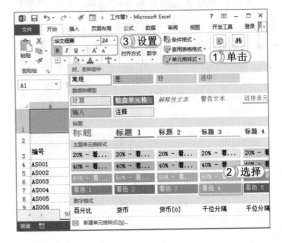

STEP 05： 隐藏时间

在第 2 行上单击鼠标右键，在弹出的快捷菜单中选择"隐藏"命令，隐藏该行的显示。

> **提个醒** 若要显示出该行，可选择包含该行在内的单元格区域，单击鼠标右键，在弹出的快捷菜单中选择"取消隐藏"命令。

STEP 06： 查看隐藏效果

返回表格即可看到所选择的行已经被隐藏。选择 A3:H18 单元格区域，单击【开始】/【样式】组中的"套用表格格式"按钮。

STEP 07: 选择表格样式

1. 在弹出的下拉列表中选择"表格样式中等深线 19"选项。
2. 打开"套用表格式"对话框，保持默认设置不变，单击 确定 按钮进行应用。

提个醒 若需对表格数据源进行编辑，可在该对话框中重新进行选择。

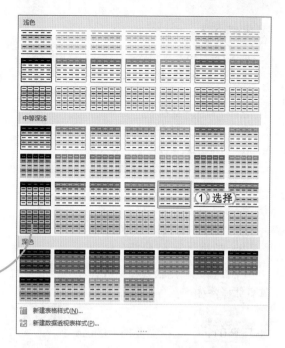

STEP 08: 选择单元格样式

使用相同的方法为 B19:H19 单元格区域应用"主题单元格样式"/"着色 4"单元格样式，并设置其字体加黑。合并并居中 A21:H22 单元格区域，为其应用"数据和模型"/"注释"单元格样式，完成后的效果如右图所示。

STEP 09: 添加边框

1. 选择 B19:H19 单元格区域，在其上单击鼠标右键，在弹出的快捷菜单中选择"设置单元格格式"命令，打开"设置单元格格式"对话框，选择"边框"选项卡。
2. 在"样式"栏中选择_____选项。
3. 单击"边框"栏中的"上边框"按钮和"下边框"按钮。
4. 单击 确定 按钮，应用边框样式。

读书笔记

62
Hours

52
Hours

42
Hours

32
Hours

22
Hours

12
Hours

STEP 10： 设置数字样式

1. 选择 H4:H18 单元格区域，在其上单击鼠标右键，在弹出的快捷菜单中选择"设置单元格格式"命令，打开"设置单元格格式"对话框，选择"数字"选项卡。
2. 在"分类"列表框中选择"货币"选项。
3. 在"小数位数"数值框中输入 0。
4. 单击 确定 按钮，完成设置。

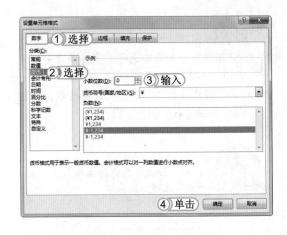

3. 数据计算与分析

下面首先利用公式和函数计算"合计"项目下的数据，然后利用条件格式分析特定的数据，其具体操作如下：

STEP 01： 选择需要插入的函数

1. 选择 C19 单元格，在【公式】/【函数库】组中单击"插入函数"按钮 *fx*。
2. 打开"插入函数"对话框，在"选择函数"列表框中选择 SUM 选项。
3. 单击 确定 按钮。

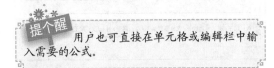
　　　　用户也可直接在单元格或编辑栏中输入需要的公式。

STEP 02： 设置函数参数

1. 打开"函数参数"对话框，在 Number1 文本框中输入函数的参数 C4:C18。
2. 单击 确定 按钮。

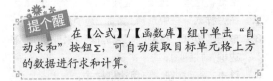
　　　　在【公式】/【函数库】组中单击"自动求和"按钮Σ，可自动获取目标单元格上方的数据进行求和计算。

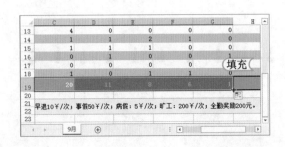

STEP 03： 填充公式

将鼠标指针放在 C19 单元格右下角，当其变为十形状时，向右拖动至 G19 单元格时释放鼠标，完成公式的填充。

STEP 04： 插入 IF 函数

1. 选择 H4 单元格，将鼠标指针定位在编辑栏中，单击【公式】/【函数库】组中的"插入函数"按钮 fx。
2. 打开"插入函数"对话框，在"选择函数"列表框中选择 IF 选项。
3. 单击 确定 按钮。

提个醒 对于最近使用过的函数，Excel 自动将其显示在"选择函数"列表框中。

STEP 05： 选择需要嵌套的函数

1. 打开"函数参数"对话框，将鼠标指针定位在 Logical_test 文本框中。
2. 在工作表名称框中选择需要嵌套的函数为 SUM 函数。

提个醒 熟悉函数的插入与嵌套方法后，用户即可直接在其中输入嵌套的函数。

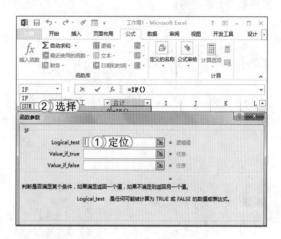

STEP 06： 设置函数参数

打开 SUM 函数的"函数参数"对话框，在 Number1 文本框中输入需要求和的区域，这里输入 C4:G4 单元格区域。

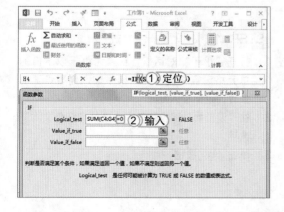

STEP 07： 输入判断的条件

1. 将鼠标指针定位在工作表编辑栏中的 IF 文本后，此时"函数参数"对话框自动切换到 IF 函数中。
2. 继续在 Logical_test 文本框中输入需要的条件，这里输入 =0。

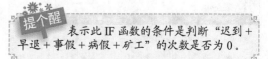

提个醒 表示此 IF 函数的条件是判断"迟到＋早退＋事假＋病假＋矿工"的次数是否为 0。

STEP 08： 填写其他参数

1. 将鼠标指针定位在 Value_if_true 文本框中，
   输入条件为真时的结果，这里输入 200。
2. 将鼠标指针定位在 Value_if_false 文本框中，
   输入条件为假时的结果，这里输入 -(C5*10+
   D5*10+E5*50+F5*5+G5*200)。
3. 单击 确定 按钮，完成参数的输入与设置。

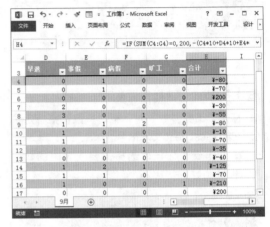

STEP 09： 查看填充格式后的效果

返回工作表，此时 H4:H18 单元格区域都添加公式，
并得出计算的结果。

提个醒 该公式表示的含义是：当员工没有迟
到、早退、事假、病假和旷工等记录（即全勤）
时，奖励员工 200 元全勤奖，否则就按照公司
的考勤制度予以处罚。

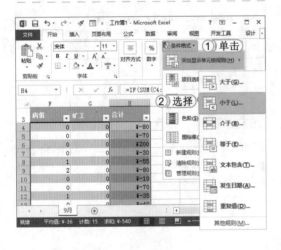

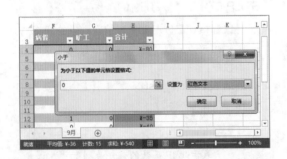

STEP 10： 选择条件格式

1. 选择 H4:H18 单元格区域，在【开始】/【样式】
   组中单击"条件格式"按钮。
2. 在弹出的下拉列表中选择【突出显示单元格
   规则】/【小于】选项。

读书笔记

STEP 11： 设置条件格式

1. 打开"小于"对话框，在"为小于以下值的
   单元格设置格式"文本框中输入需要设置的
   条件，这里输入 0。
2. 在"设置为"下拉列表框中选择"红色文本"
   选项。
3. 单击 确定 按钮。

STEP 12： 应用数据条样式

1. 选择 C4:G18 单元格区域，再次单击"条件格式"按钮。
2. 在弹出的下拉列表中选择"数据条"/"橙色数据条"选项，为表格区域应用样式。

> **提个醒** 数据条最好选择与表格样式颜色相近或搭配较为协调的颜色，以美化表格的外观。

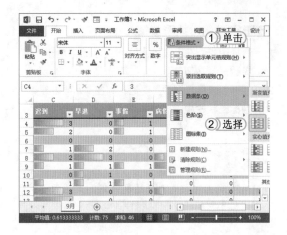

4. 创建与编辑图表

下面利用计算出的各项出勤合计值创建饼图，并对图表进行一系列设置，以便更好地观察和分析数据。其具体操作如下：

STEP 01： 插入图表

1. 选择 C3:G3 单元格区域和 C19:G19 单元格区域，在【插入】/【图表】组中单击"推荐的图表"按钮，打开"插入图表"对话框，选择"推荐的图表"选项卡下的第二个选项。
2. 单击 确定 按钮，插入图表。

> **提个醒** 用户也可在"所有图表"选项卡中选择其他的图表样式。

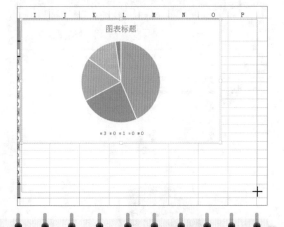

STEP 02： 调整图表的大小

此时系统自动插入饼图，再次选择图表，并将鼠标指针放在图表上，当其变为形状时拖动鼠标将图表移动到表格的右侧，然后将鼠标指针放在表格的右下角，当鼠标指针变为 + 形状时，拖动鼠标调整图表的大小，其调整的高度需与表格的高度一致。

> **提个醒** 具体的图表位置和大小可根据用户的实际需要进行调整，须保证内容清晰。

读书笔记

62
Hours

52
Hours

42
Hours

32
Hours

22
Hours

12
Hours

STEP 03： 编辑数据

1. 选择图表，在【设计】/【数据】组中单击"选择数据"按钮。
2. 打开"选择数据源"对话框，在"水平（分类）轴标签"栏中单击 按钮。

提个醒

　　由于图表中显示的轴标签内容不能明确地表现出图表需要传达的意思，因此需要对其进行重新编辑。

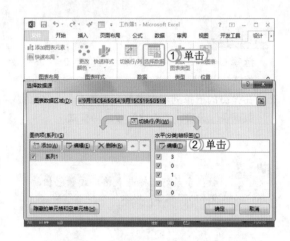

STEP 04： 选择轴标签数据源

1. 打开"轴标签"对话框，重新在表格中选择数据源区域，这里选择 C3:G3 单元格区域。
2. 单击 按钮。

STEP 05： 确认设置

1. 返回"选择数据源"对话框，在"水平（分类）轴标签"栏中即可看到引用的结果。
2. 单击 按钮，完成设置。

STEP 06： 输入图表标题并选择布局

1. 在默认的"图表标题"中重新输入需要的内容，这里输入"出勤比例分布图"。
2. 在【设计】/【图表布局】组中单击"快速布局"按钮。
3. 在弹出的下拉列表中选择"布局 2"选项。

读书笔记

STEP 07: 设置图表区样式

选择【设计】/【形状样式】组，在其中的下拉列表中选择"细微效果 - 金色，强调颜色 4"选项，为图表区应用样式。

读书笔记

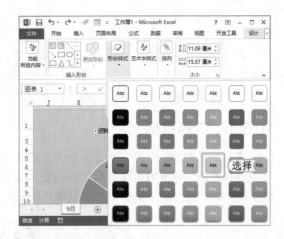

STEP 08: 创建其他图表

使用相同的方法为 **B4:G18** 单元格区域创建图表，并对图表的样式进行设置，显示其标题，并对其布局进行设计，完成后的效果如右图所示。

提个醒 图表布局的样式可根据实际需要进行选择，在该图表中以表格的形式来显示数据标签。用户也可将其添加到数据系列上。

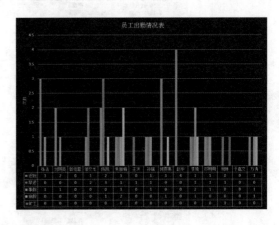

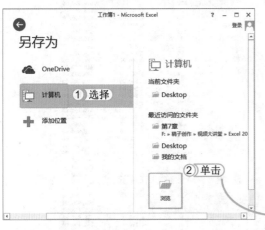

读书笔记

STEP 09: 保存工作簿

1. 选择【文件】/【保存】命令，打开"另存为"界面，选择"计算机"选项。
2. 单击右侧的"浏览"按钮。
3. 打开"另存为"对话框，在其中选择文件的存储路径，在"文件名"文本框中输入存储的名称，这里输入"员工考勤表"。
4. 单击 按钮，以进行保存。

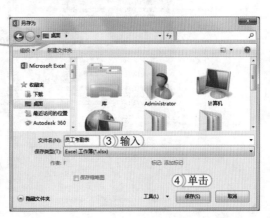

10.2 上机1小时：制作产品销量分析表

产品是销售的起点，也是企业进行营销策略的根源，能反映在市场中的销量并体现公司的盈利状况。定期对企业的产品销量进行分析与统计，使企业管理人员能够准确掌握产品销售的情况，还能够反映出企业员工的销售业绩，是进行产品销售计划的依据。

10.2.1 实例目标

本实例将制作一个产品销量分析表工作簿，通过该表统计出每种产品的总销量，并根据产品类别和产品销售的地区来查看产品销量的情况，以此反映产品在不同市场中的销量，为企业的下一步营销计划打下基础。制作的最终效果如下图所示。

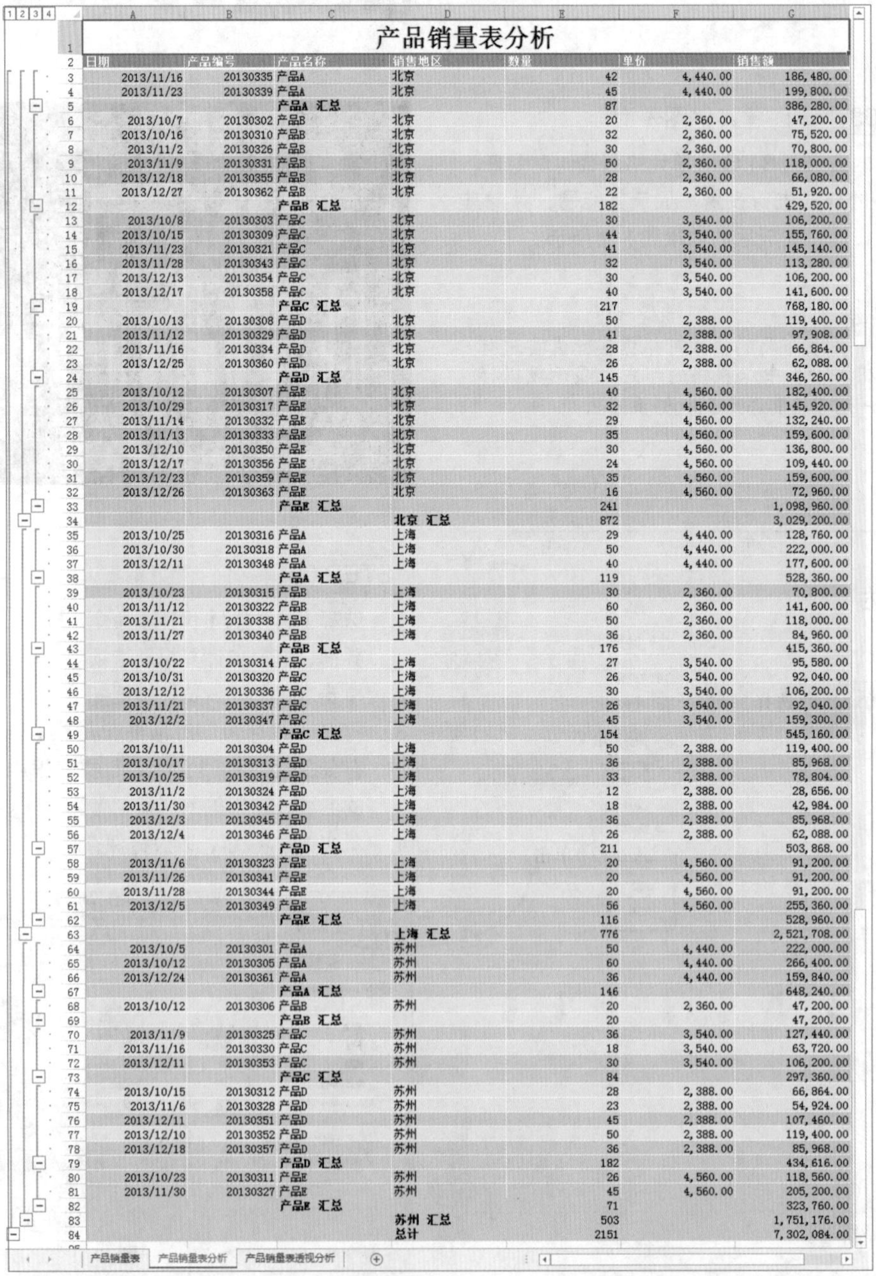

日期	产品编号	产品名称	销售地区	数量	单价	销售额
		产品销量表分析				
2013/11/16	20130335	产品A	北京	42	4,440.00	186,480.00
2013/11/23	20130339	产品A	北京	45	4,440.00	199,800.00
		产品A 汇总		87		386,280.00
2013/10/7	20130302	产品B	北京	20	2,360.00	47,200.00
2013/10/16	20130310	产品B	北京	32	2,360.00	75,520.00
2013/11/2	20130326	产品B	北京	30	2,360.00	70,800.00
2013/11/9	20130331	产品B	北京	50	2,360.00	118,000.00
2013/12/18	20130355	产品B	北京	28	2,360.00	66,080.00
2013/12/27	20130362	产品B	北京	22	2,360.00	51,920.00
		产品B 汇总		182		429,520.00
2013/10/8	20130303	产品C	北京	30	3,540.00	106,200.00
2013/10/15	20130309	产品C	北京	44	3,540.00	155,760.00
2013/11/23	20130321	产品C	北京	41	3,540.00	145,140.00
2013/11/28	20130343	产品C	北京	32	3,540.00	113,280.00
2013/12/13	20130354	产品C	北京	30	3,540.00	106,200.00
2013/12/17	20130358	产品C	北京	40	3,540.00	141,600.00
		产品C 汇总		217		768,180.00
2013/10/13	20130308	产品D	北京	50	2,388.00	119,400.00
2013/11/12	20130329	产品D	北京	41	2,388.00	97,908.00
2013/11/16	20130334	产品D	北京	28	2,388.00	66,864.00
2013/12/25	20130360	产品D	北京	26	2,388.00	62,088.00
		产品D 汇总		145		346,260.00
2013/10/12	20130307	产品E	北京	40	4,560.00	182,400.00
2013/10/29	20130317	产品E	北京	32	4,560.00	145,920.00
2013/11/14	20130332	产品E	北京	29	4,560.00	132,240.00
2013/11/13	20130333	产品E	北京	35	4,560.00	159,600.00
2013/12/10	20130350	产品E	北京	30	4,560.00	136,800.00
2013/12/17	20130356	产品E	北京	24	4,560.00	109,440.00
2013/12/23	20130359	产品E	北京	35	4,560.00	159,600.00
2013/12/26	20130363	产品E	北京	16	4,560.00	72,960.00
		产品E 汇总		241		1,098,960.00
			北京 汇总	872		3,029,200.00
2013/10/25	20130316	产品A	上海	29	4,440.00	128,760.00
2013/10/30	20130318	产品A	上海	50	4,440.00	222,000.00
2013/12/11	20130348	产品A	上海	40	4,440.00	177,600.00
		产品A 汇总		119		528,360.00
2013/10/23	20130315	产品B	上海	30	2,360.00	70,800.00
2013/11/11	20130322	产品B	上海	60	2,360.00	141,600.00
2013/11/21	20130338	产品B	上海	50	2,360.00	118,000.00
2013/11/27	20130340	产品B	上海	36	2,360.00	84,960.00
		产品B 汇总		176		415,360.00
2013/10/22	20130314	产品C	上海	27	3,540.00	95,580.00
2013/10/31	20130320	产品C	上海	26	3,540.00	92,040.00
2013/12/12	20130336	产品C	上海	30	3,540.00	106,200.00
2013/11/21	20130337	产品C	上海	26	3,540.00	92,040.00
2013/12/2	20130347	产品C	上海	45	3,540.00	159,300.00
		产品C 汇总		154		545,160.00
2013/10/11	20130304	产品D	上海	50	2,388.00	119,400.00
2013/10/17	20130313	产品D	上海	36	2,388.00	85,968.00
2013/10/25	20130319	产品D	上海	33	2,388.00	78,804.00
2013/11/2	20130324	产品D	上海	12	2,388.00	28,656.00
2013/11/30	20130342	产品D	上海	18	2,388.00	42,984.00
2013/12/3	20130345	产品D	上海	36	2,388.00	85,968.00
2013/12/4	20130346	产品D	上海	26	2,388.00	62,088.00
		产品D 汇总		211		503,868.00
2013/11/6	20130323	产品E	上海	20	4,560.00	91,200.00
2013/11/26	20130341	产品E	上海	20	4,560.00	91,200.00
2013/11/28	20130344	产品E	上海	20	4,560.00	91,200.00
2013/12/5	20130349	产品E	上海	56	4,560.00	255,360.00
		产品E 汇总		116		528,960.00
			上海 汇总	776		2,521,708.00
2013/10/5	20130301	产品A	苏州	50	4,440.00	222,000.00
2013/10/12	20130305	产品A	苏州	60	4,440.00	266,400.00
2013/12/24	20130361	产品A	苏州	36	4,440.00	159,840.00
		产品A 汇总		146		648,240.00
2013/10/12	20130306	产品B	苏州	20	2,360.00	47,200.00
		产品B 汇总		20		47,200.00
2013/11/9	20130325	产品C	苏州	36	3,540.00	127,440.00
2013/11/16	20130330	产品C	苏州	18	3,540.00	63,720.00
2013/12/11	20130353	产品C	苏州	30	3,540.00	106,200.00
		产品C 汇总		84		297,360.00
2013/10/15	20130312	产品D	苏州	28	2,388.00	66,864.00
2013/11/6	20130328	产品D	苏州	23	2,388.00	54,924.00
2013/12/11	20130351	产品D	苏州	45	2,388.00	107,460.00
2013/12/10	20130352	产品D	苏州	50	2,388.00	119,400.00
2013/12/18	20130357	产品D	苏州	36	2,388.00	85,968.00
		产品D 汇总		182		434,616.00
2013/10/23	20130311	产品E	苏州	26	4,560.00	118,560.00
2013/11/30	20130327	产品E	苏州	45	4,560.00	205,200.00
		产品E 汇总		71		323,760.00
			苏州 汇总	503		1,751,176.00
			总计	2151		7,302,084.00

产品销量表　　产品销量表分析　　产品销量表透视分析

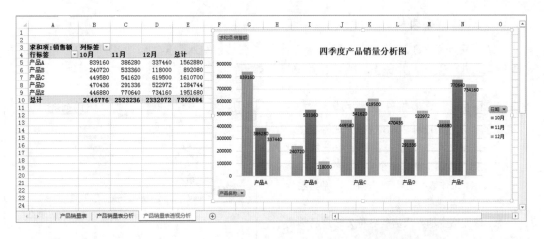

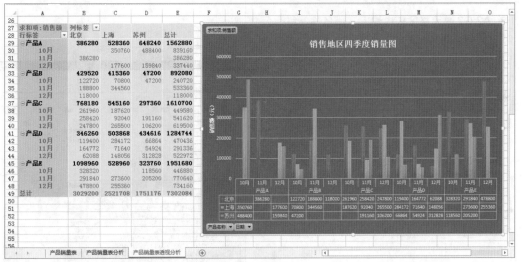

289

72区
Hours

62
Hours

52
Hours

42
Hours

32
Hours

22
Hours

12
Hours

10.2.2　制作思路

　　本例的制作思路大致可以分为 3 个部分：第一部分是新建表格并填充表格中的内容；第二部分是对表格数据进行排序和分类汇总；第三部分是创建并编辑数据透视表和数据透视图。

10.2.3　制作过程

　　下面详细讲解"产品销量分析表"表格的制作过程。

光盘
文件

效果\第10章\产品销量分析表.xlsx

实例演示\第10章\制作产品销量分析表

1. 创建并编辑表格

下面将启动 Excel 2013，先新建一个工作簿，在其中输入数据并计算出产品的销量，然后对表格样式进行美化，并备份表格。其具体操作如下：

STEP 01： 创建表格并设置字段

1. 在桌面上双击 Excel 2013 快捷方式图标，启动 Excel 2013，在打开的界面中选择"空白工作簿"选项，新建一个空白工作簿。
2. 在 Sheet1 工作表标签上双击鼠标，将其名称修改为"产品销量表"。
3. 在 A1 单元格中输入表格的名称为"产品销量表"。
4. 在 A2:G2 单元格区域中输入字段名称，包括"日期"、"产品编号"、"产品名称"、"销售地区"、"数量"、"单价"和"销售额"。

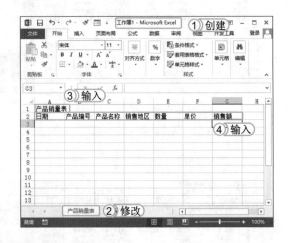

STEP 02： 填充字段内容

在表格中根据实际需要输入内容，这里主要输入"日期"、"产品编号"、"产品名称"、"销售地区"和"数量"等字段的值，然后适当调整表格的列间距，使数据能够完整显示。

读书笔记

提个醒 　该公式通过 IF 函数对不同的产品单价进行定价，其价格可根据实际需要来填充。

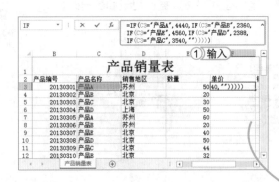

STEP 03： 使用公式填充产品单价

1. 选择 F3 单元格，在编辑栏中输入公式 =IF(C3="产品A",4440,IF(C3="产品B",2360,IF(C3="产品E",4560,IF(C3="产品D",2388,IF(C3="产品C",3540,"")))))，按 Enter 键，得到计算的结果。
2. 通过拖动控制柄的方法填充该列其他单元格的值，填充所有产品的单价。

STEP 04： 计算产品销售额

1. 选择 G3 单元格，在编辑栏中输入公式 =E3*F3，按 Enter 键，得到计算的结果。
2. 通过拖动控制柄的方法填充该列其他单元格的值，填充所有产品的销售额。

提个醒　产品销售额的值为"产品数量 × 产品单价"。为了方便表格制作，这里直接试用公式进行填充。

STEP 05： 设置表格样式

1. 选择 A1:G1 单元格区域，合并后居中该区域并设置其字体格式为"宋体"、"24 号"、"加粗"。
2. 选择表格其他内容区域，这里选择 A2:G65 单元格区域，单击【开始】/【样式】组中的"套用表格格式"按钮。
3. 在弹出的下拉列表中选择"表样式中等深线 14"选项。

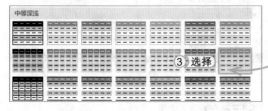

STEP 06： 查看表格效果

在打开的对话框中保持默认设置不变，单击 确定 按钮，应用设置。返回工作表中查看应用后的效果。

291

72
Hours

62
Hours

52
Hours

42
Hours

32
Hours

22
Hours

12
Hours

读书笔记

STEP 07: 设置货币格式

1. 选择单价和销售额所在列对应的单元格区域，这里选择 F3:G56 单元格区域。单击鼠标右键，在弹出的快捷菜单中选择"设置单元格格式"命令，在打开的对话框中选择"数字"选项卡。
2. 在"分类"列表框中选择"货币"选项。
3. 在"小数位数"数值框中输入 2。
4. 在"货币符号(国家/地区)"下拉列表框中选择"无"选项。
5. 单击 确定 按钮，应用设置。

STEP 08: 移动或复制工作表

在"产品销量表"工作表标签上单击鼠标右键，在弹出的快捷菜单中选择"移动或复制"命令。

提个醒 这里主要对"产品销量表"工作表进行复制操作，以便之后对数据进行汇总分析，使其既保留原始的销售数据，又能够查看到分析后的效果。

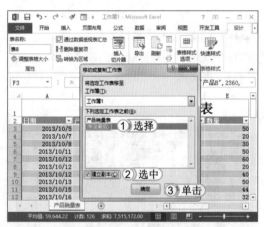

STEP 09: 复制工作表

1. 打开"移动或复制工作表"对话框，在"下列选定工作表之前"列表框中选择"移至最后"选项。
2. 选中对话框底部的 建立副本(C) 复选框。
3. 单击 确定 按钮，复制工作表。
4. 复制后的工作表自动以"产品销量表(2)"命名，将其名称修改为"产品销量表分析"。

提个醒 若不选中 建立副本(C) 复选框，则只移动工作表，而不进行复制。

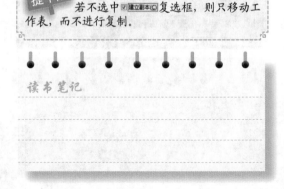

读书笔记

2. 数据汇总分析

下面将对"产品销售表分析"工作表中的数据进行分类汇总，先将其按照销售地区排序，再按照销售地区和产品名称进行分类汇总。其具体操作如下：

STEP 01： 转换列表为区域

1. 在"产品销售表分析"工作表中选择套用表格样式的 A2:G65 单元格区域。选择【设计】/【工具】组，单击"转换为区域"按钮。
2. 打开提示对话框，在其中单击 是(Y) 按钮将列表转换为区域。

> **提个醒**
> 在 Excel 中套用表格样式后，系统自动将套用该样式的单元格区域创建为列表，此时激活"设计"选项卡，且该列表区域不能进行汇总操作，因此，需要将其转换为普通的数据区域。

STEP 02： 排序数据

1. 选择表格区域中的任意一个单元格，在【数据】/【排序和筛选】组中单击"排序"按钮。
2. 打开"排序"对话框，在"主要关键字"下拉列表框中选择"销售地区"选项。
3. 单击 添加条件(A) 按钮，添加条件。
4. 在"次要关键字"下拉列表框中选择"产品名称"选项。
5. 单击 确定 按钮，以进行排序。

STEP 03： 设置分类汇总

1. 选择【数据】/【分级显示】组，单击其中的"分类汇总"按钮，打开"分类汇总"对话框。在"分类字段"下拉列表框中选择"销售地区"选项。
2. 在"汇总方式"下拉列表框中选择汇总方式为"求和"选项。
3. 在"选定汇总项"列表框中选中"数量"和"销售额"选项前的复选框，设置其为汇总的项目。
4. 单击 确定 按钮，完成分类汇总。

62
Hours

52
Hours

42
Hours

32
Hours

22
Hours

12
Hours

STEP 04: 再次分类汇总

返回工作表中即可看到表格中的数据自动按照销售地区进行汇总,并计算出每个地区的总销售额。再次单击【数据】/【分级显示】组中的"分类汇总"按钮。

> **提个醒**
> 再次单击"分类汇总"按钮,可以在已有分类汇总数据的基础上再次创建分类汇总,对数据更为详细地分析和查看。

STEP 05: 设置多级分类汇总

1. 打开"分类汇总"对话框,在"分类字段"下拉列表框中选择"产品名称"选项。
2. 在"汇总方式"下拉列表框中选择"求和"选项。
3. 在"选定汇总项"列表框中选中"数量"和"销售额"选项前的复选框,设置其为汇总的项目。
4. 取消选中"替换当前分类汇总(C)"复选框,以免之前的分类汇总效果被覆盖。
5. 单击"确定"按钮,完成分类汇总。

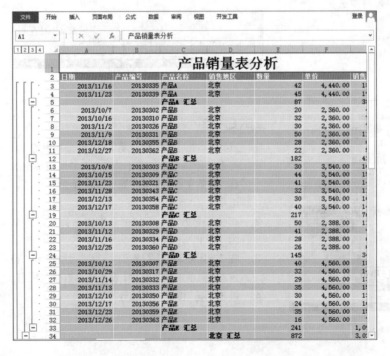

STEP 06: 查看效果

返回工作表即可查看到按销售地区和产品名称分类汇总后的效果。

读书笔记

3. 制作数据透视图

下面将在表格数据的基础上创建数据透视表，然后再对数据透视表的样式和数据分组等进行设置，创建出数据透视图并对其进行直观查看。其具体操作如下：

STEP 01： 准备插入数据透视表

1. 选择【插入】/【表格】组，单击"数据透视表"按钮，打开"创建数据透视表"对话框，选中"选择一个表或区域"单选按钮，在下面的"表/区域"文本框中输入需要引用的数据源，这里输入"产品销量表!$A$2:$G$65"。

2. 在"选择放置数据透视表的位置"栏中选中 ◉ 新工作表(N) 单选按钮。

3. 单击 确定 按钮，以完成操作。

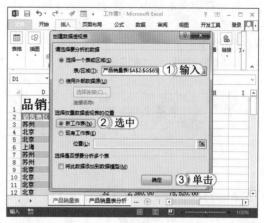

STEP 02： 添加数据透视表字段

此时自动新建一个 Sheet1 工作表，并创建一个空白的数据透视表，且打开"数据透视表字段"窗格。在"选择要添加到报表的字段"栏中将"产品名称"字段拖动到"行"列表框中，将"销售额"字段拖动到"值"列表框中，将"日期"字段拖动到"列"列表框中，以完成数据透视表内容的添加过程。

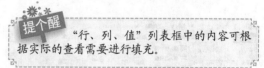
提个醒　　"行、列、值"列表框中的内容可根据实际的查看需要进行填充。

STEP 03： 选择"创建组"命令

1. 单击"数据透视表字段"窗格右上角的"关闭"按钮 × 关闭窗格。

2. 选择数据透视表中列标签所在区域的任意一个单元格，这里选择 B4 单元格，并在其上单击鼠标右键，在弹出的快捷菜单中选择"创建组"命令。

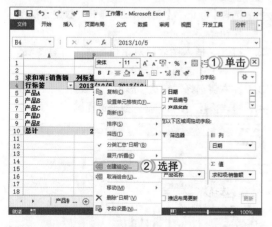

读书笔记

STEP 04: 插入图表

1. 打开"组合"对话框，选中 ☑起始于(S): 和 ☑终止于(E): 复选框。
2. 在其后的文本框中分别设置起始和终止的时间。
3. 在"步长"列表框中选择"月"选项。
4. 单击 确定 按钮，以完成设置。

提个醒 由于表格中的数据主要是 10 月~12 月的记录，因此，这里将其以月为单位进行显示。

STEP 05: 为数据透视表应用样式

选择【设计】/【数据透视表样式】组，在其后的下拉列表中选择"数据透视表样式浅色 24"选项，以美化数据透视表的样式。

提个醒 选择数据透视表样式时，最好选择色调与表格源数据颜色类似的样式，以统一表格风格，使表格样式更美观。

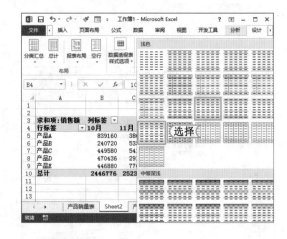

STEP 06: 创建数据透视图

1. 选择【分析】/【工具】组，单击"数据透视图"按钮。
2. 打开"插入图表"对话框，在"所有图表"选项卡中选择"柱形图"选项。
3. 在右侧选择"簇状柱形图"图表。
4. 单击 确定 按钮，插入数据透视图。

提个醒 如果用户不知道表格中的数据适合哪种类型的图表时，可在【分析】/【工具】组中单击"推荐的数据透视图"按钮，在打开的对话框中将为用户显示不同的图表方案，选择需要的选项进行创建即可。

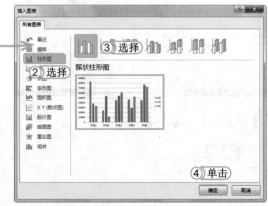

STEP 07： 更改图表颜色和样式

1. 选择【设计】/【图表样式】组，单击"更改颜色"按钮。
2. 在弹出的下拉列表中选择"彩色"栏的"颜色4"选项。
3. 在"快速样式"下拉列表中选择"样式6"选项。

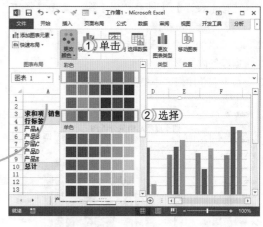
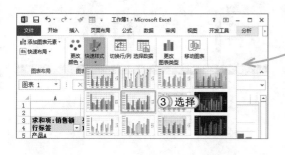

STEP 08： 设置图表区格式

选择【格式】/【形状样式】组，在"形状样式"下拉列表中选择"彩色轮廓-绿色，强调颜色6"选项，为图标区域应用样式。

读书笔记

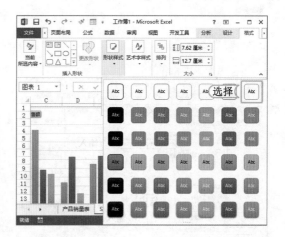

62
Hours

52
Hours

STEP 09： 添加图表标题

1. 选择【设计】/【图表布局】组，单击"添加图表元素"按钮。
2. 在弹出的下拉列表中选择"图表标题"/"图表上方"选项。
3. 系统默认添加名称为"图表标题"，将其修改为"四季度产品销量分析图"。

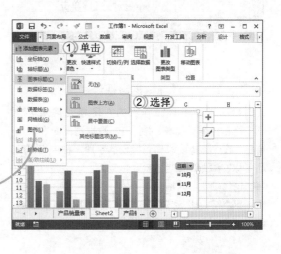
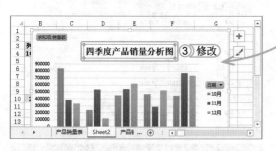

42
Hours

32
Hours

22
Hours

12
Hours

STEP 10: 添加数据标签

1. 选择【设计】/【图表布局】组，单击"添加图表元素"按钮 📊。
2. 在弹出的下拉列表中选择"数据标签"/"数据标签内"选项。
3. 适当调整图表大小使其完整显示。

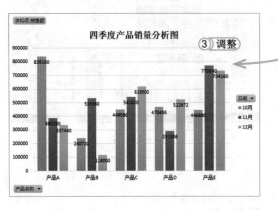

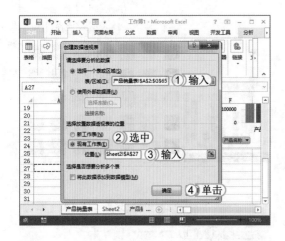

STEP 12: 添加数据透视表字段

此时自动在 Sheet1 工作表的 A27 单元格处新建一个空白数据透视表，并打开"数据透视表字段"窗格。在"选择要添加到报表的字段"栏中将"产品名称"字段和"日期"自动拖动到"行"列表框中，将"销售额"字段拖动到"值"列表框中，将"销售地区"字段拖动到"列"列表框中，以完成数据透视表内容的添加过程。

STEP 11: 创建数据透视表

1. 在工作表标签中选择"产品销量表"工作表，选择【插入】/【图表】组，单击"数据透视表"按钮 📊，打开"创建数据透视表"对话框。选中"选择一个表或区域"单选按钮，在下面的"表/区域"文本框中输入需要引用的数据源，这里输入"产品销量表!$A$2:$G$65"。
2. 在"选择放置数据透视表的位置"栏中选中 ⊙ 现有工作表(E) 单选按钮。
3. 在"位置"文本框中输入数据透视表的位置，这里输入 Sheet2!$A$27。
4. 单击 确定 按钮，插入数据透视表。

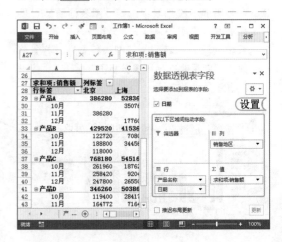

STEP 13： 应用数据透视表样式

选择【设计】/【数据透视表样式】组，在其中的下拉列表中选择"数据透视表中等深线样式28"选项，对该数据透视表应用样式。

提个醒

在数据透视表中可以看到，行中的日期自动以10月、11月和12月显示。这是因为在上一个数据透视表中已经对日期类型的数据创建分组。

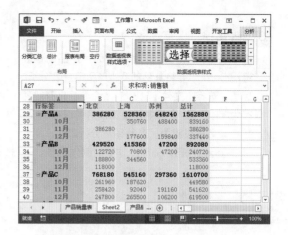

72⊠
Hours

STEP 14： 创建数据透视图

1. 选择【分析】/【工具】组，单击"数据透视图"按钮。打开"插入图表"对话框，在"所有图表"选项卡中选择图表的类型为"柱形图"。
2. 在右侧列表中选择"簇状柱形图"选项。
3. 单击 确定 按钮，插入数据透视图。

62
Hours

52
Hours

STEP 15： 编辑图表

使用相同的方法对图表的布局样式、颜色方案、设计样式和图表区样式等进行设置，这里主要应用"设计"/"快速布局"/"布局5"、"设计"/"更改颜色"/"彩色"/"颜色3"、"设计"/"图表样式"/"样式6"、"格式"/"形状样式"/"彩色填充-蓝色，强调颜色5"，然后修改对应的图表标题和坐标轴标题即可。

42
Hours

32
Hours

读书笔记

22
Hours

12
Hours

STEP 16： 保存表格

1. 将 Sheet1 工作表的名称修改为"产品销量表透视分析"，并将其移动到"产品销量表分析"后面。选择【文件】/【保存】命令，打开"另存为"对话框，在其中设置工作簿的保存路径，并将其名称设置为"产品销量分析表"。
2. 单击 保存(S) 按钮，完成工作表的制作过程。

10.3 练习 3 小时

本章主要通过两个例子巩固 Excel 2013 中各种知识的操作方法，包括工作簿的基本操作、工作表的基本操作、数据排序与汇总、公式与函数、图表、数据透视表和数据透视图，以对本书所学知识进行综合练习。用户为在日常工作中熟练使用它们，还需再不断进行实践操作。下面将再通过 3 个练习进一步巩固这些知识的使用方法。

1. 练习 1 小时：制作家庭收支表

本例将制作"家庭收支表 .xlsx"工作簿，此表格的制作难度并不大，只是较为繁琐，制作时应仔细设置，先设计表格的框架，然后设置表格格式并输入对应的内容，最后再计算出收支差额，并通过图表的形式对每项费用的计划支出与实际支出数据进行对比。制作的最终效果如下图所示。

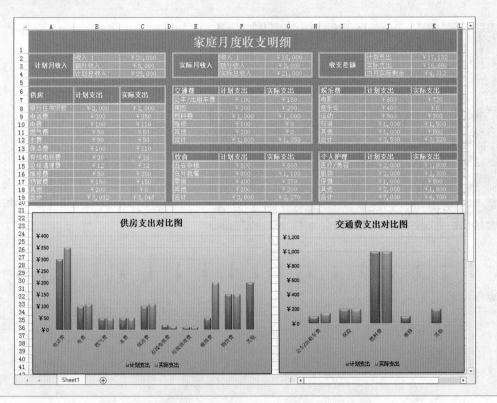

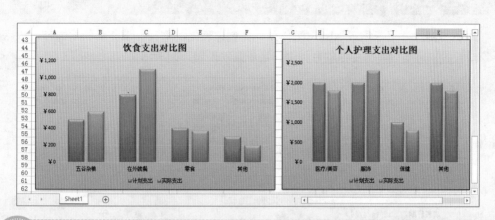

光盘
文件

效果 \ 第10章 \ 家庭收支表.xlsx

实例演示 \ 第10章 \ 制作家庭收支表

2. 练习1小时：分析产品销售趋势

本例将制作"产品销售趋势分析.xlsx"工作簿，先创建表格并输入对应的产品销售数据，然后再创建图表，并设置图表类型为折线图，然后对表格样式进行美化，并添加趋势线，预测产品下一阶段的销售趋势。最终效果如下图所示。

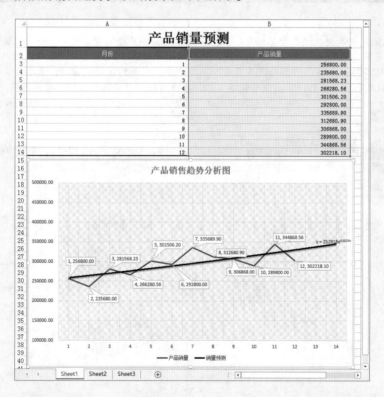

62
Hours

52
Hours

42
Hours

32
Hours

光盘
文件

效果 \ 第10章 \ 产品销售趋势分析.xlsx

实例演示 \ 第10章 \ 分析产品销售趋势

22
Hours

12
Hours

③. 练习1小时：制作记账凭证

本例将制作"记账凭证.xlsx"工作簿，先创建表格的框架并填充需要的内容，然后根据公式与函数自动计算出金额的合计值。其最终效果如下图所示。

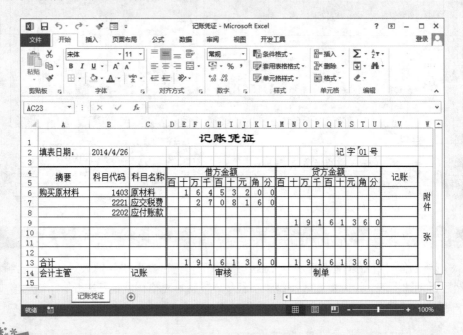

提个醒 　记账凭证是企业进行账务处理的依据，用于反映企业经济业务的基本情况，其内容主要包括记账凭证名称、填制记账凭证的单位名称、凭证的填制日期和编码号、经济业务的内容、会计科目代码、科目名称、金额、附单据数及有关人员签章等。在制作记账凭证时，需要如实填写记账凭证中的科目代码和科目名称，然后制作记账凭证，再使用公式和函数计算借贷方的金额。

光盘 文件

效果 \ 第 10 章 \ 记账凭证.xlsx

实例演示 \ 第 10 章 \ 制作记账凭证

读书笔记

附录A Excel 常用快捷键

续表

操 作 键	含 义
Ctrl+P	切换到"打印"界面
Ctrl+PageUp	移动到工作簿中的上一张工作表
Ctrl+Home	移动到工作表的开头
Alt+PageDown	向右移动一位
Shift+Ctrl+PageDown	选择当前工作表和下一张工作表
Ctrl+PageDown	取消选择多张工作表
Ctrl+Shift+&	对选择的单元格应用外边框
End	移动到窗口右下角的单元格
Ctrl+Space	选择整列
Ctrl+6	在隐藏、显示对象和显示对象占位符之间进行切换
Ctrl+[	选取由选中区域的公式直接引用的所有单元格
Alt+Enter	在单元格中换行
Ctrl+Y	重复上一次操作
Ctrl+R	向右填充
Ctrl+;	输入日期
Alt+=	使用 SUM 函数插入"自动求和"公式
Ctrl+Shift++	插入空白单元格
Ctrl+Shift+%	应用不带小数位的"百分比"格式
Ctrl+Shift+#	应用含年、月、日的"日期"格式
Ctrl+Shift+@	应用含小时和分钟并标明上午或下午的"时间"格式
Shift+F11	插入新工作表

操 作 键	含 义
Ctrl+PageDown	移动到工作簿中的下一张工作表
Ctrl+End	移动到工作表的最后一个单元格
Alt+PageUp	向左移动一位
Ctrl+Shift+PageUp	选择当前工作表和上一张工作表
Home	移动到行首或窗口左上角的单元格
Shift+F4	重复上一次查找操作
End+ 箭头	在一行或一列内以数据块为单位移动
Shift+Space	选择整行
Ctrl+Shift+*	选择活动单元格周围的当前区域
Ctrl+]	选择包含直接引用活动单元格的公式的单元格
Ctrl+Enter	用当前输入项填充选择的单元格区域
Ctrl+D	向下填充
Ctrl+Shift+:	插入时间
Shift+F3	在公式中显示"插入函数"对话框
Ctrl+Delete	删除插入点到行末的文本
Ctrl+9	隐藏选择行
Ctrl+Shift+^	应用带两位小数位的"科学记数"数字格式
Ctrl+Shift+$	应用带两位小数的"货币"格式
Ctrl+Shift+)	取消选择区域内的所有隐藏列的隐藏状态

附录 B Excel 常用函数

一、日期与时间函数

续表

函 数	说 明	函 数	说 明
DATE	返回表示特定日期的连续序列号	NETWORKDAYS. INTL	返回两个日期之间的所有工作日数
DATEVALUE	将存储为文本的日期转换为 Excel 识别的日期序列号	NOW	返回日期时间格式的当前日期时间
DAY	返回以序列数表示的某日期的天数，天数是介于 1~31 之间的整数	SECOND	返回时间值的秒数，秒数是 0（零）~59 范围内的整数
DAYS	返回两个日期之间的天数	TIME	返回特定时间的十进制数字
DAYS360	按照一年 360 天的算法返回两个日期间相差的天数	TIMEVALUE	返回由文本字符串表示的时间的十进制数字
EDATE	返回表示某个日期的序列号，该日期与指定日期相隔之前或之后的月份数	TODAY	返回日期格式的当前日期
		WEEKDAY	返回对应于某个日期的一周中的第几天
EOMONTH	返回某个月份最后一天的序列号	WORKDAY.INTL	返回指定的若干个工作日之前或之后的日期的序列号，周末参数指明周末有几天以及是哪几天
HOUR	返回时间值的小时数，小时数是介于 0(12:00 A.M.)~23 (11:00 P.M.) 之间的整数	WEEKNUM	返回特定日期的周数
ISOWEEKNUM	返回给定日期在全年中的 ISO 周数	WORKDAY	返回在某日期（起始日期）之前或之后、与该日期相隔指定工作日的某一日期的日期值
MINUTE	返回时间值中的分钟，其值是介于 0~59 之间的整数		
MONTH	返回日期中的月份，其值是介于 1~12 之间的整数	YEAR	返回对应于某个日期的年份。Year 作为 1900~9999 之间的整数返回
NETWORKDAYS	返回两个日期之间的完整工作日数	YEARFRAC	返回一个年数，表示两个日期之间的整天天数

二、数学与三角函数

续表

函 数	说 明	函 数	说 明
ABS	返回数字的绝对值	ACOSH	返回数字的反双曲余弦值
ACOS	返回数字的反余弦值	ACOT	返回数字的反余切值的主值

续表

函 数	说 明
ACOTH	返回数字的反双曲余切值
AGGREGATE	返回列表或数据库中的合计
ARABIC	将罗马数字转换为阿拉伯数字
ASIN	返回数字的反正弦值
ASINH	返回数字的反双曲正弦值
ATAN	返回数字的反正切值
ATAN2	返回给定的 X 轴及 Y 轴坐标值的反正切值
ATANH	返回数字的反双曲正切值
BASE	将数字转换为具备给定基数的文本表示
CEILING.MATH	将数字向上含入为最接近的整数或最接近的指定基数的倍数
COMBIN	返回给定数目项目的组合数
COMBINA	返回给定数目的项组合数（包含重复）
COS	返回已知角度的余弦值
COSH	返回数字的双曲余弦值
COT	返回以弧度表示的角度的余切值
COTH	返回一个双曲角度的双曲余切值
CSC	返回角度的余割值，以弧度表示
CSCH	返回角度的双曲余割值，以弧度表示
DECIMAL	按指定基数将数字的文本表示形式转换成十进制数
DEGREES	将弧度转换为度
EVEN	返回数字向上含入到的最接近的偶数
EXP	返回 e 的 n 次幂
FACT	返回数的阶乘
FACTDOUBLE	返回数字的双倍阶乘
FLOOR.MATH	将数字向下含入为最接近的整数或最接近的指定基数倍数
GCD	返回两个或多个整数的最大公约数

续表

函 数	说 明
INT	将数字向下含入到最接近的整数
LCM	返回整数的最小公倍数
LN	返回数字的自然对数
LOG	根据指定底数返回数字的对数
LOG10	返回数字以 10 为底的对数
MDETERM	返回一个数组的矩形阵行列式的值
MINVERSE	返回数组中存储的矩阵的逆矩阵
MMULT	返回两个数组的矩阵乘积
MOD	返回两数相除的余数
MROUND	返回参数按指定基数含入后的数值
MULTINOMIAL	返回参数和的阶乘与各参数阶乘乘积的比值
MUNIT	返回指定纬度的单位矩阵
ODD	返回数字向上含入到的最接近的奇数
PI	返回数字 3.14159265358979（数学常量 pi），精确到 15 个数字
POWER	返回数字乘幂的结果
PRODUCT	计算所以参数的乘积
QUOTIENT	返回除法的整数部分
RADIANS	将度数转换为弧度
RAND	返回大于等于 0 且小于 1 的均匀分布随机实数
RANDBETWEEN	返回位于两个指定数之间的一个随机整数
ROMAN	将阿拉伯数字转换为文字形式的罗马数字
ROUND	将数字四舍五入到指定的位数
ROUNDDOWN	朝着零的方向将数字进行向下含入
ROUNDUP	朝着远离 0（零）的方向将数字进行向上含入
SEC	返回角度的正割值，角度以弧度表示，小于 2^27

305

72图
Hours

62
Hours

52
Hours

42
Hours

32
Hours

22
Hours

12
Hours

函　数	说　明
SECH	返回角度的双曲正割值
SERIESSUM	返回基于公式的幂级数的和
SIGN	返回数字的正负号
SIN	返回已知角度的正弦
SINH	返回数字的双曲正弦
SQRT	返回正的平方根
SQRTPI	返回某数与 pi 的乘积的平方根
SUBTOTAL	返回列表或数据库中的分类汇总
SUM	对参数进行求和
SUMIF	对区域中符合指定条件的值求和
SUMIFS	对区域中满足多个条件的单元格求和

函　数	说　明
SUMPRODUCT	在给定的几组数组中，将数组间对应的元素相乘，并返回乘积之和
SUMSQ	返回参数的平方和
SUMX2MY2	返回两数组中对应数值的平方差之和
SUMX2PY2	返回两数组中对应值的平方和之和
SUMXMY2	返回两数组中对应数值之差的平方和
TAN	返回已知角度的正切
TANH	返回数字的双曲正切
TRUNC	将数字截为整数或保留指定位数的小数

三、统计函数

函　数	说　明
AVEDEV	返回一组数据点计算平均值的绝对偏差的平均值
AVERAGE	返回参数的平均值（算术平均值）
AVERAGEA	计算参数列表中数值的平均值（算术平均值）
CORREL	返回 Array1 和 Array2 单元格区域的相关系数
COUNT	计算包含数字的单元格以及参数列表中数字的个数
COUNTA	计算区域中不为空的单元格的个数
COUNTBLANK	计算指定单元格区域中空白单元格的个数
COUNTIF	统计某个区域内符合指定的单个条件的单元格数量
COUNTIFS	将条件应用于单元格区域，并计算符合所有条件的次数
COVARIANCE.P	返回总体协方差，即两个数据集中每对数据点的偏差乘积的平均数

函　数	说　明
COVARIANCE.S	返回样本协方差，即两个数据集中每对数据点的偏差乘积的平均值
DEVSQ	返回各数据点与数据均值点之差（数据偏差）的平方和
EXPON.DIST	返回指数分布
FORECAST	根据现有值计算或预测未来值
FREQUENCY	计算数值在某个区域内的出现频率，然后返回一个垂直数组
GEOMEAN	返回一组正数数据或正数数据区域的几何平均值
GROWTH	使用现有数据计算预测的指数等比
HARMEAN	返回一组数据的调和平均值
HYPGEOM.DIST	返回超几何分布。如果已知样本量、总体成功次数和总体大小，则 HYPGEOM. DIST 返回样本取得已知成功次数的概率

续表

函 数	说 明
INTERCEPT	利用已知的 x 值与 y 值计算直线与 y 轴交叉点
KURT	返回一组数据的峰值
LARGE	返回数据集中第 k 个最大值
LINEST	返回线性回归方程的参数
LOGEST	返回指数回归拟合曲线方程的参数
LOGNORM.DIST	返回 x 的对数分布函数
LOGNORM.INV	返回具有给定概率的对数正态分布函数的区间点
MAX	返回一组值中的最大值
MAXA	返回参数列表中的最大值
MEDIAN	返回一组已知数字的中值
MIN	返回一组值中的最小值
MINA	返回参数列表中的最小值
PERCENTRANK.INC	返回特定数值在一组数中的百分比排名
PERMUT	返回可从数字对象中选择的给定数目对象的排列数

续表

函 数	说 明
PERMUTATIONA	返回可从对象总数中选择的给定数目对象（含重复）的排列数
RANKEQ	返回一列数字的数字排位
SLOPE	返回通过 known_y's 和 known_x's 中数据点的线性回归线的斜率
SMALL	返回数据集中的第 k 个最小值
STDEV.P	计算基于以参数形式给出的整个样本总体的标准偏差
STDEV.S	基于样本估算标准偏差
STDEVA	根据样本估计标准偏差
STEYX	返回通过线性回归法预测每个 x 的 y 值时所产生的标准误差
TREND	返回线性趋势值
TRIMMEAN	返回数据集的内部平均值

307

72图
Hours

62
Hours

四、财务函数

续表

函 数	说 明
ACCRINT	返回定期付息证券的应计利息
ACCRINTM	返回在到期日支付利息的有价证券的应计利息
AMORDEGRC	返回每个结算期间的折旧值
AMORLINC	返回每个结算期间的折旧值
COUPDAYBS	返回从付息期开始到结算日的天数
COUPDAYS	返回结算日所在的付息期的天数
COUPDAYSNC	返回从结算日到下一票息支付日之间的天数
COUPNCD	返回一个表示在结算日之后下一个付息日的数字
COUPNUM	返回在结算日和到期日之间的付息次数，向上含入到最近的整数

续表

函 数	说 明
COUPPCD	返回表示结算日之前的上一个付息日的数
CUMIPMT	返回两个付款期之间为贷款累积支付的利息
CUMPRINC	返回一笔贷款在给定期间累计偿还的本金金额
DB	使用固定余额递减法，计算一笔资产在给定期间内的折旧值
DDB	用双倍余额递减法或其他指定方法，返回指定期间内某项固定资产的折旧值
DISC	返回有价证券的贴现率
DOLLARDE	将以分数表示的货币值转换为用小数表示的货币值
DOLLARFR	将小数转换为分数表示的金额数字，如证券价格等

52
Hours

42
Hours

32
Hours

22
Hours

12
Hours

函　数	说　明
DURATION	返回定期支付利息的债券的年持续时间
EFFECT	计算有效的年利率
FV	返回某项投资的未来值
FVSCHEDULE	返回应用一系列复利率计算的初始本金的未来值
INTRATE	返回完全投资型证券的利率
IPMT	返回给定期数内对投资的利息偿还额
IRR	返回由值中的数字表示的一系列现金流的内部收益率
ISPMT	计算在特定投资期内要支付的利息
MIRR	返回一系列定期现金流的修改后内部收益率
NOMINAL	返回名义年利率
NPER	返回某项投资的总期数
NPV	使用贴现率和一系列未来支出（负值）和收益（正值）来计算一项投资的净现值
PMT	根据固定付款额和固定利率计算贷款的付款额
PPMT	返回根据定期固定付款和固定利率而定的投资在已知期间内的本金偿付额

函　数	说　明
PRICE	返回定期付息的面值￥100的有价证券的价格
PV	返回投资的现值
RATE	返回未来款项的各期利率
RECEIVED	返回一次性付息的有价证券到期收回的金额
RRI	返回投资增长的等效利率
SLN	返回一个期间内的资产的直线折旧值
SYD	返回在指定期间内资产按年限总和折旧法计算的折旧值
TBILLEQ	返回国库券的等效收益率
TBILLPRICE	返回面值￥100的国库券的价格
TBILLYIELD	返回国库券的收益率
VDB	使用双倍余额递减法或其他指定方法，返回一笔资产在给定期间（包括部分期间）内的折旧值
XIRR	返回一组不一定定期发生的现金流的内部收益率
XNPV	返回一组现金流的净现值，这些现金流不一定定期发生
YIELD	返回定期支付利息的债券的收益

五、查找与引用函数

函　数	说　明
ADDRESS	根据指定行号和列号获得工作表中的某个单元格的地址
AREAS	返回引用中的区域个数
CHOOSE	根据给定的索引值，从参数串中选出相应值或操作
COLUMN	返回指定单元格引用的列号
COLUMNS	返回数组或引用的列数
FORMULATEXT	以字符串的形式返回公式
GETPIVOTDATA	返回存储在数据透视表中的数据

函　数	说　明
HLOOKUP	在表格的首行或数值数组中搜索值，然后返回表格或数组中指定行的所在列中的值
HYPERLINK	创建快捷方式或跳转，以打开存储在网络服务器、Intranet 或 Internet 上的文档
INDEX	返回表格或区域中的值或值的"引用"
INDIRECT	返回由文本字符串指定的"引用"

续表

函 数	说 明
LOOKUP	从单行或单列区域或数组返回值
MATCH	在单元格区域中搜索指定项，然后返回该项在单元格区域中的相对位置
OFFSET	返回对单元格或单元格区域中指定行数和列数的区域的"引用"

续表

函 数	说 明
ROW	返回引用的行号
ROWS	返回引用或数组的行数
RTD	从支持 COM 自动化的程序中检索实时数据
TRANSPOSE	返回转置单元格区域
VLOOKUP	搜索某个单元格区域的第一列，然后返回该区域相同行上任何单元格中的值

六、文本函数

续表

函 数	说 明
ASC	将双字节字符转换成单字节字符
CHAR	返回对应于数字代码的字符
CODE	返回文本字符串中第一个字符的数字代码
CONCATENATE	将最多 255 个文本字符串合并为一个文本字符串
DOLLAR	按照货币格式和给定的小数位数将数字转换为文本
EXACT	比较两个文本字符串
FIND	返回一个字符串在另一个字符串中出现的起始位置（区分大小写）
FINDB	在一文字串中搜索另一文字串的起始位置，区分大小写，并与双字节字符集一起使用
LEFT	从文本字符串的第一个字符开始返回指定个数的字符
LEFTB	基于所指定的字节数返回文本字符串中的第一个或前几个字符
LEN	返回文本字符串中的字符个数
LENB	返回文本字符串中用于代表字符的字节数
LOWER	将一个文本字符串中的所有大写字母转换为小写字母

函 数	说 明
MID	返回文本字符串中从指定位置开始的特定数目的字符，该数目由用户指定
MIDB	根据指定的字节数，返回文本字符串中从指定位置开始的特定数目的字符
PROPER	将文本字符串首字母及文字中任何非字母字符之后的任何其他字母转换成大写，将其余字母转换为小写
REPT	将文本重复一定次数
RIGHT	根据所指定的字符数返回文本字符串中最后一个或多个字符
RIGHTB	返回字符串最右侧指定数目的字符。与双字节字符集（DBCS）一起使用
RMB	用货币格式将数值转换为文本字符串
SEARCH	返回一个指定字符或文本字符串在字符串中第一次出现的位置，从左到右开始查找且不区分大小写
SEARCHB	返回特定字符或文本字符串从左到右第一个被找到的字符数值，不区分大小写，与双字节字符集一起使用

72☒ Hours
62 Hours ▲
52 Hours ▲
42 Hours ▲
32 Hours ▲
22 Hours ▲
12 Hours ▲

函　数	说　明
TEXT	将数值转换为文本
TRIM	除了单词之间的单个空格之外，移除文本中的所有空格
UNICHAR	返回给定数值引用的 Unicode 字符

函　数	说　明
UNICODE	返回对应于文本的第一个字符的数字（代码点）。
UPPER	将文本转换为大写字母
VALUE	将表示数字的文本字符串转换为数字

七、逻辑函数

函　数	说　明
AND	所有参数的计算结果为 TRUE 时，返回 TRUE；只要有一个参数的计算结果为 FALSE，即返回 FALSE
FALSE	返回逻辑值 FALSE
IF	如果指定条件的计算结果为 TRUE，IF 函数将返回某个值；如果该条件的计算结果为 FALSE，则返回另一个值
IFERROR	如果公式的计算结果错误，则返回指定的值，否则返回公式的结果
IFNA	如果公式返回错误值 #N/A，则结果返回指定的值，否则返回公式的结果
NOT	对参数值求反。要确保一个值不等于某一特定值时，可以使用 NOT
OR	在其参数组中，任何一个参数逻辑值为 TRUE，即返回 TRUE；当所有参数的逻辑值均为 FALSE，即返回 FALSE
TRUE	返回逻辑值 TRUE
XOR	返回所有参数的逻辑"异或"值

八、信息函数

函　数	说　明
CELL	返回有关单元格的格式、位置或内容的信息
ERROR.TYPE	返回对应于 Microsoft Excel 中的错误值之一的数字或返回 #N/A 错误
ISISBLANK	检查是否引用空单元格，返回 TRUE 或 FALSE
ISERR	值为任意错误值（除去 #N/A）
ISERROR	值为任意错误值（#N/A、#VALUE!、#REF!、#DIV/0!、#NUM!、#NAME? 或 #NULL!）

函　数	说　明
ISLOGICAL	检测一个值是否是逻辑值（TRUE 或 FALSE）；返回 TRUE 或 FALSE
ISNA	值为错误值 #N/A（值不存在）
ISNONTEXT	值为不是文本的任意项（注意，此函数在值为空单元格时返回 TRUE）
ISNUMBER	值为数值
ISREF	值为"引用"
ISTEXT	值为文本
PHONETIC	提取文本字符串中的拼音字符
TYPE	返回数值的类型

附录 C 秘技连连看

1. 一次性打开多个工作簿

一次性打开多个工作簿有以下 4 种技巧：

🗝️ 打开工作簿（*.xlsx）所在的文件夹，按住 Shift 键或 Ctrl 键的同时，用鼠标选择相邻或不相邻的多个工作簿，单击鼠标右键，在弹出的快捷菜单中选择"打开"命令，系统则启动 Excel 2013，并将所选择的工作簿全部打开。

🗝️ 将需要一次打开的多个工作簿文件复制到 C:\Windows\Application Data\Microsoft\Excel\ XLSTART 文件夹中，重新启动 Excel 2013 时，该文件夹中的所有工作簿也同时被打开。

🗝️ 启动 Excel 2013，选择【工具】/【选项】命令，打开"Excel 选项"对话框，在左侧的列表框中选择"高级"选项卡，在"启动时打开此目录中的所有文件"其后的方框中输入一个文件夹的完整路径（如 E:\excel），单击 确定 按钮，然后将需要同时打开的工作簿复制到上述文件夹中。以后当启动 Excel 2013 时，上述文件夹中的所有文件（包括非 Excel 格式的文档）被全部打开。

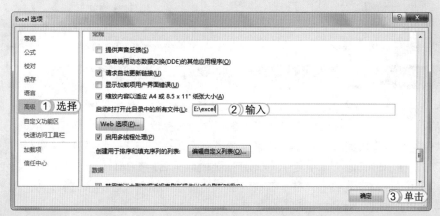

🗝️ 在 Excel 2013 中，选择【文件】/【打开】命令，在打开的对话框中按住 Shift 键或 Ctrl 键，选择彼此相邻或不相邻的多个工作簿，然后单击 打开(O) 按钮，可以一次打开多个工作簿。

2. 快速输入相同的数据

需要输入相同数据的单元格区域不连续时，就无法运用快速填充的操作来实现。这时可利用 Ctrl 键选择需要输入相同数据的单元格或单元格区域，直接输入需要的数据，然后按 Ctrl+Enter 组合键即可。

3. 输入以 0 开头的数据

在 Excel 单元格中输入以 0 开头的编号时，如输入 01 或 001，按 Enter 键，后将自动变成 1。此时，就可用文本格式和自定义方式来输入这类数据。其输入方法分别介绍如下。

🔑 **用文本格式输入：** 选择需要输入以 0 开头数据的单元格，单击鼠标右键，在弹出的快捷菜单中选择"设置单元格格式"命令，在打开的"设置单元格格式"对话框的"分类"列表框中选择"文本"选项，单击 确定 按钮，然后在单元格中输入数据即可。

🔑 **以自定义方式输入：** 与文本格式输入的方法类似，选择需要输入数据的单元格，在打开的"设置单元格格式"对话框中的"分类"列表框中选择"自定义"选项，在右侧的列表框中选择 @ 选项，单击 确定 按钮，即可在设置的单元格中输入以 0 开头的数据。

4. 自动输入小数点

在工作表中输入数据时，若需要输入大量带有相同小数位数的数据，可使用 Excel 2013 自带的小数点输入功能，从而提高输入速度。其方法为：在单元格中输入数据后，选择【文件】/【选项】命令，打开"Excel 选项"对话框，在左侧选择"高级"选项，在右侧的"编辑选项"栏中单击选中 ☑ **自动插入小数点(D)** 复选框，在"位数"数值框中输入需设定小数点的位数，单击 确定 按钮，此时再输入小数时就不需输入小数点，系统自动进行添加。

5. 用替换的方法快速输入特殊符号

有时需要在工作表中多次输入同一个文本，特别是多次输入一些特殊符号（如 ※）时，如果手动输入，不仅操作麻烦，而且还影响数据的录入速度，此时可以考虑使用查找和替换的方法来快速输入这些数据。其方法为：在需要的位置输入一个用于代替特殊字符的字母，如 A（该字母不能与表格中的其他文本重复），输入所需要的数据后，按 Ctrl+F 组合键打开"查找和替换"对话框，选择"替换"选项卡，在"查找内容"文本框中输入代替的字母 A，在"替换为"文本框中输入 ※，单击 确定 按钮即可全部替换。

6. 快速为数据添加单位

制作表格时，可能需要为输入的数值添加单位（如"元"、"台"、"袋"等）。当数据量较少时，用户可采用直接输入数据的方法来进行添加；若数据量较大，则可通过自定义单元格格式的方法来进行添加。其方法为：选择需要加入单位的单元格或单元格区域（注：该方法仅限于数值），按 Ctrl+1 组合键或单击鼠标右键，在弹出的快捷菜单中选择"设置单元格格式"命令，打开"设置单元格格式"对话框，选择"数字"选项卡，在"分类"列表框中选择"自定义"选项，再在右侧的"类型"文本框中输入 #+"单位"，单击 确定 按钮后，单位即可一次性添加到相应数值后面。

7. 让单元格中的零值不显示

在制作财务类表格时，单元格中经常会输入零值，但有时并不便于表格的编辑操作，此时，就可将单元格中的零值隐藏起来，待需要时再将其显示出来即可。其方法为：打开"Excel 选项"对话框，选择"高级"选项，在"此工作表的显示选项"栏中取消选中 ☐ 在具有零值的单元格中显示零(Z) 复选框，单击 确定 按钮应用设置即可。

8. 快速定位含有条件格式的单元格

需要查看工作表中含有条件格式的单元格时，可通过定位条件功能来进行快速定位。在工作表中选择【开始】/【编辑】组，单击"查找和替换"按钮 🔍，在弹出的下拉列表中选择"定位条件"选项，打开"定位条件"对话框，在"选项"栏中选中 ⦿ 条件格式(T) 单选按钮，再单击 确定 按钮，即可快速选择工作表中含有条件格式的单元格区域。

9. 自动求和

Excel 为用户提供了十分智能的自动求和功能，只要表格中需要进行求和的数据在水平或垂直方向上并排在一起，即可通过自动求和来进行计算。其方法为：选择求和结果的单元格，选择【开始】/【编辑】组，单击"求和"按钮 Σ，系统自动判断求和区域，然后按 Enter 键即可自动计算出其总值。

10. 隐藏和禁止编辑公式

为了保护工作表中的公式不被其他用户编辑或修改，可对单元格进行设置，使其隐藏或禁止编辑公式。其方法为：选择需隐藏公式的单元格区域，按 Ctrl+1 组合键，打开"设置单元格格式"对话框，选择"保护"选项卡，选中 ☑ 隐藏(I) 复选框，单击 确定 按钮，以保存设置。再选择【审阅】/【更改】组，单击"保护工作表"按钮 🔒，打开"保护工作表"对话框，选中 ☑ 保护工作表及锁定的单元格内容(C) 复选框，单击 确定 按钮即可。

11. 在绝对引用与相对引用之间切换

在 Excel 中创建公式时，有时需要对单元格的"引用"进行设置，如相对引用和绝对引用。若通过直接输入或修改公式的方法来进行操作，其效率较低，且容易出错，此时就可以通过按 F4 键来进行切换。当公式中的单元格引用为相对引用时，按一次 F4 键可切换到绝对引用，按两次 F4 键可切换到混合引用。

12. 使用公式记忆方式输入函数

要启用记忆式输入功能，只需打开"Excel 选项"对话框，在"高级"选项卡的"编辑选项"栏中选中 ☑ 为单元格值启用记忆式键入(A) 复选框即可。启用记忆式输入功能后，即使只能正确输入公式的开头字母部分，也可快速输入所需公式，如在编辑栏中输入 =S 后，Excel 自动弹出所有以 S 开头的函数或名称的下拉列表。随着进一步输入函数的其他字母，下拉列表将缩小范围，用户可通过双击鼠标或按 Tab 键将列表中所需的函数选项添加到编辑栏中。

13. 快速调换数据行列

在默认情况下，图表的数据系列一般都是数据源中的一行，若有需要，也可通过设置将其

313

72⊠
Hours

62
Hours
▲

52
Hours
▲

42
Hours
▲

32
Hours
▲

22
Hours
▲

12
Hours
▲

切换为数据源中的一列。其方法为：选择图表，选择【设计】/【数据】组，单击"切换行/列"按钮 即可。

14. 巧用组合图

Excel 2013 提供了组合图功能，也就是说在一个图表中可包含两种或两种以上图表类型。在 Excel 2013 中使用组合图的方法为：选择工作表中选择需要创建组合图的数据，打开"插入图表"对话框，在左侧选择"组合"选项，在右侧选择组合类型，在下方查看选择的组合图效果，确定后单击 确定 按钮即可。

15. 快速选择图表元素

快速选择图表元素方法主要有以下 3 种：

🔑 选择图表的任何一部分以后，通过使用左、右方向键在不同的数据系列之间进行切换。

🔑 使用向上或向下的方向键可以选择主要的图表元素。

🔑 单击可选择需要的图表元素，再次单击可选择该类型下具体的某个内容，包括每一个数据系列中的单个数据点，以及图例中的图例符号和文本。

16. 删除数据系列

对于图表中多余的数据系列，用户还可根据实际情况将其删除。删除数据系列的方法有两种，分别介绍如下。

🔑 按快捷键删除：在图表中选择需要删除的数据系列，按 Delete 键，可以直接删除。

🔑 通过对话框删除：打开"选择数据源"对话框，在列表框中选择需要删除的数据系列选项，单击 ✕ 删除(R) 按钮，也可将其删除。

17. 将图表另存为图片文件

在 Excel 2013 中可将图表另存为图片文件，以将其插入到其他需要的文档中。其方法为：打开"另存为"对话框，在"保存类型"下拉列表框中选择"网页（*.htm，*.html）"选项，然后单击 保存(S) 将图表保存为图片，之后在保存位置打开工作簿生成的文件夹，打开该文件夹（后缀名为 .files），在其中便可找到图表对应的图片（后缀名为 .png），通过照片查看器查看生成的图表图片即可。

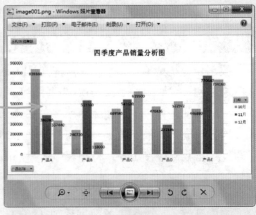

附录 D 72 小时后该如何提升

在创作本书时，虽然作者已尽可能设身处地为读者着想，希望能解决读者遇到的所有与电子表格处理相关的问题，但仍不能保证面面俱到。如果读者想学到更多的知识，或学习过程中遇到困惑，还可以采取下面的渠道。

1. 加强实际操作

俗话说："实践出真知。"在书本中学到的理论知识未必能完全融会贯通，此时就需要按照书中所讲的方法进行上机实践，在实践中巩固基础知识，加强自己对知识的理解，以将其运用到实际的工作生活中。

2. 总结经验和教训

在学习过程中，难免会因为对知识不熟悉而造成各种错误，此时可将易犯的错误记录下来，并多加练习，增加对知识的熟练程度，减少以后操作的失误，提高日常工作的效率。

3. 加深对数据分析、计算的学习

Excel 与其他办公软件的最大区别在于，可以通过公式与函数进行数据的分析与计算；通过分类汇总对数据进行汇总；通过图表和数据透视表/图等对数据进行统计分析。在学习这些知识的过程中，不仅要重点学习，还要对这些知识进行深入的探索与研究，将 Excel 表格中大量的数据以最简单的方式进行处理，实现真正的办公自动化。以下列举的问题就需要用户深入研究并进行掌握：

🔑 每种函数的用法。

🔑 哪些函数进行嵌套可以达到事半功倍的效果。

🔑 哪种类型的数据适合哪种图表。

🔑 什么类型的数据适合使用数据透视表和透视图进行分析。

4. 吸取他人经验

学习知识时应灵活，若在学习过程中遇到不懂或不易处理的内容，可多看专业的电子表格制作者制作的表格模板，借鉴他人的经验进行学习，这不仅可以提高自己制作表格的速度，更能增加表格的专业性，提高自己的专业素养。

5. 加强交流与沟通

俗话说："三人行，必有我师焉。"若在学习过程中遇到不懂的问题，不妨多问问身边的朋友、前辈，听取他们对知识的不同意见，拓宽自己的思路。同时，还可以在网络中进行交流或互动，如加入 Excel 的技术QQ 群、在百度知道或搜搜中提问等。

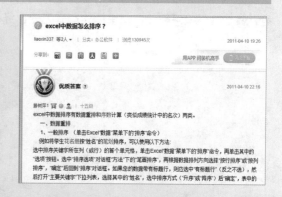

6. 学习其他的办公软件

Excel 是 Microsoft 办公软件中的组件之一，它常被用于进行电子表格的处理。在实际的办公过程中，往往还涉及其他软件的使用，如 Word 文档和 PowerPoint 演示文稿的制作等。此时可以搭配这些软件一起进行学习，提高自己办公的能力。

7. 上技术论坛进行学习

本书已将 Excel 2013 的功能进行了全面介绍，由于篇幅有限，不可能面面俱到，此时读者可以采取其他方法获得帮助，如在专业的 Excel 学习网站中进行学习，包括 Excel Home、Excel 技巧网、Excel 精英培训网等。这些网站各具特色，能够满足不同 Excel 用户的需求。

Excel Home

网址：http://club.excelhome.net。

特色：Excel Home 是国内具有较大影响力的，以研究与推广 Excel 为主的网站。它提供了大量 Excel 的学习教程、应用软件和模板。用户可在该网站中下载需要使用的表格，并咨询不懂的问题。

Excel 精英培训网

网址：http://www.excelpx.com。

特色：Excel 精英培训网主要是以 Excel 学习板块来进行划分的，如 Excel 学习教程、Excel 论坛、Excel 群组和 Excel 博客等，在其中可以查看 Excel 中常见的问题解决办法及其他用户分享的软件使用技巧等。

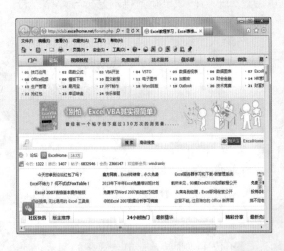

8. 还可以找我们

本书由九州书源组织编写，如果在学习过程中遇到了困难或疑惑，可以联系九州书源的作者，我们会尽快解答，九州书源的联系方式已经在前言中进行了介绍，这里不再赘述。